图 2.7　标定原始图像

图 2.8　水下标定图像

图 2.10　水下图像估计

图 2.11　水下图像的色彩变化及非均匀分布的图像噪声

(a) 清晰自然图像样本

(b) 亮信道强度

(c) 亮信道色彩

图 2.12　亮信道先验

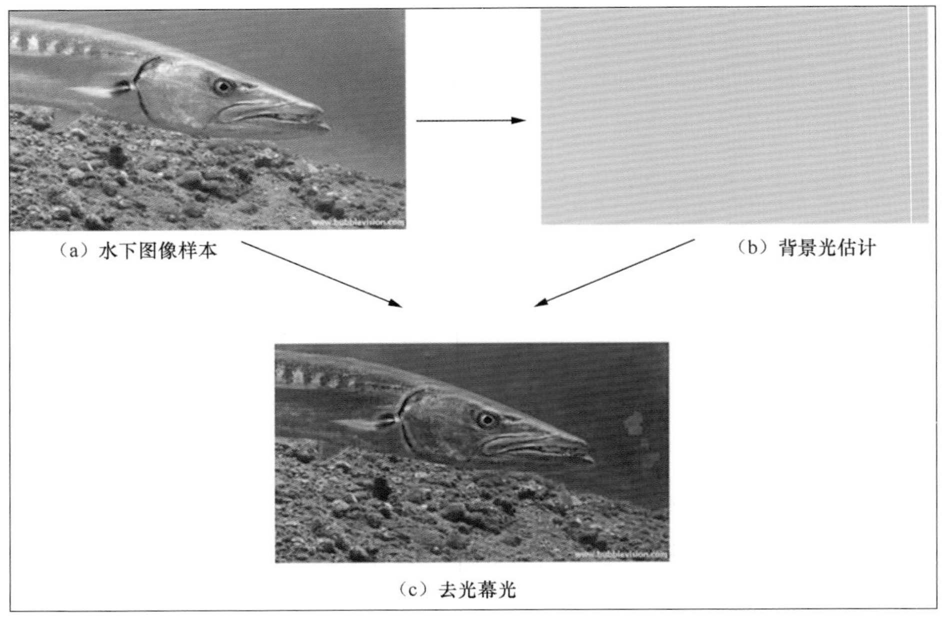
（a）水下图像样本　　（b）背景光估计　　（c）去光幕光

图 2.13　非均匀光照下暗信道估计

（a）水下图像样本　　（b）R_B 区域背景散射光估计　　（c）R_A 区域背景散射光估计

图 2.14　区域化的暗信道估计

图 2.16　去光幕光

图 2.17　色彩信道补偿

（a）基于区域化模型的图像恢复

（b）基于暗信道先验图像恢复　（c）基于直方图均值化图像增强

图 2.18　水下图像处理结果 1

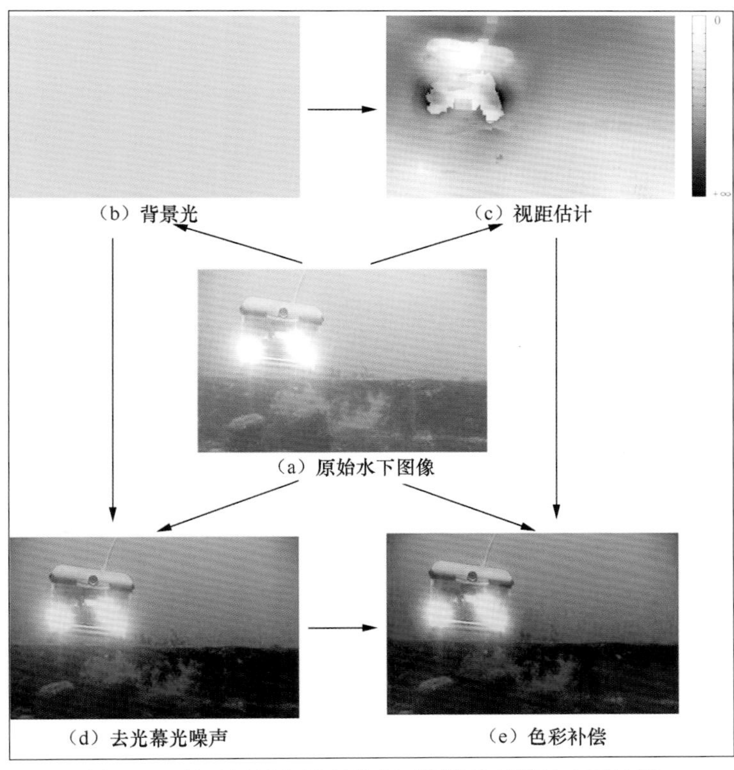
（b）背景光　（c）视距估计

（a）原始水下图像

（d）去光幕光噪声　（e）色彩补偿

图 2.19　基于区域化模型的水下图像恢复算法实现过程

（a）基于区域化模型的图像恢复

（b）基于暗信道先验的图像恢复

（c）基于直方图均值化的图像增强

图 2.20　水下图像处理结果 2

（a）原始水下图像

（b）基于区域化模型的图像恢复算法

（c）基于暗信道先验的图像恢复

（d）基于直方图均值化的图像增强

图 2.21　水下图像处理结果 3

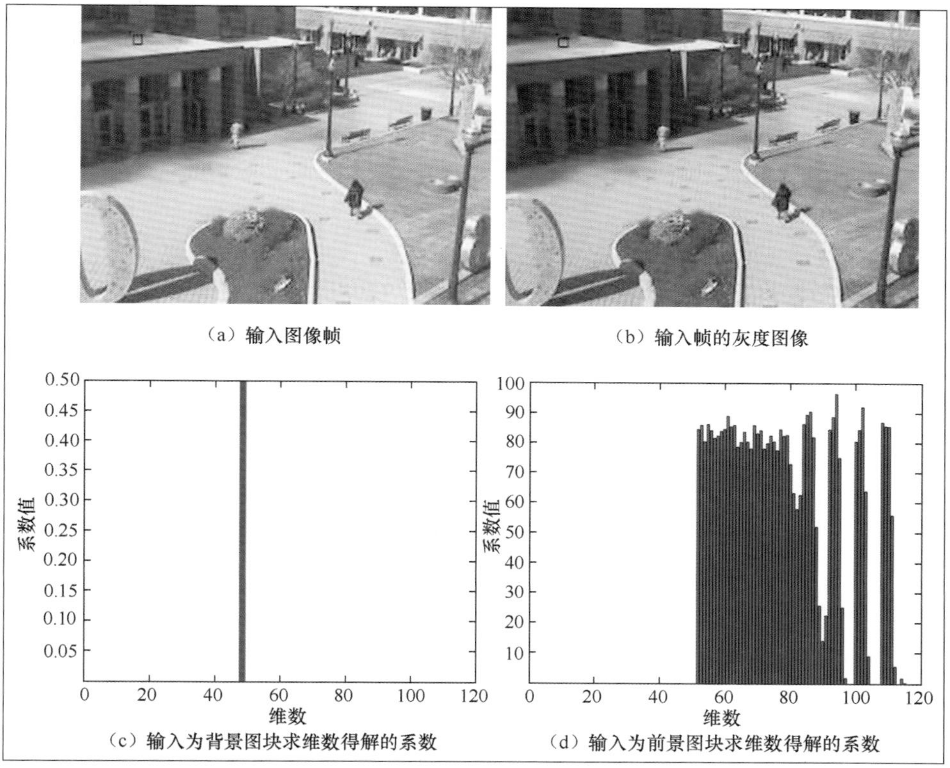

（a）输入图像帧

（b）输入帧的灰度图像

（c）输入为背景图块求维数得解的系数

（d）输入为前景图块求维数得解的系数

图 3.7　基于稀疏表示的图块分析方法仿真

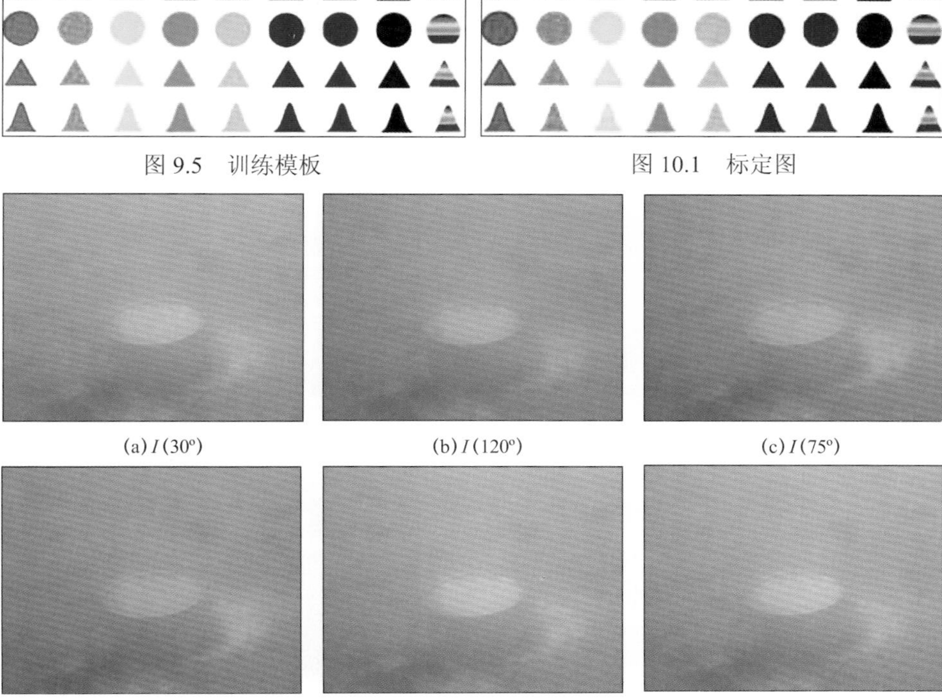

图 9.5　训练模板

图 10.1　标定图

(a) $I(30^{\circ})$

(b) $I(120^{\circ})$

(c) $I(75^{\circ})$

(d) $I(165^{\circ})$

(e) I_r

(f) I_l

图 9.7　水下偏振图像原图

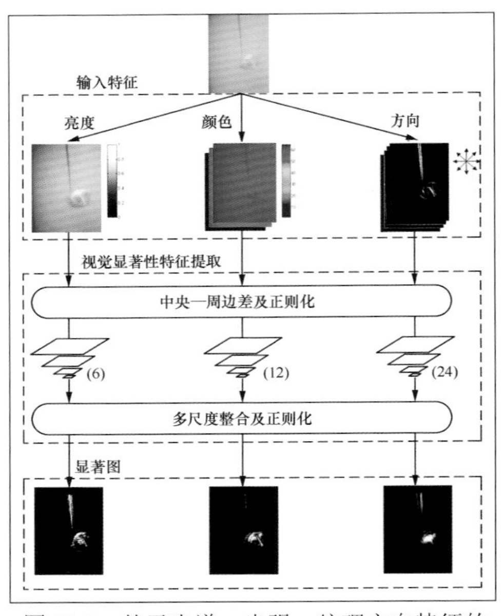

图 10.2 基于光谱—光强—纹理方向特征的视觉显著性特征提取

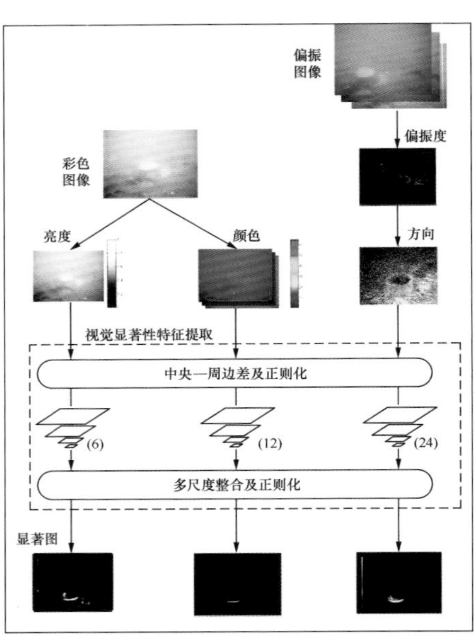

图 10.3 基于光谱—光强—偏振特征的视觉显著性特征提取

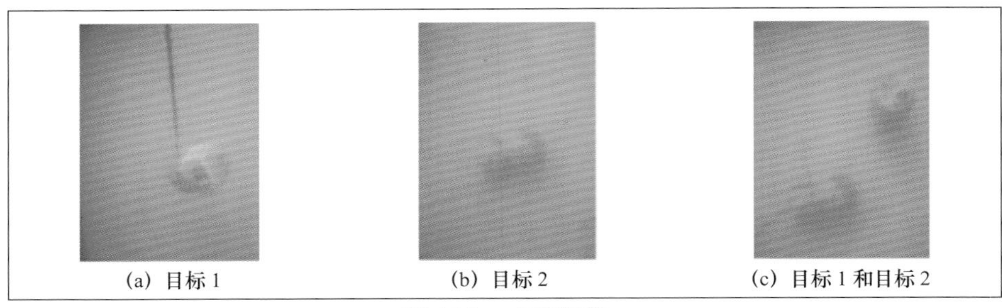

(a) 目标 1 (b) 目标 2 (c) 目标 1 和目标 2

图 10.5 水下图像

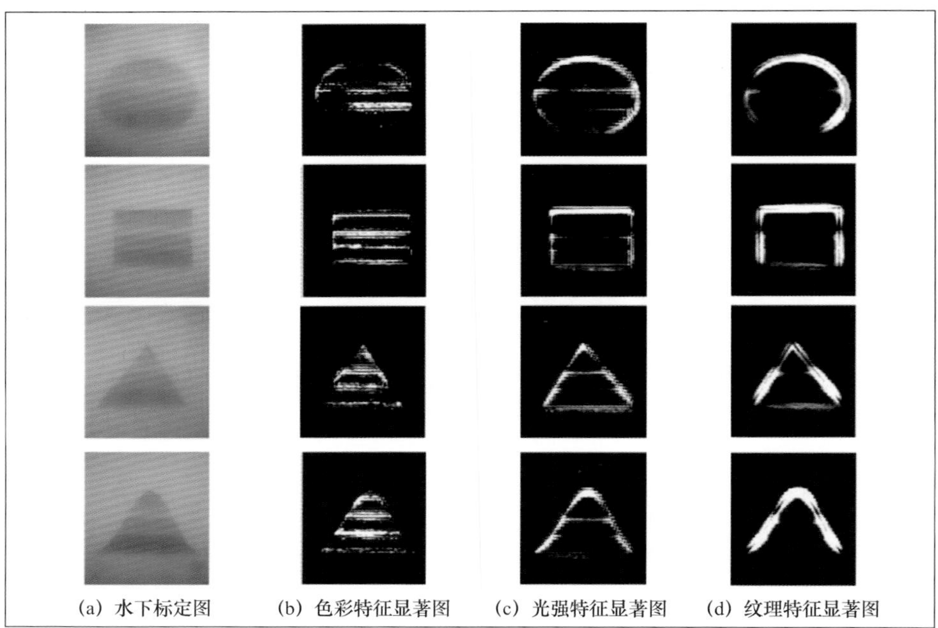

(a) 水下标定图 (b) 色彩特征显著图 (c) 光强特征显著图 (d) 纹理特征显著图

图 10.6 训练水下图像样本以及特征提取

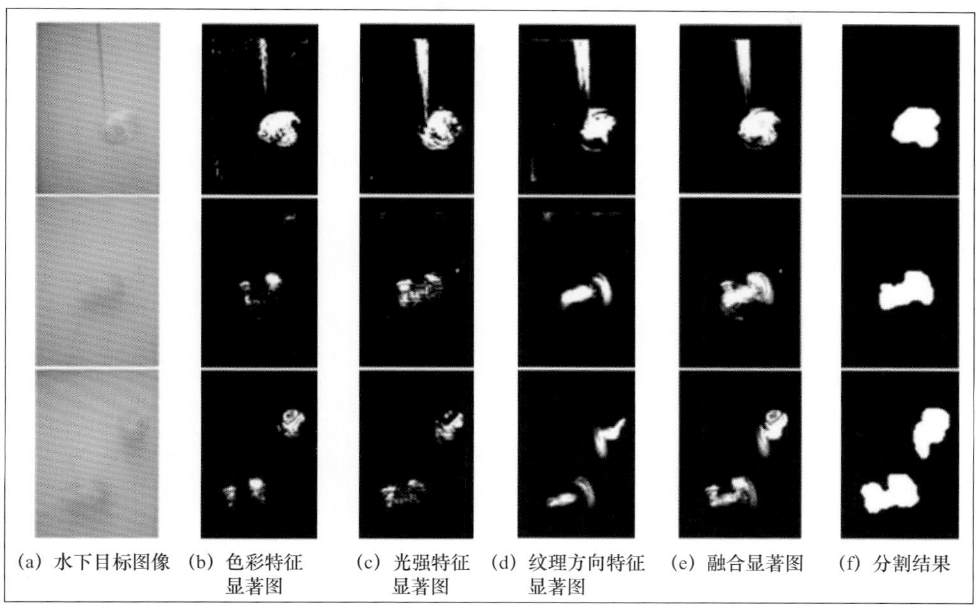

(a) 水下目标图像 (b) 色彩特征显著图 (c) 光强特征显著图 (d) 纹理方向特征显著图 (e) 融合显著图 (f) 分割结果

图 10.9　水下图像目标分割视觉适应机制

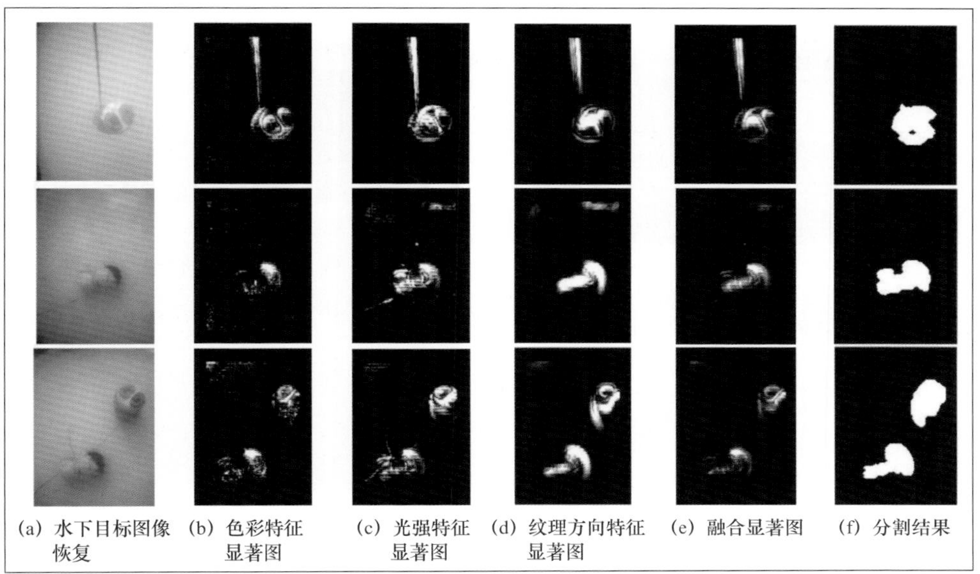

(a) 水下目标图像恢复 (b) 色彩特征显著图 (c) 光强特征显著图 (d) 纹理方向特征显著图 (e) 融合显著图 (f) 分割结果

图 10.10　水下图像目标分割图像恢复

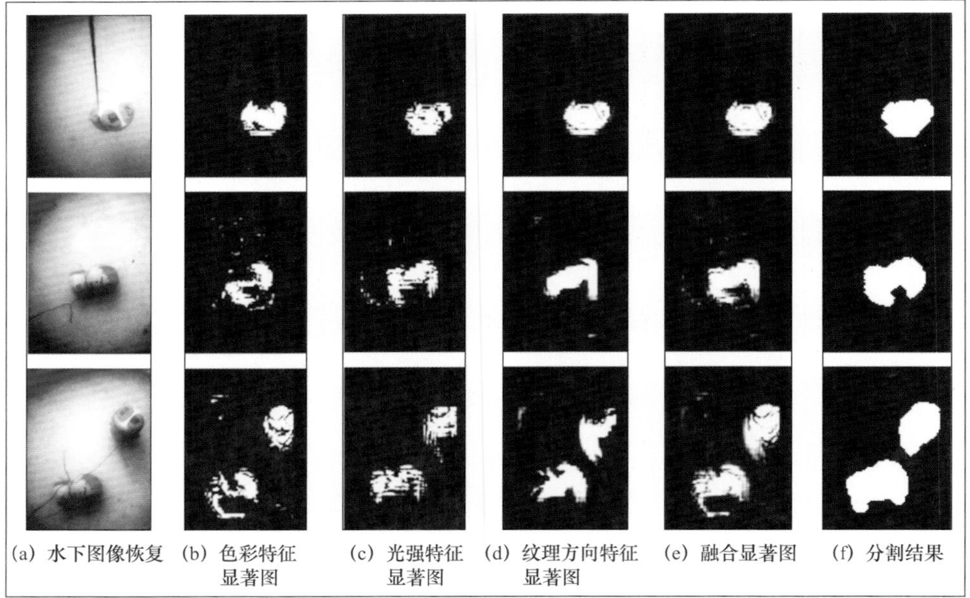
(a) 水下图像恢复 (b) 色彩特征显著图 (c) 光强特征显著图 (d) 纹理方向特征显著图 (e) 融合显著图 (f) 分割结果

图 10.11 水下图像目标分割图像增强

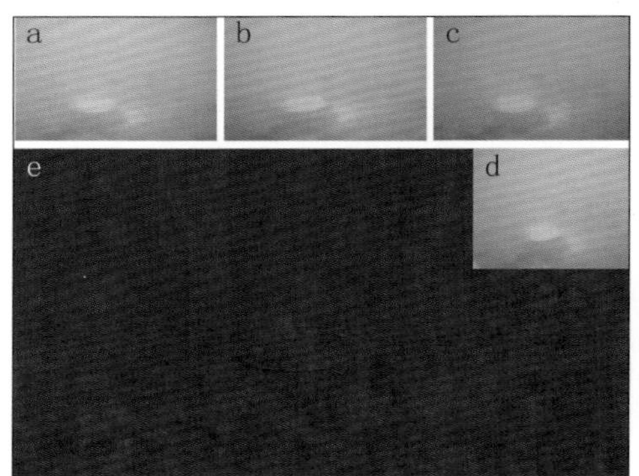

图 10.13 水下偏振信息（a ~ c：0°、45°、90°偏振图像；d：彩色图像；e：偏振度图像）

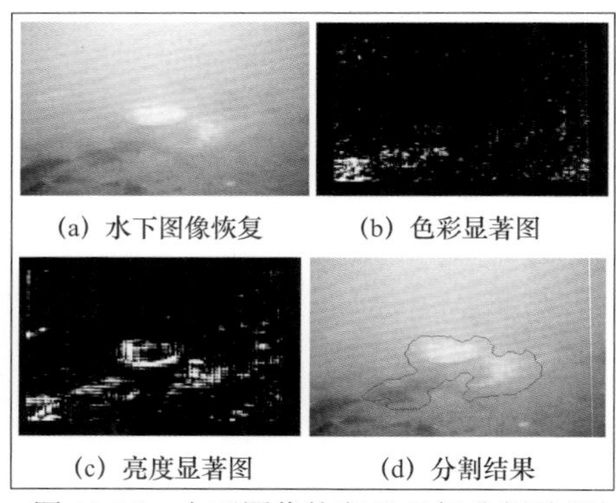
(a) 水下图像恢复 (b) 色彩显著图
(c) 亮度显著图 (d) 分割结果

图 10.15 水下图像恢复及目标分割结果

IMAGE TARGET DETECTION AND APPLICATION

图像目标检测技术及应用

陈哲 王慧斌 ◎ 编著

人 民 邮 电 出 版 社
北 京

图书在版编目（CIP）数据

图像目标检测技术及应用 / 陈哲，王慧斌编著. --北京 ：人民邮电出版社，2016.5（2016.11重印）
ISBN 978-7-115-41879-1

Ⅰ. ①图… Ⅱ. ①陈… ②王… Ⅲ. ①图象处理一目标检测 Ⅳ. ①TN911.73

中国版本图书馆CIP数据核字(2016)第060611号

内 容 提 要

本书系统阐述了图像目标检测的有关概念、原理和方法，共分 10 章。第 1 章简要介绍了图像目标检测的意义和应用，第 2 章介绍了光学成像过程模型与图像处理，第 3 章介绍了基于适应性模型的动态环境背景建模方法，第 4 章介绍了基于非线性降维强散射环境中图像特征提取方法，第 5 章介绍了基于先验知识的图像目标分割方法，第 6 章介绍了压缩域图像处理与运动目标分割方法，第 7 章介绍了仿生视觉模型与图像处理，第 8 章介绍了仿蛙眼视觉分层机制的强散射环境背景建模方法，第 9 章介绍了仿螳螂虾视觉正交侧抑制的偏振图像特征提取方法，第 10 章介绍了仿螳螂虾视觉适应机制的图像目标分割。本书是图像目标检测方面的专著，反映作者近年来在这一领域的主要研究成果。

本书内容新颖，理论联系实际，可作为大专院校及科研院所图像处理、计算机视觉和视频处理等领域的高年级本科生、研究生的教学和参考用书，也可供相关领域的教师、科研人员及工程技术人员作参考。

◆ 编　　著　陈　哲　王慧斌
责任编辑　邢建春
执行编辑　肇　丽
责任印制　彭志环

◆ 人民邮电出版社出版发行　　北京市丰台区成寿寺路 11 号
邮编　100164　　电子邮件　315@ptpress.com.cn
网址　http://www.ptpress.com.cn
北京九州迅驰传媒文化有限公司印刷

◆ 开本：700×1000　1/16　　彩插：4
印张：14　　2016 年 5 月第 1 版
字数：240 千字　　2016 年 11 月北京第 2 次印刷

定价：78.00 元

读者服务热线：(010)81055488　印装质量热线：(010)81055316
反盗版热线：(010)81055315

前言

近年来，随着信息技术的快速发展，图像目标检测技术也已成为计算机视觉研究领域中的一个重要课题，在视频监控中具有广泛的应用。首先，计算机处理能力不断提高，存储及计算成本和复杂度大幅降低，使海量、高分辨率、高实时性的图像采集和存储成为可能；其次，图像目标检测技术极为广阔的市场应用前景也是推动此项研究的主要动力。图像目标检测技术包含图像信息增强与恢复、图像目标特征提取、图像目标分割、分类等研究内容，涉及目标探测、智能交通、人机交互和虚拟现实等领域的应用。

本书将系统阐述图像目标检测的有关概念、原理和方法。在内容上既选择了有代表性的图像目标检测的经典内容，又结合复杂场景中所面临的困难和问题及作者近年来关于图像目标检测关键技术的研究与应用实践，选取了一些新的研究成果，具有一定的针对性、广度、深度和新颖性。

本书共分 10 章，主要内容包括：图像目标检测的意义和应用、图像成像过程模型与图像处理、基于适应性模型的动态环境背景建模、基于非线性降维的图像特征提取、基于先验知识的图像目标分割、图像压缩域处理与运动目标分割、仿生视觉模型与图像处理、基于仿蛙眼分层模型的强散射环境背景建模、基于仿生视觉分层机制的强散射环境背景建模、基于仿生视觉适应机制的图像目标分割。

第 1 章简要介绍了图像目标检测的意义和应用。首先简单分析了图像目标检测中的不确定性问题及主要的影响因素，进而阐述了图像目标检测的框架及其关键技术，最后介绍了智能视频监控的背景、意义和一些典型的系统。

第 2 章介绍了光学成像过程模型与图像处理。以水下成像场景代表典型复杂成像场景为例，通过对光线的传播特性和目标表面的辐射特性的建模，综合建立光学成像过程模型并实验验证。在此基础上，继续阐述基于该成像过程模型的水下图像恢复方法并实验验证。

第 3 章介绍了基于适应性模型的动态环境背景建模方法。背景建模是图像目标检测中主要的一类技术，为了克服天气、光照、阴影变化以及动态噪声对图像目标检测的影响，本章分别介绍了基于自适应混合高斯模型及稀疏表征模型的背景建模及更新方法，能够适应动态场景中的背景变化。

第 4 章介绍了基于非线性降维强散射环境中图像特征提取方法。针对强散射环境中图像临近像素点间的信息冗余严重影响图像特征提取结果的可分性这一问题，介绍了基于非线性降维的图像特征提取方法。以水下成像场景代表典型复杂成像场景为例，实验验证了该类非线性特征在图像目标—图像背景分类及图像目标检测中的性能优势。

第 5 章介绍了基于先验知识的图像目标分割方法。本章针对复杂的光学环境及复杂的背景下常用的图像目标分割方法常表现出不适应性这一问题，以水下成像场景代表典型复杂成像场景为例，对图像特征进行分析，归纳出目标与背景间在某些特征上的显著差异作为先验知识，并基于此实现图像目标分割。

第 6 章介绍了压缩域图像处理与运动目标分割方法。压缩域中直接进行视频图像处理操作，能够避免相对耗时的解码操作，有助于降低视频图像处理的计算复杂度。针对这一研究，本章介绍了基于脉冲耦合神经网络（PCNN）的压缩域运动图像目标分割方法并实验验证。

第 7 章介绍了仿生视觉模型与图像处理方法。生物视觉具有非常优秀的信息处理和数据筛选能力，对其模拟并应用于图像处理是目前研究的热点。本章对该领域中的研究进行了简单的总结，并对目前研究成果较为集中的几种生物视觉系统进行了简要的概述。

第 8 章介绍了仿蛙眼视觉分层机制的强散射环境背景建模方法。针对强散射环境中影响运动图像目标检测正确率下降的问题，本章借鉴蛙眼视觉感知的相关特性，仅利用图像序列中的灰度信息，结合仿生背景建模方法，阐述了一种仿蛙眼式分层背景建模方法，并以水下光学环境代表典型强散射环境为例实现图像运动目标分割。

第 9 章介绍了仿螳螂虾视觉正交侧抑制的偏振图像特征提取方法。针对偏振图像计算时，如何建立偏振特征—目标特性间的对应关系同时抑制冗余信息及噪声这一问题，本章阐述仿螳螂虾视觉正交侧抑制的偏振计算方法，以提取出用于图像目标检测的偏振特征，并在水下场景中对其进行实验验证。

第 10 章介绍了仿螳螂虾视觉适应机制的图像目标分割方法。针对复杂场景中图像目标分割中所存在的问题，受到螳螂虾视觉适应机制的启发，本章以水下图像目标分割过程为例，阐述复杂场景中基于仿生视觉适应机制的图像目标分割方法。

本书第 1～8 章、第 10 章由陈哲，王慧斌编写；第 9 章由陈哲、王慧斌、沈洁和徐立中编写；全书由陈哲和王慧斌统稿。

本书是作者在近年来研究工作的基础上写作而成的。在成书之际由衷地感谢作者的导师徐立中教授，感谢他多年来对作者的培养和悉心指导，有幸在他所领导的课题组中参加科研工作并得到锻炼，使作者受益一生。

衷心地感谢王志坚教授提供了优良的博士后研究工作环境，奠定了本书的写作基础。

在研究和写作过程中，课题组张倩、吴正军、包金宇、沈俊雷等提供了本书的部分素材，在此向他们表示衷心的感谢。

向所有的参考文献作者及为本书出版付出辛勤劳动的同志们表示感谢。

限于作者的水平，书中难免有缺点和不完善之处，恳请广大读者批评指正。

陈哲于河海大学

2015 年 5 月 11 日

目录

第3章 基于适应性模型的动态环境背景建模

第4章 基于非线性降维强散射环境中图像特征提取

第5章 基于先验知识的图像目标分割

第6章 压缩域图像处理与运动目标分割

第 7 章 仿生视觉模型与图像处理

第 8 章 仿蛙眼视觉分层机制的强散射环境背景建模

第 9 章 仿螳螂虾视觉正交侧抑制的偏振图像特征提取

第10章 仿螳螂虾视觉适应机制的图像目标分割

第1章 绪论

1.1 图像目标检测的意义和应用

1.2 图像目标检测处理的主要影响因素

1.3 图像目标检测框架及关键技术

1.4 视频智能监控系统

1.1 图像目标检测的意义和应用

在社会经济快速发展和科学技术不断进步的今天，视频监控系统已经逐渐融入到了人们日常的工作、学习和生活中，已经被广泛地用于对场景的监视及监控。近几年，视频监视、监控系统在商业安全、公共安全和国防安全等领域正发挥着越发重要的作用，市场需求也越来越大。正因为视频监控系统具有如此广大的应用前景，因此很多国家和科研机构投入大量人力、物力对其进行了研究。纵观近年来国内外科研机构和各大公司对视频监控技术的研究进展，研究主要集中在图像目标检测、图像目标跟踪、运动识别与分析等关键技术方面[1]。其中，图像目标检测作为智能监控的前端处理过程，已成为机器视觉中的重要研究课题，它将图像处理、模式识别等学科有机结合，形成了一种从视频图像中发现、检测并判断目标状态的技术。

机器视觉中的图像目标检测是指利用机器对场景成像的智能化处理来代替人类视觉感知过程，完成对图像目标属性的估计（如空间位置、运动矢量等）及其基础上的目标分类任务，含有图像信息增强与恢复、图像目标特征提取、图像目标分割与分类等内容。

图像目标检测技术一直都是智能化视频监控领域研究的热点[2,3]，更是难点。在实际应用中，如超市、银行、学校、车站、机场等公共场所，其监控区域的场景常较为复杂，会对图像目标检测产生严重影响。首先，目标运动状态、姿态的多变性以及目标间相互遮挡等目标状态的复杂多变性对图像目标建模的准确性产生严重影响。其次，由于室外场景中背景目标较多、较为复杂且同前景目标间具有很强的相似性，使有效拉伸前景目标—背景噪声变得较为困难。最后，随着视频监控应用场景的不断扩大，场景中的光学环境更加复杂多变，加剧了图像目标检测任务的困难性。

相比光学特性较为简单且背景稳定的场景中的图像目标检测研究，复杂光学环境及复杂背景等场景中的图像目标检测相关研究起步较晚，但由于巨大的应用需求以及复杂场景所形成的固有的技术难题，该项研究目前已成为图像智能分析的前沿和热点，也是国际上备受关注的成像观测、探测研究的重要内容[4]。世界上许多国家与视觉相关的研究团队针对视频监控中的图像目标检测及识别等方面做出了大量的工作，并在众多著名国际期刊（如 IEEE Transactions on Pattern Analysis and Machine Intelligence、IEEE Transactions on Image Processing、IEEE Transactions on Circuits and Systems for Video Technology、International Journal of Computer Vision、Computer Vision and Image Understanding、Image and Vision Computing、Pattern Recognition、Neurocomputing、Pattern Recognition Letters、Machine Vision and Applications、IET Computer Vision、IET Image Processing 和 IET Signal Processing 等）和重要国际会议（如 ICCV、ECCV、CVPR、BMCV、VS-PETS、ICDSC 和 ICASSP 等）上发表了相关论文。

研究面向复杂场景的图像目标检测技术具有挑战性，涉及图像目标检测过程中的多项关键技术，以使其具备对复杂场景的“适应”和“学习”能力。该研究有赖于综合多学科的研究成果，也需要引入专家经验并模拟生物视觉机制，综合解决复杂场景成像建模及图像预处理、图像目标特征提取、融合、检测及识别等多方面的技术难题。研究面向复杂场景中图像目标检测技术对提高复杂光学场景中的观测、监控水平，并进而推动基于机器视觉智能化场景理解的理论和应用研究具有重要意义。

1.2 图像目标检测处理的主要影响因素

1.2.1 场景的多变性

目前，大多数的图像目标检测方法主要从对背景信息的分析出发，以建立背景的模板模型[5,6]。利用图像目标特征相对于背景信息的“奇异性”实现对图像目标的检测。然而，随着现今视频监控应用领域的不断扩大，由于包含较多的纹理特征和虚假目标，复杂背景不再满足正态分布特性，同时由于缺乏对前景图像目标和背景信息的先验信息，导致复杂背景描述困难，检测结果虚警率较高。 现有算法不论是采用统计学方法，还是采用非线性的、确定性的、几何的数学方法，以及机器学习的方法试图消除背景非一致性或弱化背景中的主要结构，以解决复杂背景的描述和抑制问题，均存在一定的局限性。具体表现在：（1）构建复杂背景模型所需的概率密度函数估计较为困难；（2）各种背景复杂度抑制算法病态、不适定，无最优解；（3）检测算法计算原理复杂、计算量较大、实时性较差；（4）机器学习的样本甄选困难。

1.2.2 成像环境的复杂性

对于成像检测，水下世界中包含有较为典型且为人们所熟知的复杂光学环境。以水下成像检测为例[7]，介绍复杂环境中图像目标检测所面临的困难。不同于陆地或大气成像环境，水下环境受到辐射光源、水介质的光线传播特性以及波流涌动的影响表现出较为复杂的光学特性。（1）在光线的传播过程中，水介质对光线能量的吸收作用一方面降低光波的振动幅度，限制水下成像的有效视距；另一方面改变目标反射光线的色彩信息，产生色彩畸变。其次，水介质对光线的散射和折射作用会改变光线的传播方向，使图像模糊，形成叠加光幕光噪声。（2）水介质的光学特性还具有随机性。该随机性是指水体的波流涌动作用会显著改变水体折射率、散射率以及衰减系数等水介质光学传播特性，使水下光学环境在不同时刻发生历时变化。（3）水介质的光学特性具有多样性。多样性是指同一时刻相同光照条件下不同水体的水下光学环境会因悬浮颗粒物及有机物含量的变化而变化，并且，同一水体的光学环境也并非是均匀的，会随着水深的变化而发生变化。

限于水下光学环境的复杂性。陆地上或大气中的光学成像设备并不能够很好地适用于水下作业，表现为水下图像数据的强衰减、高畸变和高噪声，严重影响机器对水下图像目标检测的准确性[8]。虽然，通过附加大功率人工光源补光的策略，虽然能够在一定程度上缓解这些问题，但是随之又引入了一些新的问题和噪声，如非均匀光照和强光幕光。对于这些问题的解决，必须有赖于更加顽健的适用于复杂环境的目标检测技术的支持。然而，相比较简单、稳定光学环境中的图像目标检测技术研究，面向复杂环境的图像目标检测技术研究起步较晚，从近年来已取得的研究成果来看，对于水下图像目标检测研究，多是移植、改进适用于陆地或大气中较为简单、稳定环境中的图像目标检测技术，难以很好地适应复杂水下环境。这种“适应性”较差的瓶颈严重降低机器对水下、雾天等一类复杂环境中图像目标检测的正确率以及计算效率。2000 年，国际著名刊物《Computer Vision and Image Understanding》在专刊《Underwater Computer Vision and Pattern Recognition》的序言中写道：“水下世界无疑是一个困难并充满挑战的环境，对该场景的探索需要综合多学科的研究成果。限于水介质所固有的传播特性，仅能够采用有限的几种传感器获取数据，包含有限量的知识。目前，对水下机器视觉的研究热情日益高涨，并在物理学、生物学、地理学、考古学以及工业领域的应用日益突出。此外，随着高性能光学成像传感器的推广及各种数据处理技术的逐渐成熟，点燃了越来越多的学者和机构对水下复杂环境中目标检测与分类的研究热情”。

1.2.3 图像目标的随机性

图像目标对象的多变性是图像目标检测方法所面临的另外一个主要问题。首先，图像目标遮挡会严重影响图像目标信息的完整性，按照遮挡类别的差异，可以分为静止物体遮挡、运动物体遮挡、目标的自遮挡；按照遮挡的程度差异，可以分为部分目标遮挡和全部目标遮挡[9]。对于遮挡部分的检测和估计是该条件下图像目标检测的关键。其次，目标类别多变，对于图像目标跟踪，会选取不同类别的图像目标作为兴趣目标。对于不同类别的目标，如行人目标、车辆目标或者军事目标，其特征及建模方式均有着明显的差异。因此，难以建立统一的特征及模板模型描述多变类别的目标。最后，即便是统一类别或同一目标，在运动过程中，其外貌和状态会发生明显变化，形成了目标形态的多变性，难以采用统一的特征或模板模型描述同一类别，甚至是同一个图像目标。

1.3 图像目标检测框架及关键技术

1.3.1 图像目标检测框架

机器视觉中的图像目标检测是指利用机器对场景成像的智能化处理来代替人

类视觉感知过程，完成对图像目标属性的估计（如空间位置、运动矢量等）及其基础上的目标分类任务，含有图像信息增强与恢复、图像背景建模、图像目标特征提取、图像目标分割、分类等内容。

图像目标检测是判断视频序列或图像中是否存在兴趣目标，并从视频图像序列中提取出兴趣目标，以估计图像目标的位置、区域、形状、类别等特性。图像目标检测是视频跟踪、图像目标识别等视频监控中的关键技术，检测的结果将直接影响视频监控系统的总体性能。

目前，图像目标检测方法主要采用两种技术策略。第一种是通过建立先验的背景模型，当待测图像输入时，检测出图像中所存在的“奇异”信息，将其作为兴趣图像目标。第二种是通过图像特征提取及识别，以实现对图像的分割，从而提取出兴趣目标。前者较为适用于背景较为稳定但目标信息多变的场景；而后者更加适用于背景复杂或光学环境多变的场景。

1.3.2 图像背景建模

基于背景建模的目标检测算法通过建立背景信息的先验模型，判断图像中所可能存在的“奇异”信息，并将其作为兴趣图像目标。按照背景模型的差异可以分为基于局部背景建模的图像目标检测算法和基于全局背景建模的图像目标检测算法。

（1）基于局部背景建模的图像目标检测算法

1976 年，美国亚利桑那大学的 Hunt 和洛斯阿拉莫斯实验室的 Cannon 等[10]首先提出的背景局部灰度统计特性服从高斯分布的理论，该理论为利用目标与背景的灰度分布差异实现图像目标检测的研究奠定了基础。在该工作的基础上，发展起来基于局部高斯背景模型的图像目标检测算法。由于采用的多是一维高斯模型，算法仅能描述分布状态较为简单、区块面积较小的图像数据。通过将图像的局部区域的信息用高斯模型进行拟合，并判断区域中所可能存在的兴趣目标。目前，该方法实现了单波段遥感影响及灰度图像中的目标检测。此外，基于恒定虚警率的目标检测算法——RX 算法[11]（RXAD，Reed-Xiaoli Anomaly Detection）通过背景高斯模型协方差矩阵的估计获得背景描述，在恒定虚警率条件下检测图像特征分布异常的目标。由于该算法具有恒定的虚警率，因此也叫做恒虚警率目标检测算法（CFAR，Constant False Alarm Rate）。高斯模型具有原理简单、易于处理等特点，而且在背景可高斯化理论的推动下，基于高斯模型的 CFAR 算法[12]被广泛地应用于各类图像中的图像目标检测，如单波段、多波段以及合成孔径雷达影像的目标检测中。然而，背景协方差矩阵的估计与局部采样窗口大小、背景噪声的种类等因素有关。为了保证局部背景特征信息服从高斯分布，通常选择较小的采样窗口以避免背景信息的扰动，然而过小的采样窗口中包含的图像数据较少，导致协方差矩阵呈现严重的病态性，稳定性较差；而较大的采样窗口又容易导致背景包含较多的噪声信息而失去高斯分布特性。除此以外，若采样窗口中包含了目标像素，将会导致算法对于图像目标的敏感性降低。另外，协方差矩阵以及其逆矩阵的估计通常需要较大的计算量，局部窗口对于目标尺寸具有一定的限制性，而且无法区分局部异常目标和全局异常目标。针对以上问题，基于 CFAR 算法的各种改进算法不断涌现，如双窗口的目标检测算法[13]、基于 CFAR-MAP 模型的目标检测算法[14]、基于分割的 CFAR 算法[15,16]和基于准局部的 RX 的目标检测算法[17]。

局部背景建模的目标检测算法还广泛地应用在亚像元级目标检测中，通常有广义似然概率算法[18]、自适应匹配滤波器算法和自适应一致性估计算法等。多通道自回归模型是一种有效描述图像数据的时域相关方法，其中带参数的多通道自回归模型也叫做参数自适应匹配滤波器[19]，是在背景一致性较差情况下有效的图像目标检测算法。基于滑动窗口的非静态多通道自回归模型用以解决亚像元级图像目标检测问题，通过最大似然概率估计获得 NS-AR 的参数。然而这些算法都是基于背景协方差矩阵的图像目标检测算法，由于背景协方差矩阵的估计往往需要图像信息分布较为一致的区域才可以获得准确的背景估计，因此该类算法存在一定的局限性。

（2）基于全局背景建模的图像目标检测算法

基于全局背景建模的图像目标检测算法通常采用多元混合高斯模型（GMM，Global Mixture Model）为基础，利用背景、目标间的分类简化背景信息分布特性，实现图像目标检测。基于贝叶斯聚类的图像目标检测算法（CBAD，Cluster-Based Anomaly Detection）通过对场景中复杂背景的分类，将复杂背景的图像特性分为有限的几种类别，使图像目标和背景分离。在每类背景的图像数据服从高斯分布的假设条件下，复杂背景可以采用多元混合高斯模型描述。该类算法从全局背景图像数据的分布出发，克服了基于局部背景模型算法容易产生局部异常目标的问题，同时无需考虑目标尺寸的大小。然而分类算法的分类精度却成为影响 CBAD 算法检测效果的主要因素。过低的分类精度容易导致目标与背景归为一类；而较高的分类精度使图像目标种类较多而误判为背景。针对这一问题，局部正态分布模型和全局正态分布模型混合算法[20]将目标类别和背景类别在出现概率上的先验差异考虑到多元正态模型中，利用图像目标类别相对于背景类别较为稀缺的先验条件，添加权重减弱分类数目对图像目标检测结果的影响。该算法在 CBAD 算法的基础上大大降低了图像目标检测的虚警率。然而当场景中目标数量较多时，图像目标将会被当作一个新的类别出现在背景类中，从而无法实现准确的图像目标检测。针对这一问题，可用 Parzen 估计器[21,22]估算背景模型的概率密度函数，通过构建新的概率模型描述复杂背景。

以上基于背景模型的图像目标检测算法均试图期望利用简单的高斯模型，或构建新的复杂的背景模型描述目标种类繁多的背景特性。但是背景变化的多样性往往导致模型的失效，以至影响图像目标检测结果。

1.3.3 目标表征模型

目标表征模型是将图像中感兴趣的目标通过某种方法提取出来，并用于编码视觉跟踪目标的属性。基于目标表示模型中包含的信息，可以将目标表示模型分为 4 类：基于点特征的模型、基于形状的模型、基于表观的模型和基于运动的模型。

（1）基于点特征的模型

基于点特征的模型（Point-based Model）通过检测目标上的感兴趣点，将这些感兴趣点组成的集合，作为描述目标的依据。一般地，目标上的感兴趣点是目标上具有多个方向奇异性的点，例如，KLT（Kanade-Lucas-Tomasi）[23,24]特征点、Harris 角点[25]、SIFT（Scale-Invariant FeatureTransform）特征点[26]、SURF（Speed Up Robust Feature）特征点[27,28]等。其中，SIFT 特征点和 SURF 特征点均为 2000 年之后提出的。对于不同的点特征，目标之间的匹配方法也不一样。一般特征点分布在整个目标上，即使当目标有部分被遮挡时，仍然可以跟踪到其他特征点。基于点特征的跟踪在针对刚体时有较好的效果，当用点特征来描述非刚体时，由于非刚体在运动过程中容易形变，从而使目标上的点特征不时减少、增加，从而增加了跟踪的难度。

（2）基于形状的模型

基于形状的模型（Shape-based Model）是通过对目标形状的描述来对目标建模。早期的目标形状模型[29,30]是通过利用可变形线（Deformable Lines）和Snake的主动轮廓线模型（Active Contour Model）[31]来反复匹配目标的边缘特征，从而建立目标的形状模型。这种建模方法的主要缺点是对噪音比较敏感，不能处理多个目标之间发生遮挡的情况，而且模型对背景中出现的虚假特征有时会误判为目标的边缘，从而建立错误的形状模型。当考虑一类拥有相似形状的目标时，可以采用点分布模型（PDM，Point Distribution Model）来描述目标[32]。使用离散点来描述目标的轮廓线，采用图像的边缘作为跟踪的特征。为了保证轮廓的平滑和目标的形状描述的准确性，需要大量的离散点，这样通常会导致维数很高的系统方程。另一方面，在噪声及杂物的序列图像中，通常使用的特征检测方法很容易受到虚假特征的干扰，会使图像目标检测结果不稳定甚至发散。Cotes 和 Taylor[33]利用主动轮廓模型来对电阻器目标进行建模。Calta 等[34]利用主动轮廓模型成功地对行人进行检测并跟踪，此时主动轮廓的形状可以被较好地限制在一个建立了轮廓参数的概率密度函数构成的空间几何上。基于B样条的主动形状模型[35]已经被用来捕获行人形状和跟踪灌木的叶子。Osher 和 Sethian[36]提出了依赖于时间的水平集（Level Set）描述方法。水平集方法主要是从界面传播等研究领域中逐步发展起来的。它是处理封闭运动界面随时间演化过程中集合拓扑变化的有效计算工具。Masouri[37]将水平集用于图像目标检测领域，Parogis 和 Deriche[38~40]用水平集方法进行纹理分割以及运动目标分割和跟踪。

当目标较小，而且形状变化比较快时，非传统的形状可能更适合。例如，在体育运动视频的处理中，Pers 和 Kovacic[41]利用14个二进制Walsh函数核来编码目标的形状，并通过相似性判断来寻找目标在下一时刻的位置。Liebe 等[42]提出了一个不太明显的形状模型用来检测与摄像机平面平行的行人。Dalal 和 Triggs[43]

利用有向梯度直方图（HOG，Histogram of Gradient）来表示行人形状，他们首先将图像分成若干个小的区域，对于每一个小区域构造一个梯度方向的一维直方图，然后利用支持向量机（SVM）和构造的特征来检测图像中是否有行人。Zhou 等[44]在 HOG 的基于上提出了加速 HOG 算法，使该算法可以以接近实时的速度来检测行人。Lu 和 Little[45]利用 HOG 方法来跟踪和检测冰球运动中运动员的动作。

（3）基于表观的模型

基于表观的模型（Appearance-based Model）不对目标的物理结构、形状等属性进行直接建模，而是采用图像上的颜色、梯度、灰度等信息对图像目标进行建模。

直接利用颜色信息对图像目标进行建模是一类比较简单的方法，如 Intille 和 Bobick[46]提出了基于颜色的图像目标检测方法。Senior[47]采用了自适应统计模型来对目标的颜色进行建模，每一个目标通过一个矩形框来标记，利用高斯分布来建模框内的每一个像素的颜色分布。但是由于颜色特征易受到光照变化等因素的影响。针对这一问题，Jopson 等[48~51]利用 EM（Expectation Maximization）算法对目标的外观颜色变化进行估计，并在线更新模型参数。颜色直方图作为颜色特征的扩展，近年来已被成功地用于图像目标检测、跟踪领域[52,53]。利用颜色直方图作为图像目标特征的描述时，为了增强颜色直方图的顽健性，Comaniciu 和 Meer[52]在跟踪目标时，不仅考虑了目标本身的颜色直方图，还考虑了目标临近领域中的色彩特征。Bouguila 和 Nizar[53]提出了一个结合目标空间信息的颜色直方图。此外，Wang 等[54,55]采用混合高斯模型对图像目标的颜色分布进行建模，并利用 EM 算法来更新模型中的参数。

为了在图像目标检测过程中获得更加顽健的目标表示模型，目标的多个特征，如颜色、纹理等常被融合，用于描述同一个目标。Badu 等[56]提出了基于颜色模板和基于颜色直方图相结合的非刚体图像目标建模方法。Li 和 Chaumette[57]在光照变化等复杂背景下，将目标的形状、颜色、结构和边缘信息融合以对图像目标进行建模。Coote 等[58]提出了主动表观模型（AAM，Active Appearance Model），它可以看作是主动轮廓模型[59~62]和主动形状模型[63~66]的改进，已被成功地应用于目标跟踪[63]。但是主动表观模型在实时系统中的效率比较低，在识别时的可分性较低，在环境变化时图像目标模型的顽健性较差。最近，Tuzel、Porikli、Meer 等[64~66]

提出了基于协方差的目标表观模型，将其用于行人检测，获得了比梯度直方图更好的检测结果。基于该项研究，进一步发展起来了改进的基于协方差特征的行人检测[67~69]。

（4）基于运动的模型

基于运动的模型（Motion-based Model）主要利用目标在图像中的运动信息来获得目标的特性。典型的方法是考虑图像目标像素的外表运动，如光流法（Optical Flow）[69~71]。光流法是根据连续的几帧图像计算像素运动的大小和方向，利用运动场区分背景和运动对象，通常有基于特征点光流场和全局光流场两种。其中，全局光流场的计算方法[72]包括 Horn-Schunck 方法、Lucas-Kanade 方法，在计算得到全局光流场后通过比较运动目标与背景之间运动特性的差异，对运动的图像目标进行分割，从而检测图像目标。全局光流场算法的主要缺点在于计算复杂度过高，难以满足应用需求。特征点光流法通过特征匹配来求得特征点处的流速，与全局光流场算法相比较，这种算法具有计算量小和快速灵活的特点，但是由于特征点光流法得到的是稀疏的光流场，因而很难提取到图像目标精确的形状[73]。通常，由于噪声、多光源、阴影、透明性和遮挡性等原因，使计算出的光流场分布不是十分可靠和精确，而且多数光流法计算复杂、耗时，除非有特殊的硬件支持，否则很难实现算法的实时处理。

1.3.4 图像目标分割

（1）基于门限的图像分割

该类算法是基于背景和目标间光反射和吸收特性上的差异，通过选取合适的阈值将目标和背景分割开来。在基于门限的诸多图像分割方法中，阈值化技术是一种简单有效的方法，其中 Otsu 法[74]是广泛使用的阈值分割法之一，该方法也称为最大类间方差法或最小类内方差法，是由日本学者大津展之首先提出的。该方法基于图像的灰度直方图，以目标和背景的类间方差最大或类内方差最小为阈值选取准则，在很多情况下都能取得良好的分割效果。但在实际应用中，由于噪声等干扰因素的存在，灰度直方图不一定存在明显的波峰和波谷，此时仅利用一维灰度直方图来确定阈值往往会造成错误的分割结果。针对该问题，随后所提出的改进方法包括二维 Otsu 法[75,76]和高维 Otsu 法[77]，在一定程度上提高了目标、背景间的分类能力。除了基于图像直方图的自动阈值选择方法，典型的基于门限的图像分割还包括基于多元高斯分布模型的全局最优门限目标分割方法、基于小波变换的自适应门限选取方法以及基于模糊拓扑理论的像元判定方法。该类算法通常具有原理简单、计算速度快等优点，但是提取准确度不高，对于虚假目标，特别是那些类似于图像目标光反射和吸收特性的虚假目标，无法实现准确的分割和抑制。

（2）基于模糊理论的图像分割

限于复杂的成像环境，某些情况下成像所获得的图像数据质量较差。例如，在水下，成像所获得图像常面临高噪声、模糊性及畸变性的问题。针对这一问题，20 世纪 80 年代中期，Pal 和 King 首先将模糊理论应用到图像分割研究中。随后的研究将其与各类熵算子结合用于图像分割，例如，采用自适应模糊因子[78]来增强图像，然后结合熵算子完成增强后图像的分割，这种方法在图像背景简单的情况下是有效的，而当背景复杂时，分割效果很差且耗时相对较长。此外，为了满足实时性要求，又提出将模糊理论优化算法如粒子群优化等方法相结合，提高阈值寻优的效率和速率。但基于模糊理论的图像分割方法在一定程度上会造成图像局部信息的丢失和破坏，不利于图像的后续处理。

（3）基于聚类分析的图像分割

基于聚类分析的图像分割是提取通过对图像特征的聚类操作将一幅图像中的所有像素点分为目标和非目标（背景）两类，从而实现图像分割[79,80]。当背景信息较为单一时，此类方法的分割效果较好。但是，当背景较为复杂且虚假目标过多时，该类方法会生成过多的类别，从而形成误判。此外，由于每次聚类中心的迁移均需要全部遍历输入图像的所有模式，因此在图像像素过多、噪声较强的情况下，基于聚类分析的图像分割会不同程度地面临计算复杂较高、分割准确率较低的问题。

（4）基于分形理论的图像分割

基于分形理论的图像分割主要是利用图像的分形维数特征实现分割。例如，Zhang 和 Peng[81,82]将分形理论应用到复杂场景中的图像分割中并取得了较好的分割效果。但此类分割方法只适用于纹理特征差异较大的情况，而对于纹理较弱、对比度较低的图像如水下图像，基于分形理论的图像分割存在很大的局限性，难以实现准确的图像分割。另外，如何准确地估计分形维数是基于分形理论进行图像分割的关键。

（5）基于生物视觉的图像分割

国外学者注意到了生物视觉在图像处理方面的优势，开始将基于模拟生物视觉机制建立的仿生模型用于解决各种智能图像处理研究中，如图像目标检测、图像目标识别、运动检测等方面。已有的研究成果已证明生物视觉应用于图像目标检测的可能性和合理性。基于生物视觉的图像分割[83]已成为图像目标检测领域研究的新的热点。

1.4 视频智能监控系统

1.4.1 智能视频监控的背景和意义

视频监控是信息获取理论与技术研究的一个重要内容，也是计算机视觉理论与技术研究的一个重要方向。它能够提供直观、准确、及时和内容丰富的信息，因而具有广泛的应用前景。随着软硬件资源的增加和相关理论研究水平的提高和发展，数字化、网络化、智能化已成为视频监控的重要特征。

传统的视频监控系统已经在众多的军事和民用领域中应用，如边防、重要军事设施及银行、商店、车站、码头等一些重要的公共场所。虽然这些场合下均设有监控摄像机，但实际的监控任务仍需要较多的人工完成。对于监控人员来讲，由于受到自身生理上的限制，无法全天候对监控场景进行实时预警；对于监控系统来讲，由于没有经过分析处理的原始视频数据中含有大量的冗余数据，长期积累下来需要大量的存储设备对其进行存储。同时，也造成了大量视频数据的浪费。这些都使传统视频监控系统存在报警度低、响应时间长、录像数据分析困难等缺陷，从而导致视频监控系统实用性降低。

与传统监控系统相比，只有视频监控（IVS，Intelligent Video Surveillance）系

统能够很好地解决以上问题。它借助于计算机强大的数据处理能力，对视频场景中的海量数据进行高速处理，自动抽取与监控场景有关的关键信息，进而对感兴趣的目标行为进行分析和描述。智能监控系统能够发现监控场景中的异常情况，并能够以最快和最佳的方式发出报警。

当前，智能监控技术研究主要涉及摄像机标定、目标检测、目标跟踪、行为识别与描述等。其中，由于监视场景的复杂性、摄像机系统的差异及运动目标间相互运动的复杂性等多种问题，使目标跟踪的研究变得困难。同时，在目前的技术研究体系中，目标跟踪也是核心技术之一。它是后续各种高级处理，如目标行为分析和识别、视频图像压缩编码等高层次视频处理和理解的基础。

目前，跟踪的实质是通过对摄像机拍摄到的视频序列进行分析，计算出目标在每帧图像中的位置、大小和运动速度。其难点在于图像是从三维空间到二维平面的投影，本身存在信息损失，而运动目标并不是一个确定不变的信号，它在跟踪过程中会发生位移、旋转、放缩等各种复杂的变化。除此之外，图像信息往往会受到复杂背景、各类噪声、遮挡、光照等因素的影响。因此，研究和设计开发能够应对复杂环境的各种变化，精确、快速和稳定地跟踪单个和多个视频运动目标的理论和方法不仅是重要的理论研究课题，而且对于促进视频监控系统的应用具有重要的意义和作用。

1.4.2　智能视频监控系统

由于视频监控系统具有广泛的应用前景，引起许多国家的高度重视，也研制出一些比较实用的监控系统。下面介绍几种典型的视频监控系统。

（1）VSAM 系统

1996 年～1999 年，美国国防高级研究项目署（DARPA）设立了以卡内基梅隆大学（CMU）为首，麻省理工学院（MIT）等十几所高等院校和研究机构参加的视频监控重大项目 VSAM（Video Surveillance and Monitoring）[84]。其主要目标是利用视频理解、网络通信、多种传感器融合等技术实现对未来城市、战场等自动监控。VSAM 采用分布式主动视频传感器对宽广的场景进行监控，处理结果发送到控制中心，通过 GUI 实现人机交互与用户预警。VSAM 包含了许多先进的视频理解技术，它采用分层自适应减背景法和三帧帧差法对运动物体进行实时检测，同时采用基于图像区域匹配的方法对目标进行跟踪；在目标识别方面采用神经网络和线性判别分析相结合的方法实现人、车和校园警车等的识别；其次还有人体步态分析、主动摄像机控制与协作等。

（2）W4 系统

W4[85]系统是马里兰大学负责的 VSAM 子项目的研究成果。它是一个实时视频监控系统，主要对室外环境中的多人运动进行实时监测、跟踪与监视。此外，W4 还能自动判断人体是否携带物品。它对多人之间以及人和物体之间的交互事件具有很好的识别效果，如物品遗失、交换物品等。但是它只适用于单色视频资源，如单目灰度摄像机和红外摄像机拍摄的视频，因此适合在晚间使用。

W4 将形状分析和目标跟踪结合起来，在视频帧中定位运动人体和人体的各部位（头、四肢、躯干等）。它基于图像帧的最大最小灰度和每个像素的时间标准差对背景进行建模，然后联合空间区域重叠度检测和动态模板匹配对前景目标进行匹配。同时对人体的图像外观构建二阶运动模型，从而在遮挡情况下进行准确跟踪。

（3）Pfinder 系统

Pfinder[86]是 MIT 媒体实验室开发的实时人体跟踪与行为理解系统，它基于颜色和形状特征建立多类别统计模型，在自由视点条件下构造人体部位。Pfinder 进行了大量的应用实验表明其在复杂环境下能够进行顽健、可靠的人体跟踪与理解。Pfinder 已经被成功应用在许多领域，比如手语识别、交互式游戏等。

Pfinder 联合颜色相似度和空间接近度对场景目标进行分块，并用块的二阶统计特性（形状和外观）来描述块的特征，构建块动态模型。然后使用基于最大后验概率的方法计算每个像素与 2D 模型的似然度，借助支持地图（Support Map）来判定像素属于哪个类别，从而进行人体部位的检测与跟踪。

（4）ADVISOR

ADVISOR（Annotated Digital Video for Surveillance and Optimized Retrieval）[87]是欧盟信息社会技术的 Framework 5 程序委员会设立的一个视频监控和检索重大项目。该系统的目标是开发一个公共交通（如机场、地铁）的安全管理系统，涵盖了人群和个人行为模式的分析、人机交互等研究。

在行人跟踪方面，ADVISOR 包括关于摄像机相关位置的一个场景几何模型。在跟踪行人时，它构建人的形状和外观的简单 3D 模型对目标进行跟踪，从而推断出人的 3D 轨迹，并且在出现遮挡时采用 3D 推理进行持续跟踪。

此外，还有一些智能视频监控产品，如美国 Vident 公司的 Smartcatch，它能检测出 10 种异常行为；以色列的 NiceVision 视频分析仪，该产品对不同的威胁提供实时侦测功能；法国的视频事件自动监测系统，用于智能交通领域，对监控区域内发生的交通事件进行实时检测。

国内对智能视频监控技术的研究主要来源于重点科研院所和大学，例如，中国科学院自动化研究所、北京大学视觉与听觉信息处理国家重点实验室、清华大学和上海交通大学等，成果主要体现在学术研究和算法开发。其中，中国科学院自动化研究所模式识别实验室在该领域做了大量研究，在人体运动分析、交通行为事件分析、交通场景视频监控和智能轮椅视觉导航等领域取得了许多科研成果。CBSR（Center for Biometric and Security Research）[88]智能视频监控系统是他们研究成果的集中展示，该系统主要功能包括：人和车辆的多目标检测、跟踪和分类；监控状态下的人脸跟踪与识别等。所有这些研究成果都在某些方面取得了进展，比较好地实现了视频监视的功能，但是在总体上大多数功能比较单一，距离智能监控系统的发展目标还有一定的差距。

参考文献

[1] VIOLA P, JONES. M Robust real-time object detection[J]. International Journal of Computer Vision, 2001, 4: 34-47.

[2] REGAZZONI C S, et al. Advanced video-based surveillance systems[M]. Springer Science & Business Media, 1999.

[3] HAERING N, et al. The evolution of video surveillance: an overview[J]. Machine Vision and Applications, 19: 279-290.

[4] JOHNSON A E, HEBERT M, Using spin images for efficient object recognition in cluttered 3D scenes[J]. Pattern Analysis and Machine Intelligence, IEEE Transactions

on, 1999, 21: 433-449.

[5] LI L, et al. Foreground object detection from videos containing complex background[C]//Proceedings of the 11th ACM International Conference on Multimedia. 2003: 2-10.

[6] ELGAMMAL A, et al. Non-parametric model for background subtraction[C]//Computer Vision—ECCV 2000. 2000: 751-767.

[7] LIU Z, ZHANG Y, YU K,HUANG H. Underwater image transmission and blurred image restoration[J]. Optical Engineering, 2001, 40: 1125-1131.

[8] CHEN Z, et al. Visual-adaptation-mechanism based underwater object extraction[J]. Optics & Laser Technology, 2014, 56: 119-130.

[9] YILMAZ A, et al. Object tracking: a survey[J]. ACM Computing Surveys (CSUR), 2006, 38: 1-45.

[10] HUNT B, CANNON T. Nonstationary assumptions for Gaussian models of images[J]. IEEE Transactions on Systems, Man, and Cybernetics, 1976, 6: 876-882.

[11] MARGALIT A, et al. Adaptive optical target detection using correlated images[J]. IEEE Transactions on Aerospace and Electronic Systems, 1985, AES-21(3): 394-405.

[12] REED I S, YU X. Adaptive multiple-band CFAR detection of an optical pattern with unknown spectral distribution[J]. IEEE Transactions on Acoustics, Speech and Signal Processing, 1990, 38(10): 1760-1770.

[13] KWON H, NASRABADI N M. Kernel RX-algorithm: a nonlinear anomaly detector for hyperspectral imagery[J]. IEEE Transactions on Geoscience and Remote Sensing, 2005, 43(2): 388-397.

[14] ASHTON E. Detection of subpixel anomalies in multispectral infrared imagery using an adaptive Bayesian classifier[J]. IEEE Transactions on Geoscience and Remote Sensing, 1998, 36(2): 506-517.

[15] CARLOTTO M J. A cluster-based approach for detecting man-made objects and changes in imagery[J]. IEEE Transactions on Geoscience and Remote Sensing, 2005, 43(2): 374-387.

[16] STEIN D W J, BEAVEN S G, HOFF L E, et al. Anomaly detection from hyperspectral

imagery[J]. IEEE Signal Processing Magazine, 2002, 19(1): 58-69.

[17] CHANG C I. Orthogonal subspace projection (OSP) revisited: a comprehensive study and analysis[J]. IEEE Transactions on Geoscience and Remote Sensing, 2005, 43(3): 502-518.

[18] RANNEY K I, SOUMEKH M. Hyperspectral anomaly detection within the signal subspace[J]. IEEE Geoscience and Remote Sensing Letters, 2006, 3(3): 312-316.

[19] CHIANG S S, CHANG C I, GINSBERG I W. Unsupervised target detection in hyperspectral images usingprojection pursuit[J]. IEEE Transactions on GEOSCIENCE AND REMOTE SENSING, 2001, 39(7): 1380-1391.

[20] KWON H, DER S Z, NASRABADI N M. Adaptive anomaly detection using subspace separation for hyperspectral imagery[J]. Optical Engineering, 2003, 42: 3342-3351.

[21] BANERJEE A, BURLINA P, DIEHL C. A support vector method for anomaly detection in hyperspectral imagery[J]. IEEE Transactions on Geoscience and Remote Sensing, 2006, 44(8): 2282-2291.

[22] 张兵，陈正超，郑兰芬，等. 基于高光谱图像特征提取与凸面几何体投影变换的目标探测[J]. 红外与毫米波学报，2004, 23(006): 441-445.

[23] SHI JB, TOMASI C. Good Features to Track[C]//IEEE Conference on Computer Vision and Pattern Recognition. 1994: 593-600.

[24] LUCAS B D, KANADE T. An iterative image registration technique with an application to stereo vision[C]//International Joint Conference on Artificial Intelligence.1981. 674-679.

[25] HARRIS C, STEPHENS M. A combined corner and edge detector[C]//The Fourth Alvey Vision Conference Manchester. UK, 1988: 147-151.

[26] LOWE D G. Distinctive image features from scale-invariant keypoints[J]. International Journal of Computer Vision, 2004, 60(2): 91-110.

[27] BAY H, TUYTELAARS T, VAN GOOL L. SURF: speeded up robust features[C]// European Conference on Computer Vision (ECCV 2006). Springer, 2006: 404-417.

[28] BAY H, ESS A, TUYTELAARS T, et al. Speeded-up robust features (SURF) [J].

Computer Vision and Image Understanding, 2008, 110(3): 346-359.

[29] WANG XG, DORETTO G, SEBASTIAN T, et al. Shape and appearance context modeling[C]//Computer Vision, ICCV 2007, IEEE 11th International Conference. 2007: 1-8.

[30] NDIOUR I J, TEIZER J, VELA P A. A probabilistic contour observer for online visual tracking[J]. Siam Journal on Imaging Sciences, 2010, 3(4): 835-855.

[31] GAO XB, SU Y, LI XL, et al. A review of active appearance models[J]. Systems, Man, and Cybernetics, Part C: Applications and Reviews, IEEE Transactions, 2010, 40(2): 145-158.

[32] COOTES T F, TAYLOR C J, COOPER D H, et al. Training models of shape from sets of examples[C]//British Machine Vision Conference. 1992: 9-18.

[33] COOTES T F, TAYLOR C J. Active shape models- smart snakes[C]//British Machine Vision Conference. 1992: 266-275.

[34] GALATA A, JOHNSON N, HOGG D. Learing variable length markov models of behaviour[J]. Comput. Vis. Image Underst., 2001, 81(3): 398-413.

[35] BLAKE A, ISARD M. Active contours: the application of techniques from graphics, vision, control theorey and statistics to visual tracking of shape in motion[M]. Secaucus NJ, USA:Springer-Verlag New York, Inc., 1998.

[36] OSHER S, SETHIAN J A. Fronts propagating with curvature-dependent speed: algorithms based on Hamilton-Jacobi formulations[J]. Journal of Computational Physics, 1988, 79(1): 12-49.

[37] MANSOURI A R. Region tracking via level set PDEs without motion computation[J]. IEEE Transactions on Pattern Analysis and Machine Intelligence, 2002, 24(7): 947-961.

[38] PARAGIOS N, DERICHE R. Geodesic active regions and level set methods for supervised texture segmentation[J]. International Journal of Computer Vision, 2002, 46(3): 223-247.

[39] PARAGIOS N, DERICHE R. Coupled geodesic active regions for image segmentation: a level set approach[C]//Computer Vision ECCV 2000. 2000: 224-240.

[40] CREMERS D, ROUSSON M, DERICHE R. A review of statistical approaches to level set segmentation: integrating color, texture, motion and shape[J]. International Journal of Computer Vision, 2007, 72(2): 195-215.

[41] PEREZ J, KOVACIC S. Tracking people in sport: making use of partially controlled environment[C]//Int. Conf. Coputer Analysis of Images and Patterns. Springer, 2001: 374-382.

[42] LEIBE B, LEONARDIS A, SCHIELE B. Robust object detection with interleaved categorization and segmentation[J]. International Journal of Computer Vision, 2008, 77(1): 259-289.

[43] DALAL N, TRIGGS B. Histograms of oriented gradients for human detection[C]// 2005 IEEE Computer Society Conference on Computer Vision and Pattern Recognition (CVPR'05), IEEE Computer Society. 2005: 886-893.

[44] ZHU Q, YEH M C, CHENG K T, et al. Fast human detection using a cascade of histograms of oriented gradients[C]//IEEE Conf. Comp. Vis. Pattern Recognition, IEEE, 2006: 1491-1498.

[45] LU W L, OKUMA K, LITTLE J J. Tracking and recognizing actions of multiple hockey players using the boosted particle filter[J]. Image and Vision Computing, 2009, 27(1-2): 189-205.

[46] INTILLE S S, BOBICK A F. Visual tracking using closed-worlds[C]//Int. Conf. Computer Vision. 1995: 672-678.

[47] SENIOR A, HAMPAPUR A, TIAN Y L, et al. Appearance models for occlusion handling[J]. Image and Vision Computing, 2006, 24(11): 1233-1243.

[48] JEPSON A D, FLEET D J, EL-MARAGHI T F. Robust online appearance models for visual tracking[C]//2001 IEEE Computer Society Conference on Computer Vision and Pattern Recognition (CVPR'01). 2001: 415-422.

[49] JEPSON A, FLEET D J T. EL-MARAGHI robust on-line appearance models for vision tracking[J]. IEEE Trans. Pattern Anal. Mach. Intell., 2003, 25(10): 1296-1311.

[50] PÉrez P, HUE C, VERMAAK J, et al. Color-based probabilistic tracking[C]// European Conference on Computer Vision – ECCV. Springer-Verlag. 2002: 661-675.

[51] NUMMIARO K, KOLLER-MEIER E, SVOBODA T, et al. Color-based object tracking in multi-camera environments[C]//DAGM Symposium Symposium for Pattern Recognition, 2003: 591-599.

[52] COMANICIU D, RAMESH V, MEER P. Kernel-based object tracking[J]. IEEE Transactions on Pattern Analysis and Machine Intelligence, 2003, 25(5): 564-577.

[53] BOUGUILA N, ELGUEBALY W. Integrating spatial and color information in images using a statistical framework[J]. Expert Systems with Applications, 2010, 37(2): 1542-1549.

[54] WANG H, SUTER D, SCHINDLER K. Effective appearance model and similarity measure for particle filtering and visual tracking[C]//European Conference on Computer Vision - ECCV 2006. Springer, 2006: 606-618.

[55] WANG H, SUTER D, SCHINDLER K, et al. Adaptive object tracking based on an effective appearance filter[J]. IEEE Transactions on Pattern Analysis and Machine Intelligence, 2007, 29(9): 1661-1667.

[56] BABU R V, PEREZ P, BOUTHEMY P. Robust tracking with motion estimation and local kernel-based color modeling[J]. Image and Vision Computing, 2007, 25(8): 1205-1216.

[57] L I P, CHAUMETTE F. Image cues fusion for object tracking based on particle filter[C]//Intl. Conf. Articulated Motion and Deformable Objects-(AMDO). 2004: 99-107.

[58] COOTES T F, EDWARDS G J, TAYLOR C J. Active appearance models[C]//The 5th European Conference on Computer Vision (ECCV' 98). Freiburg, Germany, 1998: 484-498.

[59] MATTHEWS I, BAKER S. Active appearance models revisited[J]. International Journal of Computer Vision, 2004, 60(2): 135-164.

[60] PAPANDREOU G, MARAGOS P. Multigrid geometric active contour models[J]. IEEE Transactions on Image Processing, 2007, 16(1): 229-240.

[61] MUKHERJEE D P, ACTON S T. Affine and projective active contour models[J]. Pattern Recognition, 2007, 40(3): 920-930.

[62] HILARIO C, COLLADO J M, ARMINGOL J M, et al. Pedestrian detection for intelligent vehicles based on active contour models and stereo vision[J]. Computer Aided Systems Theory - Eurocast 2005, Lecture Notes in Computer Science, 2005, 3643: 537-542.

[63] COOTES T F, TAYLOR C J, COOPER D H, et al. Active shape models-their training and application[J]. Computer vision and image understanding, 1995, 61(1): 38-59.

[64] LIU J M, UDUPA J K. Oriented active shape models[J]. IEEE Transactions on Medical Imaging, 2009, 28(4): 571-584.

[65] HILL A, COOTES T F, TAYLOR C J. Active shape models and the shape approximation problem[J]. Image and Vision Computing, 1996, 14(8): 601-607.

[66] KIM D J, J SUNG J W. A real-time face tracking using the stereo active appearance model[C]//Image Processing, 2006 IEEE International Conference. 2006: 2833-2836.

[67] PORIKLI F, TUZEL O, MEER P. Covariance tracking using model update based on means on riemannian manifolds[C]//Computer Vision and Pattern Recognition (CVPR08). 2006: 1-8.

[68] TUZEL O, PORIKLI F, P Meer. Pedestrian detection via classification on riemannian manifolds[J]. IEEE Trans. Pattern Anal. Mach. Intell., 2008, 30(10): 1713-1727.

[69] PANG Y W, YUAN Y A, L I X L, et al. Efficient HOG human detection[J]. Signal Processing, 2011, 91(4): 773-781.

[70] HORN B K P, SCHUNCK B G. Determining optical flow[J]. Artificial Intelligence, 1981, 17(1-3): 185-203.

[71] BARRON J L, FLEET D J, BEAUCHEMIN S S. Performance of optical flow techniques[J]. International Journal of Computer Vision, 1994, 12(1): 43-77.

[72] BRUHN A J, WEICKERT R C. Kanade meets Horn/Schunck: Combining local and global optic flow methods[J]. International Journal of Computer Vision, 2005, 61(3): 211-231.

[73] MEYER D, DENZLER J, NIEMANN H. Model based extraction of articulated objects in image sequences for gait analysis[C]//IEEE International Conference on

Image Processing. California, USA, 1997: 78-81.

[74] OTSU N, A threshold selection method from gray-level histograms[J]. Automatica, 1975, 11(285): 23-27.

[75] 范九伦，赵凤. 灰度图像的二维 Otsu 曲线阈值分割法[J]. 电子学报，2007, 35(4): 751-755.

[76] 刘健庄，栗文青. 灰度图象的二维 Otsu 自动阈值分割法[J]. 自动化学报，1993, 19(1): 101-105.

[77] HUANG D Y, WANG C H.Optimal multi-level thresholding using a two-stage Otsu optimization approach[J]. Pattern Recognition Letters, 2009, 30(3): 275-284.

[78] YU X, PENG F Y. An effective approach to underwater image segmentation[J]. Microcomputer Development, 2005, 15(133): 76-77.

[79] DRAGANA C, CAELLI T. Region-based coding of color images using Karhunen–Loeve transform[J].Graphical Models and Image Processing, 1997, 59(1): 27-38.

[80] 刘重庆，程华. 分割彩色图像的一种有效聚类方法[J]. 模式识别与人工智能, 1995, 8(A01): 133-138.

[81] ZHANG T D, WAN L, PANG Y J, et al. A method of underwater image segmentation based on discrete fractional Brownian random field[C]//2008 International Congress on Image and Signal Processing. San Ya, China, 2008, 5: 2507-2511.

[82] PENG F Y, et al. Image segmentation of laser underwater image based on fraction[J]. Huazhong University of Science and Technology (Nature Science Edition), 2004, 32(3): 101-102.

[83] WALTHER D, EDGINGTON D R, KOCH C. Detection and tracking of objects in underwater video[C]//IEEE Computer Society Conference on Computer-Vision& Pattern Recognition. 2004, 541: 544-549.

[84] ROBERT T C, LIPTON A J, et al. Algorithms for cooperative multisensor surveillance[J]. Proceedings of the IEEE, 2001, 89(10): 1456-1477.

[85] ISMAIL H, HARWOOD D, DAVIS L S.W 4: real-time surveillance of people and their activities[J]. Pattern Analysis and Machine Intelligence, IEEE Transactions, 2000, 22(8): 809-830.

[86]CHRISTOPHER R W, et al. Pfinder: real-time tracking of the human body[J]. Pattern Analysis and Machine Intelligence, IEEE Transactions on, 1997, 19(7): 780-785.

[87] NAYLOR M, ATTWOOD C.Advisor: annotated digital video for intelligent surveillance and optimised retrieval[R]. Advisor Conortium, 2003.

[88] 李子青. 智能视频监控技术—自主创新引领未来[J]. 中国安防，2007, 3: 50-55.

第 2 章

光学成像过程模型与图像处理

2.1 引言

基于图像处理的图像目标检测及分类方法大多存在着对场景光学环境不适应的局限。随着光学成像探测区域越来越广，探测所面对的光学环境逐渐增多，这一问题将日益突出。为了提高顽健性，理想图像处理算法特别是那些针对复杂场景的图像处理研究的发展必须建立在对光学成像过程充分建模并分析的基础上，充分学习图像信息特征“表象”背后所隐藏的“本因”，以更加顽健的知识或模型指导图像目标检测研究。

光学成像场景受到一个或多个光源的独立或共同照射，光源主要包括天体发光（日光、月光或星光）、生物发光和人工照明光。加之风力或水流等波流涌动的影响，图像目标检测将更多地面对较为困难的成像场景。成像场景中的光学环境常具有复杂性、随机性和多样性的特点。从物理光学的角度分析，这主要是由于光线能量衰减和散射两种物理现象共同作用所造成的，如图 2.1 所示，会产生下述一种或多种光学效应。其中，光线的衰减是由于光线传输介质对光波振动幅度的调制，使光波能量降低，反映在图像上表现为图像强度减弱及对比度下降。此外，由于不同光谱段光线能量衰减程度的差异，使光线的光谱成分发生变化，光波振动频率随之发生改变，反映在图像上表现为颜色的畸变。光线散射是由于光线传输介质和悬浮颗粒物使光线传播方向发生改变所造成的，反映在图像上表现为图像细节模糊，同时也可造成图像对比度的下降。另一方面，光线的散射作用也会使光波的振动方向发生变化，产生较为明显的偏振效应。综合上述现象，反映在图像上表现为图像信息的衰减和扰动，较强的叠加噪声以及图像信息的畸变。

为了对上述现象进行形式化描述，本章将以水下成像场景代表典型复杂成像场景为例，围绕成像场景，尤其是复杂场景中光线的物理传播特性及光线成像过程进行建模分析，分别对光线衰减、散射进行数学建模，建立一般光线传播成像模型并优化，分别分析自然光和人工照明光在传播中所形成的不同的成像环境。在此基础上，分析不同成像环境中成像光线和噪声的差异，进一步采用水下标定成像实验，将水下光线传播模型同水下图像所表现出的图像特性相互对照，研究

水下图像的成像过程及水下目标图像信息及噪声的成分，为后续的图像处理、图像特征提取、图像目标检测及分类奠定基础。

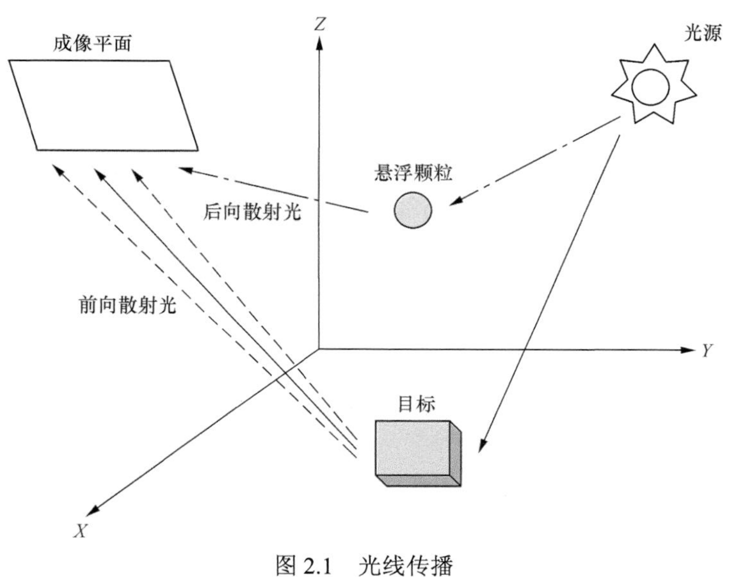

图 2.1　光线传播

2.2　光线的传播特性

光线传输介质的光学传播特性多通过准直光照射实验研究进行分析。光线传输介质的光学特性主要反映在光线能量衰减和传播方向改变两个方面。对于能量衰减，通过准直光照射均匀光线传输介质，当传播距离达到 r，在没有因任何散射过程而发生光路变化的情况下，其残余能量 P_r^0 和入射能量 P_0 间服从指数衰减规律[1]。

$$P_r^0=P_0\mathrm{e}^{-\alpha r} \tag{2.1}$$

其中，P_0 为光线入射的初始能量，P_r^0 为零散射项，α 为吸收系数，表达为每单位距离（米或英寸）的对数值。α 为标量值，在非均匀的光线传输介质中会随着不同场景的变化而发生变化。

在光线衰减模型中，吸收系数 α 值的确定是其中的核心。总体上，在传输介质光线传播过程中光线能量的衰减作用起源于两种相互独立的机制：散射和吸收。其中，散射是一种随机过程，在这一过程中光线仅发生传播方向发生变化。而吸收是指光线在传播中的热力学不可逆过程，在这一过程中光子的物理属性已经发生改变。因此，光衰减系数是由吸收量系数 a 和散射量系数 s 所共同决定的。

$$\alpha = a + s \tag{2.2}$$

除此之外，光线能量衰减的另一典型特征是同光线的波长相关。1945 年～1951 年，美国科学家 Hulburt 和 Curcio 等[2~5]以水下光学成像为例，对蒸馏水中不同波长光线在传播过程中的衰减现象进行测量，结果如表 2.1 所示。从表 2.1 中可以看到，在纯净的水介质中光线的衰减大体上同波长成反比，并且包含一个重要的衰减窗口（440 μm 到 520 μm），在衰减窗口外水体对光线的衰减距离显著降低。此外，这种衰减窗的选择同水介质本身的物理光学属性、悬浮物质组成及浓度密切相关，例如海水的选择性吸收窗位于蓝绿色波段上，然而悬浮的水生植物和动物组织又会使这种衰减窗波段向着黄色波长的方向偏移。由于水介质中光线衰减是由多种影响因素共同作用的结果，目前尚未有能够预测水体衰减系数的解析表达。在实际应用中，多是根据先验经验通过查表方式获得。

表 2.1　纯净水介质对不同波长光线的吸收距离

波长/μm	吸收距离（α^{-1}）
400	13
440	22
480	28
520	25
560	19
600	5.1
650	3.3
700	1.7

光线的散射主要是由于光线射入到水体中遇到尺度大于光波波长的悬浮透明生物组织或粒子后，由于介质折射率差异导致光线传播方向发生变化，散射度同波长无关。不同于吸收作用，光线散射现象仅能使光线传播方向发生变化而不改变光线本身的物理属性，而由于散射所造成的能量衰减的主因是光束发生分散，导致照准点上光线能量降低。

对于光线传播过程中的散射现象可以从光线能量衰减和光线传播方向调制两

个方面进行讨论。以水下场景为例，在纯净的水体中，光线的衰减符合瑞利散射模型，其中散射强度曲线和散射角变量间关系可解析表达为[5]

$$J(\vartheta) \sim (1+0.835\cos^2\vartheta) \tag{2.3}$$

由于光线散射所造成光线衰减的衰减系数可以计算为

$$s = 2\pi\int_0^{\pi}\sigma(\vartheta)\sin\vartheta \mathrm{d}\vartheta \tag{2.4}$$

其中，$\sigma(\vartheta)$ 为光线的在水下传播过程中的体散射函数，表示单位水介质体积内光子群散射的辐射能随散射方向分布的无量纲函数。由于散射现象对光线传播方向产生调制，准直光线在光路传播的末端通常变为服从指数分布的能量场。1961 年，美国科学家 Hulburt[6,7]对纯净水、大西洋海水及湖泊水中的体散射函数曲线进行了实验，实验结果如图 2.2 所示，从图中可以看出光散射强度随着散射角的增加大体上服从指数状分布状态，相比较，湖泊水体的光线散射量最高，而纯净水体的散射量最低，这主要是由于水体中所包含的悬浮颗粒物浓度及有机物含量不同所导致的。通过对多个自然水体的体散射函数曲线的比较可以看出，不同水体中，散射角和散射光强的关系大体上保持一致，仅在后向散射中会体现出一定的差异。

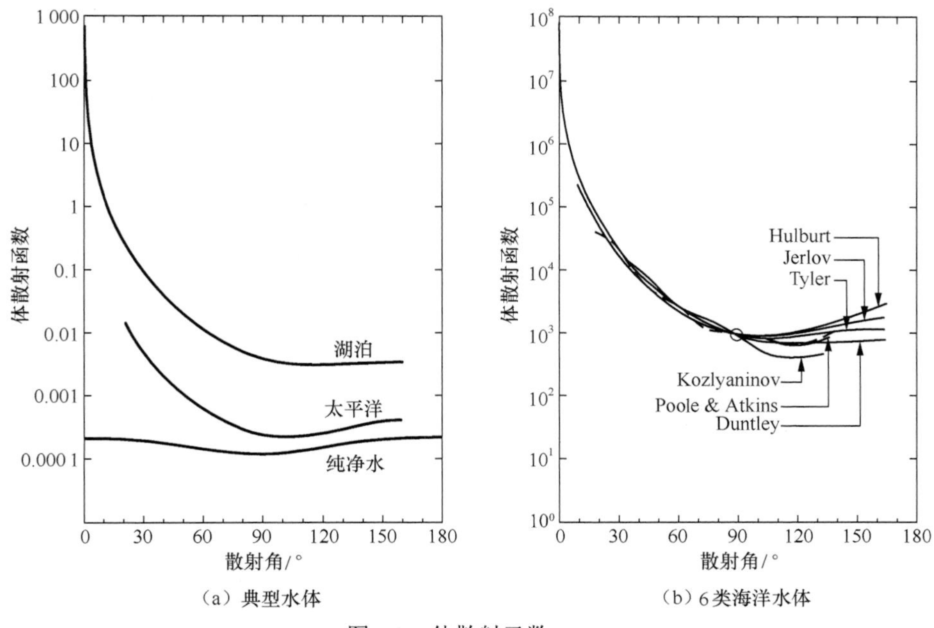

（a）典型水体　　（b）6 类海洋水体

图 2.2　体散射函数

在光线传播过程中，最为复杂的是多次散射现象。多次散射是指单位水体受到的光照辐射不仅来自于光束范围内的散射光，还来自于光束外的散射光线[4]，如图2.3所示。从图2.3中可以看到，成像平面上的每一点均会受到来自于光束外散射光线的照射。由于多次散射光线的随机性，很难对其进行精确的建模和预测，目前，主要采用的技术策略包括：（1）多重整合法，该方法利用体散射函数来模拟多次散射问题，计算复杂度极高且很难得到解析解，目前仅能通过优化的方式进行逼近；（2）扩散理论，该理论的局限在于仅适用于各项同质的介质，而对于非均质的水介质，该理论仅能够预测较长视距下的多次散射现象，且计算误差较大；（3）辐射转移函数，该方法基于转移函数建立，可以通过反复迭代得到解析解；（4）蒙特卡洛过程，该过程将多次散射视为一个随机过程，通过一阶状态方程的转移能够求得散射结果的解析解。尽管取得了部分的成果，上述方法无一能够普适于所有的水下环境和光照条件，尤其是在点照明和准直光照明条件下，均存在着不同程度的局限。

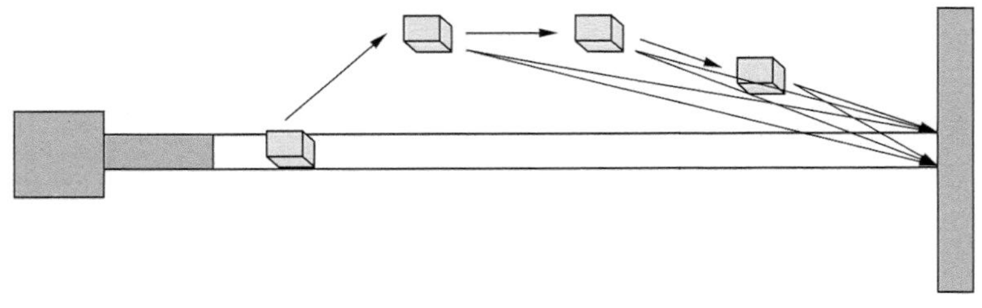

图2.3　多次散射

2.3　光线的辐射特性

光线的辐射特性包括自然光线的辐射特性和人工光线的辐射特性，该两部分光线辐射独立或共同作用于成像场景。

2.3.1　自然光线的辐射特性

以水下成像场景代表典型复杂成像场景为例，在水下场景中，大部分的光线

来自于太阳光和天空光。在日光光谱中，几乎一半能量分布于红外谱带范围内，这部分光线在水下 1 m 的传播距离内就被水体完全吸收，而 $\frac{1}{5}$ 的光线是紫外光，这部分光线的传播距离稍长[8~12]。在水下真正可见的是蓝绿谱段范围内的光线，但这部分光线的能量仅占日光总能量的 $\frac{1}{10}$，因而在自然水下场景的视觉成像中，对这部分光线的敏感是极其重要的。

当日光射入到水体表面时，会发生严重的扩散，直到达到一种稳态。这种稳态能够表征水体的光学性质，并且同太阳的纬度和天气状况无关。对于日光的扩散现象通常采用辐射分布曲线描述，如图 2.4 所示。从图 2.4 中可以看到，尽管在不同天顶角度下测量，辐射曲线大致上平行，并随着水深的增加辐射量逐渐减小[8]。

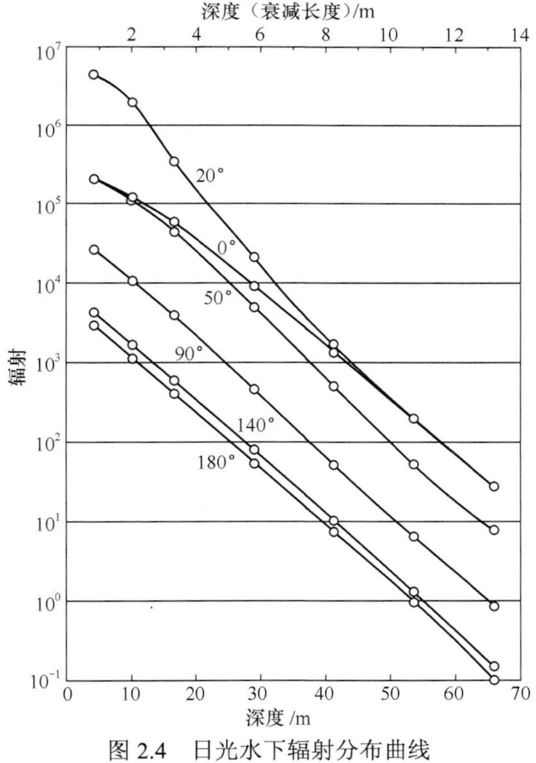

图 2.4　日光水下辐射分布曲线

图 2.4 中曲线的反斜率被称为辐射衰减函数 $K(z,\theta,\phi)$，其中，z 为水深，θ 为光测量设备的天顶角，ϕ 为相应的方位角。对图 2.4 中的曲线参数，求解 $K(z,\theta,\phi)$ 后的图形表示，如图 2.5 所示。

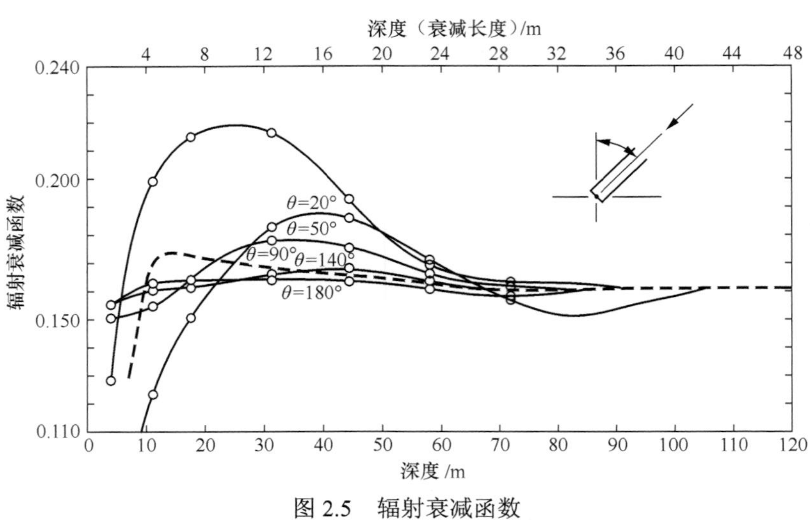

图 2.5　辐射衰减函数

2.3.2 人工光线的辐射特性

在水下较为恶劣的光学环境中通常需要采用人工光源补光的策略以补偿场景中光线能量的衰减，在补光的过程中水体和水下目标表面均受到光源不同程度的照射，这一照射的分布取决于光源自身辐射强度分布、水体的光学传播特性以及光源的照射距离。在真实的水下环境中，从目标的位置观察，球形均匀光源通常被散射光晕所包络，光晕的范围随着视距增大而逐渐增加，并且在 18~20 倍衰减距离下，光圈完全掩盖了光源的准直光线。这种光源辐射所形成的光晕形成了光源的辐射场。1959 年 8 月 26 日，美国科学家 Seibert 等在砖石岛基站采用球状光源对水下光源的辐射进行测量，所得结果如图 2.6（a）所示。

对于准直光方向上的光束，能量随着距离成指数状衰减

$$N_r = N_0 e^{-\alpha r} \tag{2.5}$$

其中，N_r 为在距光源距离为 r 的观测点所接收到的辐射量，N_0 为光源表面的固有辐射量，α 为辐射衰减系数。对于辐射的光晕光，其能量分布如图 2.6（b）所示，从图 2.6（b）可以看到光晕能量随散射角的增加而成指数状衰减，并且随着视距增加光晕能量也随之减小。因此，可以根据这种规律估计一定视距下光晕的辐射

强度。

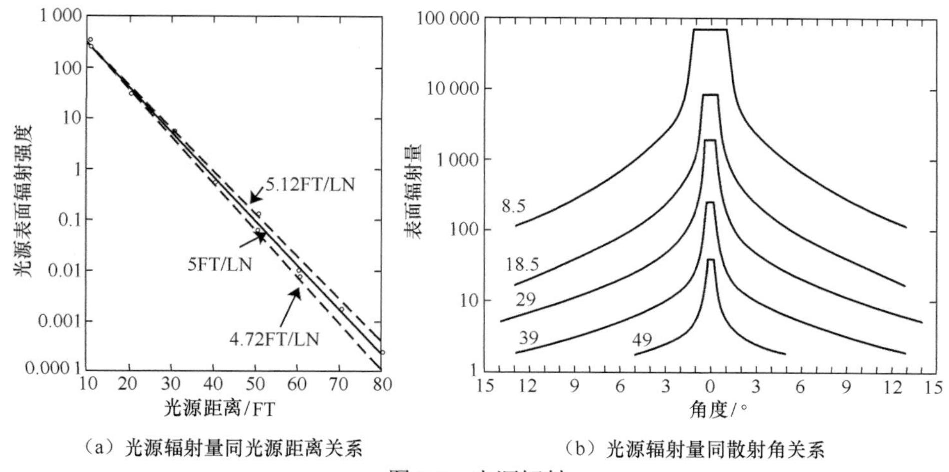

（a）光源辐射量同光源距离关系　　（b）光源辐射量同散射角关系

图 2.6　光源辐射

2.4　目标表面辐射及成像模型

以水下成像场景代表典型复杂成像场景为例，对目标表面辐射及目标表面反射的分析是水下光学成像研究的基础。本节在对水介质光学传播及光源辐射特性分析的基础上，对水下目标表面所接收到的辐射及目标表面的反射光成像进行进一步的分析研究。

2.4.1　目标表面受到的辐射

水下目标表面主要受到两种光线的照射：1）从光源处发出的直射光线；2）散射光。对于直射光线，当光源 J 照射距离为 r 处的目标时，目标所接收到的直射能量 H_r^0 为

$$H_r^0 = \frac{J\mathrm{e}^{-\alpha r}}{r^2} \tag{2.6}$$

除了直射光 H_r^0，目标表面还受到散射光或多路辐射光线 H_r^* 的辐射。在光辐射各项同性假设[13]的基础上根据扩散理论可以将散射光建模为

$$H_r^* = \frac{JK\mathrm{e}^{-Kr}}{4\pi r} \tag{2.7}$$

其中，K 为散射光的衰减系数。通过将该模型与真实量测数据比较，进行优化后所获得的球形光源的散射光模型为

$$H_r^* = \frac{2.5(1+7\mathrm{e}^{-Kr}JK\mathrm{e}^{-Kr})}{4\pi r} \tag{2.8}$$

对于水下照明所常采用的锥状光源，其散射光模型为

$$H_r^* = \left(2.5-1.5\lg\frac{2\pi}{\beta}\right)\left[1+7\left(\frac{2\pi}{\beta}\right)^{\frac{1}{2}}\mathrm{e}^{-Kr}\right]\frac{JK\mathrm{e}^{-Kr}}{4\pi r} \tag{2.9}$$

因此，当光源为球状光源，距离为 r 的目标，其表面受到的光源照射量为

$$H_r = \frac{J\mathrm{e}^{-\alpha r}}{r^2} + 2.5\left(1+7\mathrm{e}^{-Kr}\right)\frac{JK\mathrm{e}^{-Kr}}{4\pi r} \tag{2.10}$$

当光源为锥状光源，距离为 r 的目标，其表面受到的光源照射量为

$$H_r = \left(2.5-1.5\lg\frac{2\pi}{\beta}\right)\left[1+7\left(\frac{2\pi}{\beta}\right)^{\frac{1}{2}}\mathrm{e}^{-Kr}\right]\frac{JK\mathrm{e}^{-Kr}}{4\pi r} \tag{2.11}$$

其中，β 为整体的光束发散，且 $\beta \leqslant 20^\circ$。

2.4.2 水下目标表面辐射光传播及成像过程模型

同大气环境相比，水下光线传播距离相对较短。在足够的光照条件下，水下视距几乎完全取决于视线方向上的对比传输距离。在水平的视角下观察，以黑色目标物作为标定目标，可探测距离的阈值为 $\frac{4}{\alpha(z)}$，其中 z 为目标水深。1957 年，Duntley 等[14,15]对散射和吸收介质中目标视觉对比度降低的现象进行研究后发现当目标视距为 r，目标的水下深度为 z_t，视线的天顶角为 θ，方位角为 ϕ 的条件下，其原始对比度 $C_0(z_t,\theta,\phi)$ 同可视对比度 $C_r(z_t,\theta,\phi)$ 之比为

$$\frac{C_r(z_t,\theta,\phi)}{C_r(z_t,\theta,\phi)}=T_r(z_t,\theta,\phi)\frac{{}_bN_0(z_t,\theta,\phi)}{{}_bN_r(z,\theta,\phi)} \tag{2.12}$$

其中，$T_r(z_t,\theta,\phi)$ 为观察视线上的成像光线，$\frac{{}_bN_0(z_t,\theta,\phi)}{{}_bN_r(z_t,\theta,\phi)}$ 为固有背景光和传输光路末端背景光之比。通过大量比测实验，尽管水介质的光线衰减和散射作用以及光照辐射能量非均匀分布，但是式（2.12）比例关系大体上恒定。但是，类似于透过玻璃窗观察一样，由于目标位置处水介质折射率 $n(z_t)$ 和观察位置处水介质折射率 $n(z)$ 差异，光束的传输 $T_r(z_t,\theta,\phi)$ 必然包含 $\left[\frac{n(z)}{n(z_t)}\right]^2$ 因子。

在光学传播特性均匀的水介质中，单位水体中光辐射量可以采用微分方程建模[16]

$$\frac{\mathrm{d}N(z,\theta,\phi)}{\mathrm{d}r}=-K(z,\theta,\phi)\cos\theta N(z,\theta,\phi) \tag{2.13}$$

其中，$r\cos\theta=z_t-z$。对其进行进一步优化后可得

$$\frac{\mathrm{d}N(z,\theta,\phi)}{\mathrm{d}r}=N_*(z,\theta,\phi)-\alpha(z)N(z,\theta,\phi) \tag{2.14}$$

因此，对于目标表面的辐射光线

$$\frac{\mathrm{d}_tN(z,\theta,\phi)}{\mathrm{d}r}=N_*(z,\theta,\phi)-\alpha(z)_tN(z,\theta,\phi) \tag{2.15}$$

将式（2.13）、式（2.14）和式（2.15）合并，可以得到以下重要关系

$$\begin{aligned}{}_tN_r(z,\theta,\phi)={}_tN_0(z,\theta,\phi)\exp[-\alpha(z)r]+N(z,\theta,\phi)\exp[+K(z,\theta,\phi)r\cos\theta]\cdot\\ \{1-\exp[-\alpha(z)r+K(z,\theta,\phi)r\cos\theta]\}\end{aligned} \tag{2.16}$$

其中，${}_tN_r(z,\theta,\phi)$ 为视距为 r 情况下的目标表面辐射光，${}_tN_0(z,\theta,\phi)$ 为目标的固有辐射光。在式（2.16）中，第一项为残余的目标成像光线，第二项为在整个光路上散射光线所形成的辐射，例如，$N_r^*(z,\theta,\phi)$。可以看到式（2.16）完备地描述了视距为 r 的情况下目标辐射光线的组成及传播过程中所发生的变化。在水下机器视觉领域中，该模型通常作为经典的成像模型加以使用。在式（2.16）中，通常

认为 $\alpha(z)$ 和 $K(z,\theta,\phi)$ 是常数，然而在均匀水体中 $K(z,\theta,\phi)$ 通常随着深度 z、天顶角 θ 及方位角 ϕ 的变化而变化，反映在辐射衰减量上，如图 2.5 所示。在实际应用中，通常在均匀水介质前提假设下将 $\exp[-\alpha(z)r+K(z,\theta,\phi)r\cos\theta]$ 近似表示为

$$\exp\left\{-\int_0^r\left[\alpha(z)-K(z,\theta,\phi)\cos\theta\right]\mathrm{d}r'\right\} \tag{2.17}$$

式（2.16）也同样适用于对背景光和目标辐射光线的对比度建模

$${}_tN_r(z,\theta,\phi)-{}_bN_r(z,\theta,\phi)=\left[{}_tN_0(z,\theta,\phi)-{}_bN_0(z,\theta,\phi)\right]\exp\left[-\alpha(z)r\right] \tag{2.18}$$

从式（2.16）中可以看到在水下光线传播光路上，目标和背景间辐射光线的对比同成像光线一样随着传输距离的增加而呈指数状衰减。定义目标同背景间的固有对比度 $C_0(z_t,\theta,\phi)$ 以及传输距离 r 后的对比度 $C_r(z_t,\theta,\phi)$ 分别为

$$C_0(z_t,\theta,\phi)=\frac{{}_tN_0(z_t,\theta,\phi)-{}_bN_0(z_t,\theta,\phi)}{{}_bN_0(z_t,\theta,\phi)} \tag{2.19}$$

$$C_r(z_t,\theta,\phi)=\frac{{}_tN_r(z_t,\theta,\phi)-{}_bN_r(z_t,\theta,\phi)}{{}_bN_r(z_t,\theta,\phi)} \tag{2.20}$$

则两种对比度的比值为

$$\frac{C_0(z_t,\theta,\phi)}{C_r(z_t,\theta,\phi)}=1-\frac{N(z_t,\theta,\phi)}{{}_bN_0(z_t,\theta,\phi)}\left\{1-\exp\left[\alpha(z)r-K(z,\theta,\phi)r\cos\theta\right]\right\} \tag{2.21}$$

通常在水下场景中，${}_bN_0(z_t,\theta,\phi)=N(z_t,\theta,\phi)$，式（2.21）可以简化为

$$\frac{C_0(z_t,\theta,\phi)}{C_r(z_t,\theta,\phi)}=\exp[-\alpha+K\cos\theta]r \tag{2.22}$$

该式右边项为对比衰减因子，它同视线的天顶角和方位角无关。进一步假定观察视线处于水平方向，则 $\cos\theta=0$，从式（2.22）可以看出，从水平方向上观察，水下目标的表面辐射和表面对比度随目标视距变化而变化，同参数 α 有关而无关于参数 K。由于 $\cos\theta=0$，式（2.14）说明场景中每一点均受到光线的均匀辐射 $N_q\left(z,\frac{\pi}{2},\phi\right)$，而水平光路上的单位水体中辐射量的衰减可以表示为

$$\frac{\mathrm{d}\left(N_q\left(z,\frac{\pi}{2},\phi\right)\right)}{\mathrm{d}r}=0=N_*\left(z,\frac{\pi}{2},\phi\right)-\alpha(z)N_q\left(z,\frac{\pi}{2},\phi\right) \tag{2.23}$$

根据式（2.23）可以推导出水下衰减系数的计算方程

$$\alpha(z)=\frac{N_*\left(z,\frac{\pi}{2},\phi\right)}{N\left(z,\frac{\pi}{2},\phi\right)} \tag{2.24}$$

在真实测量实验中，$N_*(z,\frac{\pi}{2},\phi)$ 可由黑色目标物的辐射量测量得到，而 $N(z,\frac{\pi}{2},\phi)$ 为背景的表面辐射量。该模型为 2.2 节中衰减参数 α 的计算提供了一种新的方法。

2.5　对光学成像过程模型的实验与分析

以水下成像场景代表典型复杂成像场景为例，通过实验对光学成像过程模型的正确性进行验证和误差分析。为了验证式（2.16）水下光学成像过程模型的准确性并对照水下目标图像的特性进行分析，采用标定成像方法分析水下光学成像所成图像中有用信息及噪声信息的组成并评价成像过程模型的准确性，以指导后续的水下图像处理。

2.5.1　图像标定方法及实验设计

采用数字相机进行水下光学成像实验，对水下光线传播特性及成像过程模型进行验证和优化。在数字相机的水下成像过程中水下入射光线从镜头组输入并通过红色、绿色及蓝色三原色的滤光片滤波后达到成像面（CCD 或 CMOS 矩阵），实现光/电信号的转换。此后，对电信号进行数字量化，并经过一系列的压缩编码等图像处理技术，最终保存为图像。在相机参数及成像视角、成像视距等成像条件不变的情况下，水下入射光越强所记录下的图像灰度值越大，入射光强和图像间成线性关系。因此水下标定图像直接反应出入射光的强度和分布，可采用水下标定成像的方法对水下光线的传播特性及水下成像过程模型进行分析和验证。在水下标定成像中，通常根据实验目标设计标定图，并将相机置于水下，使相机镜头的主光轴同标定图所在平面保持垂直以保证标定图像的反射光均匀入射到成像平面。最后通过对所成标定图像的分析得到实验结果。

自然光照条件下的水下成像实验开始于 2012 年 7 月 14 日 10:00（夏令时，UTC/GMT+ 8.00），地点位于中国江苏省南京市河海大学池塘（118° 74′E，31° 9′N），气象条件阴，水下能见度小于 85 cm，水下背景颜色为浅黄色。选用 Nikon Coolpix 5100 CMOS 数码相机并外置防水罩进行水下光学成像实验，有效像素为 510 万。水下标定图像的成像距离为 40 cm，成像水深 40 cm。由于实验主要考察水下不同光谱段光线在传播过程中的衰减以及前后向散射光对所成水下图像的影响，所设计的标定图覆盖所有人类视觉可见的光谱范围。所设计的标定图包含红色（682 nm）、橙色（607 nm）、黄色（577 nm）、绿色（542 nm）、蓝色（492 nm）、靛色（462 nm）、紫色（410 nm）、黑色以及混合色的目标，标定图的背景设计成白色以考察水下自然背景光，如图 2.7 所示。

图 2.7　标定原始图像（附彩图）

自然光照条件下的水下图像如图 2.8 所示，其中每张水下标定图的光学成像环境、成像距离及所采用的成像设备完全一致。

图 2.8　水下标定图像（附彩图）

2.5.2　实验与分析

从不同色彩目标成像光线的强度衰减及同背景光线间的对比度两个方面对水下光线的传播特性进行分析并在此基础上对成像模型进行验证和优化。

（1）目标辐射光强同目标色彩间的关系

图像强度能够直观反映出目标辐射光强的分布。从图像强度上分析，9 幅图像中的目标信息均有不同程度的衰减。不同于海洋等较为洁净的水体，由于在本实验环境中大量的颗粒悬浮物及藻类繁殖，在自然光照条件下，水体背景呈现黄绿色调。通过将图像中的颜色信息转换为强度信息后，发现水体的衰减窗大体同背景谱带的范围保持一致。如图 2.9 所示，设置强度饱和值为 1，如前文所分析，光强的衰减同目标的颜色密切相关，光强曲线成单峰的形式。在衰减窗口内光强达到峰值，随后随着波长的变化，光强逐渐降低。在本实验条件下，由于水体的衰减窗位于黄绿色谱带范围内，第 3 个黄色目标所对应的强度值达到峰值。

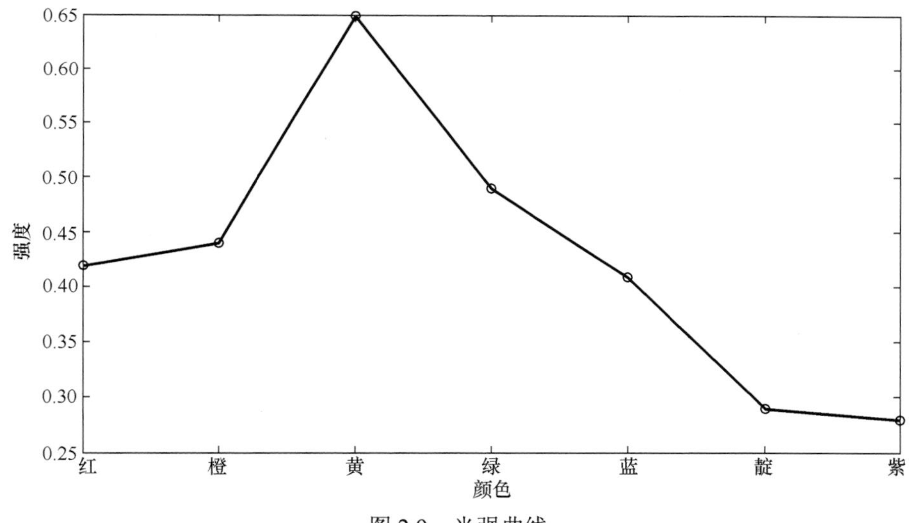

图 2.9　光强曲线

（2）目标、背景色彩畸变及二者间的对比度

由于每张标定图的背景为白色，可以进一步对水下标定图中背景区域的色彩进行分析，研究其中的差异。通过对比发现由于散射作用目标邻近背景区域受到目标散射光线的严重影响，自然背景光线的色彩信息产生不同程度的畸变。由于黑色目标的反射率为 0，该目标不会对自然背景光产生影响，因而可以看到自然背景光表现为黄绿色的色调。相比较，其他目标散射光均会不同程度地污染自然背景光。例如，红色目标附近的背景区域被渲染成偏红色的色调，而蓝紫色目标

附近的背景光谱带会向目标蓝紫色谱带偏移。除了表现为色彩信息的畸变，在自然光照条件下不同色彩目标同背景间的对比度也有所差异。以目标区域同背景区域间的色彩对比作为对比度参考，水下标定图的对比度如表 2.2 所示。可以看到在衰减窗内目标同背景间的对比度最小，随着目标色彩的变化，目标同背景间色彩的差异逐渐明显，对比度逐渐提高。其中，黑色目标的对比度最大，一方面是由于黑色目标本身色彩同背景光色彩差异较大，另一方面是由于黑色目标无散射光线，没有对背景光线的色彩产生影响。上述现象说明水下光学环境中光线在传播过程中会发生严重的散射，对邻近区域中的辐射光线产生影响。除了表现为色彩信息的畸变，另一方面表现为对比度的降低。

表 2.2　　不同色彩目标同背景间的光强对比度

颜色	目标背景对比度（光强比）
红色	1.55
橙色	1.10
黄色	1.03
绿色	1.14
蓝色	1.51
靛色	1.90
紫色	2.36
黑色	3.18

（3）水下光学成像过程模型实验验证

根据式（2.16），其中用于描述背景散射光的参数 $N(z,\theta,\phi)$ 由黑色目标标定图估计得到。由于采用相机水平拍摄，$\cos\theta = 0$，$r = 0.4\ \mathrm{m}$，$\alpha(z)$ 通过查表参考 3 类水体而获得。在原始标定图的基础上利用式（2.16）估计得到的合成水下标定图如图 2.10 所示。从图 2.10 中可以看到，所估计得到的水下标定图同真实环境中采集得到的水下图像基本保持一致。但是由于成像距离较近，式（2.16）无法描述目标自身散射光线对背景光及目标成像的影响，比较真实水下标定图像，估计得到图像的强度较低，且存在一定程度的色彩畸变。但是这里要指出的是，通常在较为清洁的水体中，水介质的衰减及散射作用较弱，成像距离通常远大于本实验中的成像距离，单一目标对背景光幕光的影响较小，理应获得更为出色的水下图像估计效果。

图 2.10　水下图像估计（附彩图）

2.6　图像处理及原始图像目标信息恢复

以水下图像为例，在高散射、强衰减的水下光学环境中所获得图像的质量会严重降低[17,18]，主要表现在两个方面。首先，光线的散射作用会显著降低图像的分辨率和对比度，造成图像的模糊。其次，图像中的色彩信息会受到水体光谱选择性吸收影响而发生畸变[19,20]。此外，由于水介质对水下光线的强衰减作用，通常在水下光学成像中需要引入人工补光。然而，在补偿能量衰减的同时，发现大功率可见光补光会显著污染场景内的光学环境，主要表现在非均匀化光幕光噪声和图像信息的畸变上。如图 2.11 所示，蓝色的背景区域和棕褐色底砂是由于水体的光谱选择性吸收所造成的。此外，除了准直成像光线外，部分图像区域，如矩形窗中的图像区域，不仅受到了背景散射光噪声的影响，还因较强的人工光照射受到临近区域目标散射光的辐射，导致部分自然背景区域被污染成异常的棕褐色。因此，在人工补光成像条件下，水下图像噪声更加强烈并且会表现出图像信息及噪声的非均匀分布。

图 2.11　水下图像的色彩变化及非均匀分布的图像噪声（附彩图）

针对非均匀光照条件下所获得的水下图像，本章利用区域化的水下光学成像模型对水下彩色图像进行恢复，主要通过 3 步实现。首先对一般水下光学成像过程模型进行扩展，研究自然光照和人工补光两种条件下的水下光学成像过程模型，并同水下图像表征进行对照，建模模拟水下图像数据非均匀分布状态。其次，利用大数量自然图像统计学习得到的亮信道先验，根据不同光照的影响（是否受到人工光较强的照射）对图像进行区域化分割，每个区域均对应于一个独立的成像过程模型。最后，根据暗信道先验依次对不同图像区域中各点视距和背景光进行估计，区分不同图像区域所对应的成像模型进行反变换计算。本章建立了一种区域化的水下图像恢复方法，能够准确地实现水下图像恢复，结果显著优于同类算法。

2.7 光照的非均匀分布与参数估计误差

在水下图像处理中，为了实现这一目标，通常采用两种技术策略，包括图像增强和图像恢复。图像增强主要通过对准则函数优化而实现，其突出优势在于计算简单且易于实现。但是，由于没有考虑到水下光学环境特性和成像过程，该算法仅能利用图像数据本身有限的信息来提高图像质量[21, 22]。相比较，水下图像恢复不仅依赖于图像数据本身，还能够基于完备的水下光学成像模型进行反变换计算操作。其理论基础更加坚实且恢复效果显著优于图像增强[23]。由于需要对水下成像过程建模，其中衰减参数和视距估计是水下图像恢复算法所必须解决的关键问题，参数估计的准确性也直接影响到恢复效果的优劣。对于计算机领域的研究人员而言，衰减参数通常是根据先验知识通过查表的方式获得。而对于水下图像视距的估计则需要图像处理计算的支持。根据有效的图像数量，主要可以分为基于多相机成像和基于单相机成像的视距估计。基于多相机成像的视距估计主要在不同成像条件下（如不同偏振角[24]、不同环境光）对同一场景进行光学成像，利用所成图像中的差异为线索对场景中各点的视距进行计算。该方法最大的不足在于需要复杂的成像系统的协同工作，并且对各成像单元也需要严格的光学校准，这在水下场景的应用中是很难实现的。相比较，基于单相机成像的视距估计更加便捷，仅需要对场景的单次瞬时成像计算便可实现场景中各点的视距估计。由于可利用的图像信息量较为匮乏，基于单幅图像的视距估计必然要引入大量的先验

知识或模型（如暗信道先验[12]和对比度准则先验[13]）支撑后续的估计计算。此外，在研究中这种基于单幅图像的场景视距估计方法中还隐含着一个极其苛刻的约束条件，即水下光照必须是均匀的。根据前文的分析可以看到，由于人工补光光源的大量使用，这一约束条件并不满足于大多的水下光学成像环境。因此，该方法在对水下场景视距进行计算时会造成严重的估计误差，影响水下图像的恢复效果。

综合现有的研究成果，基于单相机的水下场景视距估计及其基础上的图像恢复是一种较为可行的水下图像预处理策略。但是，由于在水下人工补光技术的广泛使用以及水体对光线的散射作用均会引起水下场景中光照的非均匀分布，现有的水下图像恢复算法均无法适应这一条件，主要表现在对水下背景光及目标视距估计中所产生的较大误差。这一问题严重影响到水下图像预处理过程中水下图像的恢复效果。针对这一问题，本章建立了区域化的水下成像模型，并在此基础上对水下图像恢复问题进行研究。

2.8　光学成像过程模型优化及参数估计

在 2.5 节水下光学成像过程模型的基础上，根据式（2.16），水下图像主要包含成像光线和光幕光两种信息成分，并会在水下图像中形成不同的表征。成像光线指的是目标辐射出的准直光线，该部分的光线在传播过程中仅发生能量的衰减而并没有发生光路的改变。另一部分并不源于照准区域的光线通常称为光幕光，该部分光线源于水体的多次散射效应[25]。本质上，水下图像处理的目标在于实现在水下图像中对水下目标成像光线信息的恢复，而光幕光则被视为主要噪声进行抑制。反映在水下光学成像过程模型中，假定成像视线保持水平 $K(z,\theta,\phi)r\cos\theta=0$，则式（2.16）可以简化为

$$ {}_tN_r(z_t,\theta,\phi)={}_tN_0(z_t,\theta,\phi)\exp\left[-\alpha(z)r\right]+N(z_t,\theta,\phi)\left\{1-\exp\left(-\alpha(z)r\right)\right\} \tag{2.25} $$

在均匀水下光照条件下，目标辐射光线是目标对背景光的反射而形成，因此

$$ {}_tN_0(z_t,\theta,\phi)\exp\left[-\alpha(z)r\right]=B\rho\exp\left[-\alpha(z)r\right] \tag{2.26} $$

其中，B 为场景中的背景光，ρ 为目标表面的反射率。在自然均匀光照条件下，

光幕光完全由场景中的背景光散射而形成，$N(z_t,\theta,\phi)=B$，因此

$$N(z_t,\theta,\phi)\{1-\exp(-\alpha(z)r)\}=B(1-\exp[-\alpha(z)r]) \tag{2.27}$$

假定水体具有恒定的衰减系数，$\alpha(z)=\alpha$，则当目标深度一定（忽略参数 z_t），成像设备视角固定（忽略参数 θ,ϕ），自然均匀光照条件下的成像过程可以建模为

$$I=B\rho\exp[-\alpha r]+B(1-\exp[-\alpha r]) \tag{2.28}$$

其中，I 为成像时所捕获的光线。

当人工补光光源用于水下成像时，环境光线的分布变得不均匀，此时水下图像不仅仅由自然场景中的背景光线成像还会受到发散的人工光照射的影响，${}_tN_0(z_t,\theta,\phi)=(B+L\exp[-\alpha(z)r])\rho$，对于人工光照准区域其成像光线为

$${}_tN_0(z_t,\theta,\phi)\exp[-\alpha(z)r]=(B+L\exp[-\alpha(z)r])\rho\exp(-\alpha(z)r) \tag{2.29}$$

相比较而言，在人工光源加入的情况下，散射光模型变得复杂。总体上，场景散射光是背景散射光和人工光源散射光的叠加。不同于均匀的背景散射光，人工散射光线的能量场是非均匀分布的。根据图 2.6，可以看到散射光线随着传播距离和散射角度的增加而呈指数状衰减。在水下图像中，对于人工补光光源的照准区域，某一点的散射光线是背景散射光和其邻域空间内人造散射光的叠加。

$$N(z_t,\theta,\phi,x)=B+\sum_{y\in\Omega_x}I_y\exp(-\eta d_{yx}) \tag{2.30}$$

其中，x 为场景中的某一点的坐标，Ω_x 为其邻域区域，y 为邻域中的某一点，d_{yx} 为 y 点距离 x 点的角距离，η 为调制参数。此时，

$$N(z_t,\theta,\phi)[1-\exp(-\alpha(z))r]=\left(B+\sum_{y\in\Omega_x}I_y\exp(-\eta d_{yx})\right)(1-\exp[-\alpha(z)r]) \tag{2.31}$$

限于角距离测量的困难性，可采用点点间的空间距离替代，并用门函数替代指数函数，式（2.31）可以简化为

$$\begin{aligned}N(z_t,\theta,\phi)[1-\exp(-\alpha(z))r]&=\left(B+\eta\sum_{y\in\Omega_x}I_y\right)(1-\exp[-\alpha(z)r])\\&=(B+\eta I_{\Omega_x})(1-\exp[-\alpha(z)r])\end{aligned} \tag{2.32}$$

其中，I_{Ω_x} 为 x 点邻域 Ω_x 内的光线累积。假定水体内的衰减参数一定，则人工补光条件下，光源照准区域的成像过程可以建模为

$$I_x = \left(B + L\exp\left(-\alpha r\right)\right)\rho\exp\left(-\alpha r\right) + \left(B + \eta I_{\Omega_x}\right)\left(1 - \exp\left(-\alpha r\right)\right) \tag{2.33}$$

将自然均匀光照条件下的水下成像模型（式（2.28））同人工光照准区域的成像模型（式（2.33））进行比较后可以看到，在两种光照条件下的成像光线和噪声光线的成分显著不同。人工光照准的图像区域不仅表现为具有更高的亮度，更表现为噪声较高的复杂性和多变性。

总体上，在人工补光的成像环境中，水下图像大体上可以分为两类区域。第一类为人工光照准区域，这部分区域受到自然水下背景光和人工光的照射，其成像过程模型如式（2.33）所示。第二类区域主要受到自然水下背景光的照射，由于同人工光主光轴间的角距离较大，该区域中受到人工光的影响较小，其成像过程模型如式（2.28）所示。假定所选用的人工光源为平行光或近似平行光，则可近似认为在照准区域中各点所接收的光照射量相同，即照准区域内的各点的散射光同该点的空间位置无关，$\beta=\eta I_{\Omega_x}$，则式（2.33）可以近似为

$$I\left(x \in R_A\right) = \left(B + L\exp\left(-\alpha r_x\right)\right)\rho_x\exp\left(-\alpha r_x\right) + \left(B + \beta\right)\left(1 - \exp\left(-\alpha r_x\right)\right) \tag{2.34}$$

综合上述研究，在非均匀光照条件下，水下图像大体上可以分为两块区域，其成像过程模型分别对应为

$$I_x = \begin{cases} B\rho\exp\left(-\alpha r\right) + B\left(1 - \exp\left(-\alpha r\right)\right) & ,\ x \in R_B \\ \left(B + L\exp\left(-\alpha r\right)\right)\rho\exp\left(-\alpha r\right) + \left(B + \beta\right)\left(1 - \exp\left(-\alpha r\right)\right), & x \in R_A \end{cases} \tag{2.35}$$

其中，x 为水下图像中某一点的像素位置，R_B 为单纯自然背景光照射区域，R_A 为人工光照准区域。

多变和非均匀的水下光照环境会使得水下图像数据非均匀分布和扰动。人工光照准图像区域中，有效信息和噪声信息强度均较强。相比而言，在人工光影响较弱的图像区域中，强度、色彩和噪声成分均较弱。鉴于这种差异，如果水下图像恢复算法能够有效区分不同图像区域中的光照差异，采用区域化的水下图像处理策略应该能获得更为出色的效果。为了实现这一目标，在统计分析的基础上本

研究提出了一种亮信道先验知识，用于实现水下图像分割。在此基础上，分别估计不同图像区域中的背景光和视距。

2.8.1 基于亮信道先验的水下图像区域分割

根据式（2.35），水下图像中不同的图像区域对应着不同的成像过程模型。为了在图像数据基础上有效区分不同图像区域所对应的光学特性，本章在对 1 000 幅清晰自然图像统计的基础上提出了一种亮信道先验。根据亮信道先验，可以发现在清晰的自然图像中大多的图像块中必然包含一些像素点，该点至少对应一个强度接近饱和的信道，如图 2.12 所示。从图 2.12 中可以看到，尽管场景内容及光照条件存在显著差异，自然图像每个图像块中至少包含有一个信道，其光强接近饱和值[26]。这种亮信道先验可以建模为

(a) 清晰自然图像样本

(b) 亮信道强度

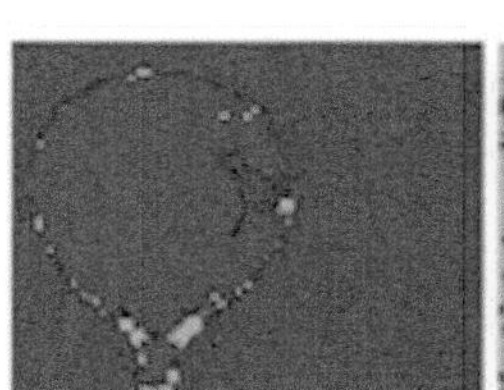
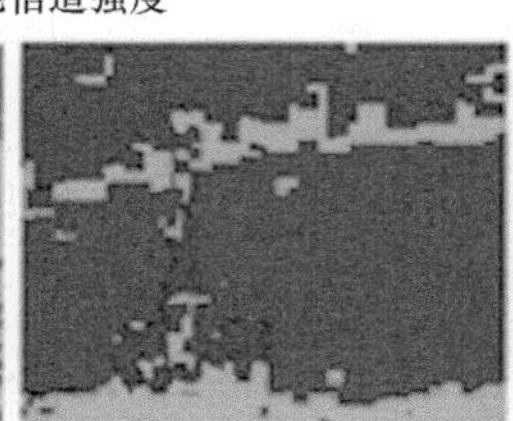
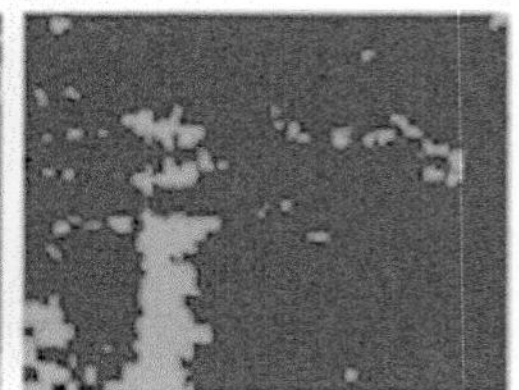

(c) 亮信道色彩

图 2.12　亮信道先验（附彩图）

$$I^{\text{bright}}(x)=\max_{c\in\{r,g,b\}}\left(\max_{y\in\Omega_x} I^c(y)\right) \tag{2.36}$$

其中，$I^c(x)$ 为像素点 x 处 c 信道上的所对应的光强度，Ω_x 为以 x 为中心的图像局部区域。这种亮信道中的高强度主要是由于目标的镜面反射或色彩目标，该目标在亮信道上所对应的反射率近似于 1。

$$P_x^{\text{bright}}=\max_{c\in\{r,g,b\}}\left(\max_{y\in\Omega_x} p_y^c\right)\to 1 \tag{2.37}$$

假定在单个图像局部区块中每一像素点所对应的视距相近，并且局部环境光照统一、均匀，合并式（2.35）～式（2.37）可以发现，在自然背景光占优的区域 R_B，亮信道中所包含的信息近似为自然背景光的表征

$$\begin{aligned}&I^{\text{bright}}(x\in R_B)=\max_{c\in\{r,g,b\}}\left(\max_{y\in R_B,\ y\in\Omega_x} I^c(y)\right)\\&=B^{\text{bright}}\rho_x^{\text{bright}}\exp\left(-\alpha^{\text{bright}}r_x\right)+B^{\text{bright}}\left(1-\exp\left(-\alpha^{\text{bright}}r_x\right)\right)\approx B^{\text{bright}}\end{aligned} \tag{2.38}$$

而在人工光影响较大的区域 R_A 中，亮信道中所包含的信息近似为人工光和自然背景光的调制叠加

$$\begin{aligned}&I^{\text{bright}}(x\in R_A)=\max_{c\in\{r,g,b\}}\left(\max_{y\in R_A,\ y\in\Omega_x} I^c(y)\right)\\&=\left(B^{\text{bright}}+L^{\text{bright}}\exp\left(-\alpha^{\text{bright}}r_x\right)\right)\rho_y^{\text{bright}}\exp\left(-\alpha^{\text{bright}}r_x\right)+\\&\left(B^{\text{bright}}+\beta^{\text{bright}}\right)\left(1-\exp\left(-\alpha^{\text{bright}}r_x\right)\right)\\&\approx L^{\text{bright}}\exp\left(-\alpha^{\text{bright}}r_x\right)^2+\beta^{\text{bright}}\left(1-\exp\left(-\alpha^{\text{bright}}r_x\right)\right)+B^{\text{bright}}\end{aligned} \tag{2.39}$$

从式（2.38）和式（2.39）中可以看出，亮信道中的信息随着 R_A 和 R_B 图像区域的变化而变化，并能够体现其典型的光学特征。因此可以利用亮信道特征对水下图像进行分割。

为了有效区分亮信道中所包含的信息，可以提取光强和色彩两类特征。若采用光强特征，必须预设阈值作为分割判决的准则。但是，在实际水下应用中由于先验知识的匮乏，很难预设一个准确的阈值。即使能够寻找到适宜于某个图像的阈值，该判决准则也很难推广到其他水下场景所获图像中。考虑到由于人工光的照射，自然背景光的蓝绿色谱带会被扩展和偏移，而亮信道的颜色也会相应的变化。由于不需要阈值的设定，亮信道的色彩信息是一种更加便捷的特征，能够区

分不同区域的光照特性，如式（2.40）所示。

$$\begin{cases} x \in R_A, \quad \underset{c\in\{r,g,b\}}{\arg\max}\left(I^{\text{bright}}(x)\right)=c_1, \quad c_1 \in \{r,g,b\} \\ x \in R_B, \quad \underset{c\in\{r,g,b\}}{\arg\max}\left(I^{\text{bright}}(x)\right)=c_2, \quad c_2 \in \{r,g,b\} \end{cases} \tag{2.40}$$

其中，r、g、b 分别为红色、绿色及蓝色彩色信道。通常，认为在自然水下场景中背景光为蓝色，即定义 $c_1 = b$ 为背景光占优区域的亮信道特征。但是在一些情况下，由于浮游生物，绿色植物及底砂的影响，场景光线会显现出绿色或棕褐色的色调。因此，本研究采用了一种手动的方式确定 R_B 区域的亮信道色彩。在图像中手动选择背景区域区块作为参考样本，如式（2.41）所示。

$$c_1 = \underset{c\in\{r,g,b\}}{\arg\max}\left(I^{\text{bright}}\left(x \in \Omega_{\text{sample}}\right)\right) \tag{2.41}$$

其中，Ω_{sample} 为手动选择的图像中背景参考样本图块。

2.8.2 区域化的背景光估计

目前，散射环境中最常用的背景光估计方法多是基于暗信道先验模型而实现的。但是对于这种先验知识，尚缺乏完善的数学分析及理论上的解释。在光学成像过程模型的基础上，本节首先对支撑暗信道先验的理论基础进行分析，在不同光照环境中对该先验模型的优势和不足进行分析。最后，在图像分割基础上针对非均匀分布的水下照射光线，提出了一种区域化的水下背景光估计方法。

同 2.8.1 节中的亮信道先验，暗信道先验也是基于对自然清晰图像统计基础上而获得的一种知识模型。暗信道先验发现在每个非背景区域的小图像块中，至少有一个像素中的至少一个色彩信道的强度很低，如式（2.42）所示。

$$I^{\text{dark}}(x) = \min_{c\in\{r,g,b\}}\left(\min_{y\in\Omega_x} I^c(y)\right) \tag{2.42}$$

这种暗信道强度极低的成因主要包括以下 3 种情况：全黑色目标、彩色目标或阴影。3 种情况可以大致归结为这些点在某些信道上的反射率极低，接近为 0，如式（2.43）所示。

$$p_x^{\text{dark}} = \min_{c\in\{r,g,b\}}\left(\min_{y\in\Omega_x}\rho_y^c\right)\approx 0 \tag{2.43}$$

因此，根据水下成像模型，在均匀光照环境中暗信道信息是散射背景光（光幕光）的表征，如式（2.44）所示。

$$\begin{aligned}I^{\text{dark}}(x) &= \min_{c\in\{r,g,b\}}\left(\min_{y\in\Omega_x}I^c(y)\right)\\ &= B^{\text{dark}}\rho_x^{\text{dark}}\exp\left(-\alpha^{\text{dark}}r_x\right)+B^{\text{dark}}\left(1-\exp\left(-\alpha^{\text{dark}}r_x\right)\right)\approx B^{\text{dark}}\left(1-\exp\left(-\alpha^{\text{dark}}r_x\right)\right)\end{aligned} \tag{2.44}$$

在整幅图像所有区块中，可以看到最大强度的暗信道对应于最小的衰减系数 $\exp(-\alpha r_x)$，如式（2.45）所示。

$$\max_x\left(I^{\text{dark}}(x)\right)=B^{\text{dark}}\left(1-\min_x\left(\exp\left(-\alpha^{\text{dark}}r_x\right)\right)\right) \tag{2.45}$$

在水下图像中，对应于最小衰减的像素点必然包含在纯背景区域中，该点的距离 r_x 的值近似为无穷大，所对应的衰减项的值近似为 0，$\min\limits_x\left(\exp\left(-\alpha^{\text{dark}}r_x\right)\right)\to 0$。

因此，在自然图像中强度最大的暗信道的强度值为背景光在相应信道的近似估计。在光照均匀的水下环境中，均匀背景光是散射光的唯一光源，如式（2.46）所示。

$$\max_x\left(I^{\text{dark}}(x)\right)\approx B^{\text{dark}},\ B=\left[B^{\text{dark}=r},B^{\text{dark}=g},B^{\text{dark}=b}\right] \tag{2.46}$$

但是，由于大量人工补光光源的使用致使水下光照分布不均匀，这种估计策略并不适用于常见的水下图像。根据式（2.35），这种暗信道估计结果是随着区域 R_A 和 R_B 的变化而变化的。在 R_A 区域中，暗信道是背景散射光和人工散射光的叠加，如式（2.47）所示。

$$\begin{aligned}I^{\text{dark}}(x\in R_A) &= \min_{c\in\{r,g,b\}}\left(\min_{y\in\Omega_x,\ ,y\in R_A}I^c(y)\right)\\ &=\left(B^{\text{dark}}+L^{\text{dark}}\exp\left(-\alpha^{\text{dark}}r_x\right)\right)\rho_{\text{y}}^{\text{dark}}\exp\left(-\alpha^{\text{dark}}r_x\right)+\left(B^{\text{dark}}+\beta^{\text{dark}}\right)\left(1-\exp\left(-\alpha^{\text{dark}}r_x\right)\right)\\ &\approx\left(B^{\text{dark}}+\beta^{\text{dark}}\right)\left(1-\exp\left(-\alpha^{\text{dark}}r_x\right)\right)\end{aligned} \tag{2.47}$$

因此，在人工光补光的条件下，整幅图像中最大的暗信道值必然出现在人工光反射极为显著的区域，如式（2.48）所示。

$$\max_x\left(I^{\text{dark}}(x)\right)=\max_x\left(I^{\text{dark}}(x\in R_A)\right)$$
$$=\left(B^{\text{dark}}+\beta^{\text{dark}}\right)\left(1-\min_{x\in R_A}\left(\exp\left(-\alpha^{\text{dark}}r_x\right)\right)\right)=B^{\text{dark}}+\beta^{\text{dark}} \tag{2.48}$$

在此情况下，利用暗信道模型进行估计的结果并非仅仅是背景散射光，而是背景散射光和人工散射光的叠加。这种估计误差会进一步造成场景中各点视距估计错误并最终影响图像恢复效果，如图 2.13 所示。从图 2.13 可以看到，在该场景图像中，自然的背景光展现出蓝灰色的色彩，而利用暗信道先验估计得到的背景光区块错误的分布于底砂区域，结果得到的背景光畸变为红褐色的色彩。进而在去光幕光噪声的过程中，如图 2.13（b）所示，对红色信道的强度进行了过分抑制，使恢复结果不但没有得到提高反而严重降低了图像质量，如图 2.13（c）所示，图 2.13 中，箭头表示图像计算的流程。

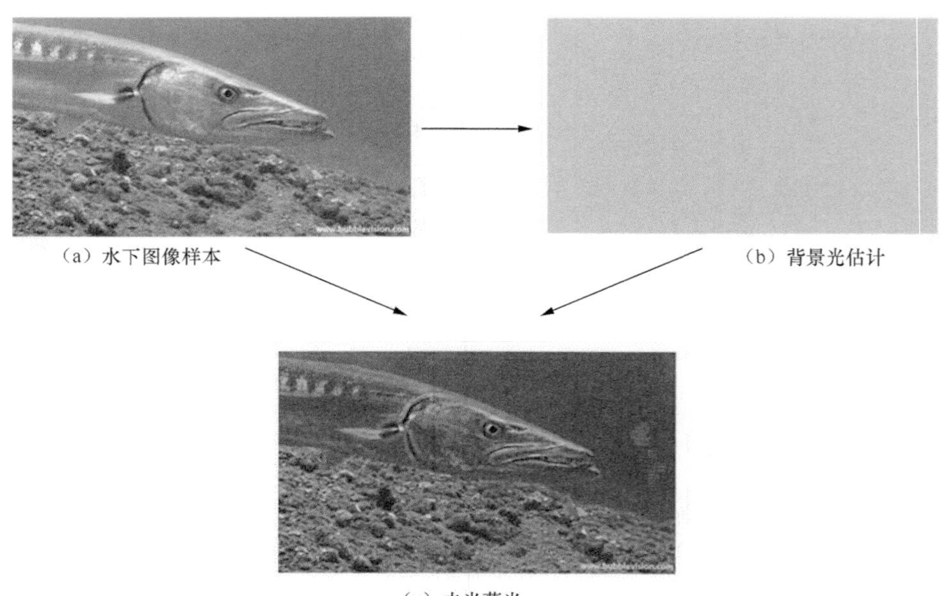

（a）水下图像样本 （b）背景光估计

（c）去光幕光

图 2.13 非均匀光照下暗信道估计（附彩图）

针对这一问题，在利用亮信道先验模型进行图像分割的基础上，本研究逐一对 R_A 和 R_B 区域采用暗信道先验模型对背景光进行估计，如式（2.49）所示。对不同区域的估计结果如图 2.14 所示，从图 2.14 中可以看到，区域化的方法大致上把

水下图像分成人工光和自然光占优的两块区域 R_A 和 R_B 。针对不同图像区域的成像模型进行有差别的估计，获得不同的背景光估计结果，正确反映不同图像区域中散射光源的光学特性。

$$\begin{cases} \max\limits_x\left(I^{\text{dark}}\left(x \in R_A R_A\right)\right) = B^{\text{dark}} + \beta^{\text{dark}} \\ \max\limits_x\left(I^{\text{dark}}\left(x \in R_B\right)\right) = B^{\text{dark}} \end{cases}$$

$$\begin{cases} B + \beta = \left[B^{\text{dark=}r} + \beta^{\text{dark=}r}, B^{\text{dark=}g} + \beta^{\text{dark=}g},\ B^{\text{dark=}b} + \beta^{\text{dark=}b}\right] \\ B = \left[B^{\text{dark=}r}, B^{\text{dark=}g},\ B^{\text{dark=}b}\right] \end{cases} \tag{2.49}$$

（a）水下图像样本　（b）R_B 区域背景散射光估计　（c）R_A 区域背景散射光估计

图 2.14　区域化的暗信道估计（附彩图）

2.8.3　区域化的视距估计

在均匀光照环境中，水下图像由于光线散射所形成的光幕噪声浓度随着视距的增加而提高。根据这种规律可以实现基于单幅图像目标—相机间的视距估计。但是，在非均匀光照环境中这种光幕光的浓度不仅仅随视距发生变化，其成分和浓度也因光照区域的差异而变化。在 R_B 区域中，由于自然背景光照占优，暗信道仅仅是自然背景散射光的表征，衰减项可以通过式（2.50）计算得到。

$$\exp\left(-\alpha^{\text{dark}} r_x\right) = \frac{B^{\text{dark}} - I^{\text{dark}}}{B^{\text{dark}}}, \quad x \in R_B \tag{2.50}$$

其中，B^{dark}、I^{dark} 为背景光和接收光线在暗信道中的强度，α^{dark} 为暗信道的衰减系数。然而在 R_A 区域中，由于人工补光光照占优，暗信道是自然背景散射光和散射人工光的表征，在衰减项的计算中必然需要引入参数 β^{dark}，如式（2.51）所示。

$$\exp\left(-\alpha^{\text{dark}} r_x\right) = \frac{\left(B^{\text{dark}} + \beta^{\text{dark}} - I^{\text{dark}}\right)}{B^{\text{dark}} + \beta^{\text{dark}}}, \quad x \in R_B \tag{2.51}$$

综合式（2.50）、式（2.51），非均匀光照条件下图像中任一点的视距可以通过式（2.52）估计得到。

$$r_x = \begin{cases} \dfrac{-\log\left(\dfrac{\left(B^{\text{dark}} + \beta^{\text{dark}} - I^{\text{dark}}\right)}{B^{\text{dark}} + \beta^{\text{dark}}}\right)}{\alpha^{\text{dark}}}, & x \in R_B \\ \dfrac{-\log\left(\dfrac{\left(B^{\text{dark}} - I^{\text{dark}}\right)}{B^{\text{dark}}}\right)}{\alpha^{\text{dark}}}, & x \in R_A \end{cases} \tag{2.52}$$

由于基于暗信道先验模型的视距估计方法以图像区块为对象，在计算结果中不可避免的会出现马赛克现象，这种现象会显著降低视距的估计精度。为了解决这一问题，在局部线性模型[27]的基础上利用指导滤波器对估计结果进行线性变换以实现平滑滤波，滤波器模型如式（2.53）所示。

$$r'_x = \overline{A}_x I + \overline{B}_x \tag{2.53}$$

其中，假设在一个独立图像块中的线性系数 $\overline{A}_x$、$\overline{B}_x$ 是常量，I 是指导图像，通常为原始图像，r' 为滤波器输出图像。其中线性系数是通过输入图像 r 和输出图像 r' 间差异计算，并对差异函数最小化计算而得到。其解析解可以通过递归的方式得到，如式（2.54）、式（2.55）所示。

$$\overline{A}_x = \frac{1}{|w|}\sum_{y\in\Omega_x} A_y = \frac{1}{|w|}\frac{\sum\limits_{y\in\Omega_x}\left(\dfrac{1}{|w|}\sum\limits_{z\in\Omega_y} I_z r_z - \mu_{\Omega_y}\overline{r}_{\Omega_y}\right)}{\left(\delta_{\Omega_y} + \varepsilon\right)} \tag{2.54}$$

$$\overline{B}_x = \frac{1}{|w|}\sum_{y\in\Omega_x} B_y = \overline{r}_{\Omega_y} - A_{\Omega_y}\mu_{\Omega_y} \tag{2.55}$$

其中，$|w|$为图像区块中像素的数量，μ_{Ω_y} 和 δ_{Ω_y} 分别为 Ω_y 局部区域内的均值和方差，$\overline{r}_{\Omega_y}$ 为输入图像 r 在 Ω_y 图像块中的均值。最终，区域化的视距估计结果如图 2.15（a）所示，基于暗信道模型的视距估计结果如图 2.15（b）所示。可以看到区域化的计算策略能够修正非均匀光照条件下暗信道先验模型的视距估计误差。

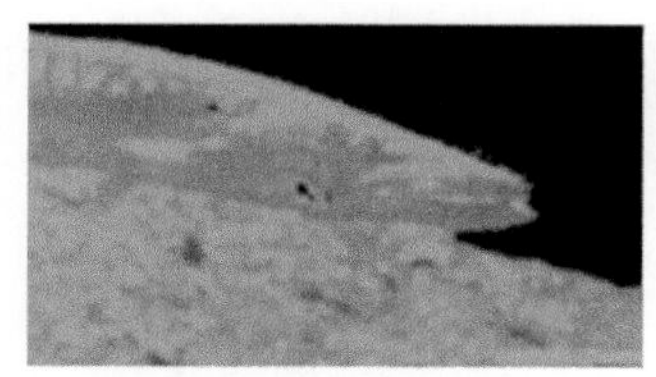

（a）基于区域化成像模型的视距估计

（b）基于暗信道模型的视距估计

图 2.15　视距图像

2.9　区域化图像处理及图像恢复方法

根据水下成像过程模型（式（2.35）），在非均匀光照条件下光幕光噪声和色彩的畸变随着成像视距的增加而加重，并且因图像区域的变化而变化。区域化的图像恢复方法主要包括区域化的去光幕光及色彩信道补偿两个步骤。

2.9.1　去光幕光

获得视距图像 r' 后，可以通过模型的反变换消除内散射项来实现光幕光噪声抑制，如式（2.56）和式（2.57）所示。

$$\begin{aligned}&I^c\left(x\in R_A\right)-\left(B^c+\beta^c\right)\left(1-\exp\left(-\alpha^c r_x\right)\right)\\&=\left(B^c+L^c\exp\left(-\alpha^c r_x\right)\right)\rho_x^c\exp\left(-\alpha^c r_x\right),\quad c=\{r,g,b\}\end{aligned} \tag{2.56}$$

$$I^c\left(x\in R_B\right)-B^c\left(1-\exp\left(-\alpha^c r_x\right)\right)=B^c\rho_x^c\exp\left(-\alpha^c r_x\right),\ c=\{r,g,b\} \tag{2.57}$$

结果如图 2.16 所示，其中右侧区域为获得的结果，左侧区域为原始图像。可以看到原始水下图像，特别是前景区域中红色色调的散射光噪声被完全的抑制并恢复为自然的蓝色色调。这种蓝色色调是由于日光从水体表面到目标传播过程以及目标反射光到相机传播过程中水体光谱选择性吸收而造成的，为了进一步部分修正这种色彩的畸变，在下面的步骤中将对目标光线从目标到相机传播过程中的光谱选择性吸收效应进行补偿。

图 2.16　去光幕光（附彩图）

2.9.2　色彩信道补偿

在进行有效的光幕光噪声抑制后，本研究在视距准确估计的基础上继续对光线从目标到相机传播过程中的光谱选择性吸收效应进行补偿，从而获得场景中每一点上的成像光线，如式（2.58）、式（2.59）所示。

$$\left(B^c+L^c\exp\left(-\alpha^c r_x\right)\right)\rho_x^c=\left(I^c\left(x\in R_A\right)-\left(B^c+\beta^c\right)\frac{1-\exp\left(-\alpha^c r_x\right)}{\exp\left(-\alpha^c r_x\right)}\right),\quad c=\{r,g,b\} \tag{2.58}$$

$$B\rho_x=\frac{\left(I\left(x\in R_B\right)-B\left(1-\exp\left(-\alpha r_x\right)\right)\right)}{\exp\left(-\alpha r_x\right)},\ c=\{r,g,b\} \tag{2.59}$$

色彩信道补偿结果如图 2.17 所示，其中右侧区域为获得的结果左侧区域为原始图像。可以看到原始水下图像中的蓝色色调被部分的修正且图像亮度有一定的提高。而残余蓝色色调是日光在传播过程中水体的光谱选择性吸收而造成的。

图 2.17　色彩信道补偿（附彩图）

2.10 实验与分析

采用真实非均匀光照情况下的水下图像评价区域化水下图像恢复算法的性能。实验中所有的视频数据均下载于 YouTube[28~30]，并采用普通相机成像获得。在实验设计时，设计了两组对比实验首先将区域化的水下图像恢复同基于暗信道先验的水下图像恢复算法进行比较，以证明区域化策略的技术优势。随后进一步将本算法同直方图均值化的图像增强算法进行比较，进一步分析图像增强和图像恢复间的性能差异。对于图像质量的量化评价，选择非参照感知质量评价方法。

图 2.18（a）展示了所提出算法的图像恢复结果，图 2.18（b）和图 2.18（c）分别为基于暗信道先验的水下图像恢复和基于直方图均值化的水下图像增强结果。从图 2.18（b）中可以看出虽然光幕光噪声被部分的抑制，但由于对光幕光噪声浓度及场景中目标到相机间视距的错误估计，图像色彩的畸变不但没有被有效

的修正反而被加重，因此基于暗信道先验的图像恢复完全失败。同时，从基于直方图均值化的图像增强结果中可以看出，图像增强并不能够很好地抑制光幕光噪声，同时对于非均匀光照情况下的水下图像，其色彩增强效果也不理想。这一结果主要是由于直方图均值化算法较为薄弱的抗噪声能力所导致的。任何的噪声干扰均会导致结果不同程度的误差。相比较而言，图 2.18（a）的结果说明基于区域化模型的水下图像恢复算法能够较好地适应图像信息及噪声分布不均匀的情况，能够有效抑制光幕光噪声的同时对图像色彩信道进行补偿以消除水体对光线传播过程中的选择性吸收效应。

（a）基于区域化模型的图像恢复

（b）基于暗信道先验图像恢复

（c）基于直方图均值化图像增强

图 2.18　水下图像处理结果 1（附彩图）

为了进一步验证所提出算法的性能，实验在人工光直射相机情况下的场景中进行验证。原始水下图像（图 2.19（a））采自于法国 ECA Hytec 公司的水下远距离控制航行器 ROV H300 的演示视频资料，其中航行器的探照灯光照准射入水下相机。图 2.19 展示了对该图像恢复过程的中间步骤及每一步的计算结果。可以看到，尽管环境光线被高能量的自发光照明严重污染，但是本研究所提出的区域化处理的方法仍然能够准确的估计背景光（图 2.19（b））和场景视距（图 2.19（c））。基于这些参数的光幕光噪声抑制（图 2.19（d））及色彩信道补偿（图 2.19（e））均成功实现。

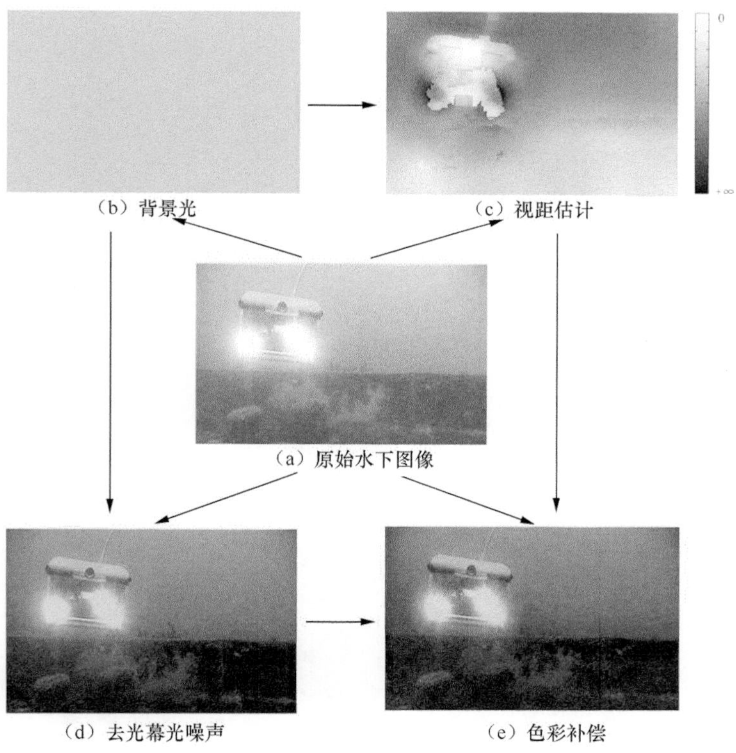

图 2.19　基于区域化模型的水下图像恢复算法实现过程（附彩图）

图 2.20 将本方法同基于暗信道估计的图像恢复及基于直方图均值化的图像增强方法进行比较。可以发现由于人工光的准直照射，图像局部区域的强度过大。在这种情况下，暗信道先验模型中水下均匀光照环境的前提假设不再成立。因此，暗信道先验此时失效，其图像恢复结果存在严重的误差。同时，由于局部亮斑的出现，在直方图均值化的结果中出现了严重的色彩畸变效应。相比较而言，区域化的方法能够很好地适应这种非均匀光照环境，表现出了较高的性能，在图像色彩均衡度和清晰度上取得了最优的处理结果。

另外一组扩展的对比实验结果如图 2.21 所示，图 2.21（b）、图 2.21（c）右上角图块为视距估计结果。可以看到区域化图像恢复算法所获得的结果（2.21（b））在色彩均衡度和清晰度上的视觉效果显著优于基于暗信道先验模型的图像恢复算法（2.21（c））。然而，直方图均值化方法获得了看似色彩最为生动的处理结果，但是同时也能发现这种结果是不适当的，其中包含了大量的伪色彩并丢失了部分的细节纹理信息。

（a）基于区域化模型的图像恢复

（b）基于暗信道先验的图像恢复

（c）基于直方图均值化的图像增强

图 2.20　水下图像处理结果 2（附彩图）

进一步，非参考感知质量准则[31]被用于量化评价区域化图像恢复算法及其他算法所得结果（图 2.18、图 2.20 和图 2.21）的质量。其中图像的模糊度被设置为影响图像质量的最主要因素。评价结果通过图像质量预测模型的打分而评测。

$$S = w + vB^{r1}A^{r2}Z^{r3} \tag{2.60}$$

其中，w、v、$r1$、$r2$ 和 $r3$ 为训练数据训练得到的模型参数。参数 B、A 为图像区块边界处和区块样本间的均值绝对差，z 为计算水平方向上的差异信号所获得

的过零率。在本章中，根据经验设置 $w=-245.9$，$v=261.9$，$r1=-0.024$，$r2=0.016$ 和 $r3=0.006\,4$。评价结果如表 2.3 所示，本章基于区域化模型的图像恢复方法在所有上述实验中均取得了最高的分数，而基于图像均值化的图像增强和基于暗信道的图像恢复方法的性能基本相当。

（a）原始水下图像

（b）基于区域化模型的图像恢复算法

（c）基于暗信道先验的图像恢复

（d）基于直方图均值化的图像增强

图 2.21　水下图像处理结果 3（附彩图）

表 2.3　图 2.18、图 2.20 和图 2.21 的定量评价

水下图像	原始图像	区域化恢复	暗信道先验	直方图均值化
鱼（图 2.18）	9.13	10.43	8.61	8.76
ROV（图 2.20）	7.11	9.97	9.01	8.73
鳐（图 2.21）	8.29	8.96	8.37	8.25

参考文献

[1] SMITH R C, TYLER J E. Optical properties of clear natural water[J]. JOSA, 1967, 57(5): 589-594.

[2] HULBURT E. Polarization of light at sea[J]. JOSA, 1934, 24(2): 35-42.

[3] HULBURT E. Optics of distilled and natural water[J]. JOSA, 1945, 35(11): 698-705.

[4] HULBURT E. Time of dark adaptation after stimulation by various brightnesses and colors[J]. JOSA, 1951, 41(6): 402-403.

[5] DAWSON L, HULBURT E. Angular distribution of light scattered in liquids[J]. JOSA, 1941, 31(8): 554-558.

[6] AUGHEY W H, BAUM F. Angular-dependence light scattering—a high-resolution recording instrument for the angular range 0.05–140[J]. JOSA, 1954, 44(11): 833-833.

[7] KAMPA E. Daylight penetration measurements in three oceans[J]. Int. Un. Geod. Geophys. Monog, 1961, 10: 91-95.

[8] WÜST G. The major deep-sea expeditions and research vessels 1873–1960: a contribution to the history of oceanography[J]. Progress in Oceanography, 1964, 2: 1-52.

[9] WHITNEY L V. The angulare distribution of characteristic diffues light in natural waters[J]. 1941.

[10] WHITNEY L V. A general law of diminution of light intensity in natural waters and the percent of diffuse light at different depths[J]. JOSA, 1941, 31(12): 714-722.

[11] KAWAI H, SASAKI M. On the hydrographic conditions accelerating the skipjack's northward movement across the kuroshio front[J]. Bull. Tohoku Reg. Fish. Res. Lab. 1962, 20: 1-27.

[12] TYLER J E. Radiance distribution as a function of depth in an underwater environmen[M]. University of California Press, 1960.

[13] HE K, SUN J, TANG X. Guided image filtering[C]//Computer Vision–ECCV 2010. 2010: 1-14.

[14] GLASSTONE S, EDLUND M C. The elements of nuclear reactor theory[M]. Van Nostrand New York, 1952.

[15] DUNTLEY S Q, BOILEAU A R, PREISENDORFER R W. Image transmission by the troposphere[J]. JOSA, 1957, 47(6): 499-506.

[16] DUNTLEY S. Underwater visibility[J]. The Sea, 1962, 1: 452-455.

[17] DUNTLEY S Q. Improved nomographs for calculating visibility by swimmers[J]. Natural Light, 1960, 43-57.

[18] ALLEN S. Australia's integrated marine observing system observation methods and technology review[C]//OCEANS 2011, 2011: 1-3.

[19] GUOYU WANG G Y, ZHENG B, S, F. Estimation-based approach for underwater image restoration[J]. Optics Letters, 2011, 36(13): 2384-2386.

[20] ROSTON J, BRADLEY C, COOPERSTOCK J R. Underwater window: high definition video on venus and neptune[C]//OCEANS 2007. 2007: 1-8.

[21] CHAMBAH M, SEMANI D, RENOUF A, COURTELLEMONT P, RIZZI A. Underwater color constancy: enhancement of automatic live fish recognition[J]. Color Imaging IX: Processing, Hardcopy, and Applications, 5293: 157-168.

[22] RAIMONDO S, SILVIA C. Underwater image processing: state of the art of restoration and image enhancement methods[J]. EURASIP Journal on Advances in Signal Processing, 2010: 232-239.

[23] BALASURIYA A, URA T. Underwater robots for cable following[C]//Intelligent Robots and Systems, 2, 2001 IEEE/RSJ International Conference. 2001: 1811-1816.

[24] SCHECHNER Y, KARPEL N. Recovery of underwater visibility and structure by polarization analysis[J]. Oceanic Engineering IEEE Journal of, 2006, 30(3): 570-587.

[25] CARLEVARIS-BIANCO N, MOHAN A, EUSTICE R M. Initial results in underwater single image dehazing[C]//OCEANS 2010, 2010: 1-8.

[26] CHEN Z, WANG H B, SHEN J, et al. Region-specialized underwater image restoration in inhomogeneous optical environments[J]. International Journal for Light and Electron Optics, 2014, 125(9): 2090-2098.

[27] DUNTLEY S Q. Light in the sea[J]. JOSA, 1963, 53(2): 214-233.

[28] HE K, SUN J, TANG X. Guided image filtering[C]//Computer Vision–ECCV 2010. 2010: 1-14.

[29] Available Online[EB/OL]. http://www.youtube.com/watch?v=WFAY8kSYvOo.

[30] Available Online[EB/OL]. http://www.youtube.com/watch?v=kK_hJZo-7-k&list=PL1C4AD42C17C72630.

[31] Available Online[EB/OL]. http://www.youtube.com/watch?v=mcbHKAWIk3I&list=PL1C4AD42C17C72630&index=2C72630.

第 3 章

基于适应性模型的动态环境背景建模

3.1 引言

图像背景建模是图像目标检测研究中常采用的一种策略。该类方法主要是通过对待检测场景中的背景信息进行提取并建模，以获得关于背景的先验模型，并通过将待检测图像同该背景模型的对比以提取出图像目标信息。其中，背景建模及背景模型的准确性是其中的关键。

背景差法[1]是目前视频图像目标检测，尤其是视频监控中最常用的一种方法。其基本思想是将输入图像与背景模型进行比较，通过判定灰度特征变化，或用直方图等统计信息的变化来判断“异常”信息，以此检测出图像目标。传统的背景差法算法包括三大步骤，首先，为背景中每个像素进行统计建模；随后，将当前图像和背景模型进行比较，找出在一定阈值条件下寻找当前图像中出现的偏离背景模型值较大的那些像素；最后，再对图像进行二值化处理，从而得到图像目标的像素集合。

为了克服天气、光照、阴影变化以及动态噪声对图像目标检测的影响，背景模型还要进行周期性的背景更新，以适应动态场景的背景变化。

背景差分法一般能够提供较为完备的特征数据，不会受到图像目标本身外貌的影响，但对于动态场景的背景变化，如天气、光照、阴影变化等特别敏感。因此，背景差分法的关键在于如何能够设计出准确、自适应、快速的背景建模方法。目前，大部分研究人员都致力于开发不同的背景模型和自适应更新算法来减少动态场景对于图像目标检测的影响。目前，所常用的背景建模方法主要包括：高斯混合模型（Mixture of Gaussian）[2]、码本（Code Book）[3]、核函数（Kernel Density Estimation）[4]、中值滤波（Median Filter）[5]、本征背景法（Eigen Backgrounds）[6]、高斯均值（Gaussian Average）[7]、隐马尔可夫模型（Hidden Markov）[8]等。理论上，较好的背景模型不仅要求对背景变化的具有较好的适应和更新能力，还要求具有较强的推广性。然而，在实际应用中这两个条件通常是互相矛盾的，常需要根据具体条件和应用折中处理。本章主要论述基于自适应混合高斯模型及稀疏表征模型的背景建模方法。

3.2　基于自适应混合高斯模型的背景建模方法

用于描述背景点像素信息分布状态最常用的概率模型是高斯模型，主要包括单高斯背景模型、混合高斯背景模型。单高斯背景模型将背景模型更新与后期的检测过程相结合，赋予背景点（静止物体）较大的更新率，而赋予前景点图像目标较小的更新率。这种处理可以在保护背景模型不受图像目标影响的同时迅速对背景变化响应并更新。但是在某些较为复杂的情况下，如树叶晃动、水面波动等引起的像素值快速变化，单高斯模型所表征的背景往往不能准确地模拟背景的变化。针对这一问题，进而考虑利用混合高斯分布背景模型[9]来描述一个场景中某个像素点信息的变化情况。混合高斯分布背景模型对这些问题的处理相比于单高斯分布背景模型效果要好很多，因为它本身有多个高斯分布。判定前景/背景并不仅仅依赖于某个高斯分布，更依赖于各个分布的权值和优先级。与单高斯模型相比，混合高斯模型通过一个新学习到的分布去替代一个旧的高斯分布，混合高斯背景建模法[28]通过构建多分布状态的背景信息，能够较快且准确地检测出动态场景中的图像目标，还能够很好地处理规律变化的动态背景（如摇摆的树叶），同时也适用于某些突变的背景建模（如场景中新目标加入或者移除）。为了能够适应背景的时变特点，建模时需要考虑对背景模型进行适时的更新。

3.2.1　混合高斯背景建模

Stauffer 和 Grimson[10]使用混合高斯背景建模法，将背景中每个像素按照混合高斯分布模型建模，并成功地应用到室外场景的跟踪。Stauffer 建立的混合高斯分布背景模型使用 k 个独立的高斯分布来表征图像中各个像素点的特征（k 一般为 3~5，本章中取 k=3）。R.Bowden[11]提出改进的自适应混合高斯背景建模法，该混合高斯背景建模采用 RGB 颜色空间的 3 种颜色分量进行建模。在背景模型建立时，首先采用没有运动物体的连续 N 帧视频，估计相应的高斯模型参数。在后续的视频序列中，随着背景的变化，对高斯模型适时进行更新，从而得到更为准确的背景模型。

设输入视频图像序列中第 t 帧视频图像中像素 $X=(x,y)$ 的输入颜色分量为 $I_t(X,t)=\left\{I_r(X,t),I_g(X,t),I_b(X,t)\right\}$，用 $\eta(X,\mu,\Sigma)$ 表示在像素 $X=(x,y)$ 处均值为 μ，协方差为 Σ 的高斯分布的概率密度函数。设 t 时刻某一像素值是 X_t，那么该像素的概率密度函数可以表示为 k 个高斯分布的线性组合。

$$P(X_t)=\sum_{i=1}^{k} w_i\eta(X_t,\boldsymbol{\mu}_i,\boldsymbol{\Sigma}_i) \tag{3.1}$$

其中，w_i 表示混合高斯模型中第 i 个高斯分布的权值，$\boldsymbol{\mu}_i$ 和 $\boldsymbol{\Sigma}_i=\sigma^2 I$ 分别为 t 时刻第 i 个高斯分布的均值和协方差矩阵，$\eta(X_t,\boldsymbol{\mu}_i,\boldsymbol{\Sigma}_i)$ 为高斯概率密度函数，其定义如下

$$\eta(X_t,\mu_i,\boldsymbol{\Sigma}_i)=\frac{1}{(2\pi)^{\frac{d}{2}}(\boldsymbol{\Sigma}_k)^{\frac{1}{2}}}\mathrm{e}^{-\frac{1}{2}(x-\mu_k)^{\mathrm{T}}\boldsymbol{\Sigma}_k^{-1}(x-\mu_k)} \tag{3.2}$$

其中，$\boldsymbol{\Sigma}_i$ 为第 i 个高斯分布的协方差矩阵。k 个高斯分布按照 $\frac{w_k}{\sigma_k}$ 降序排列，用前 b 个高斯分布表示背景分布，B 表示如下

$$B=\arg\min_b(\sum_{i=1}^{b} w_i>T) \tag{3.3}$$

其中，T 是背景阈值。建立混合高斯背景模型后，将图像的每一个像素点与该像素点对应的高斯混合模型进行匹配，与之相匹配的像素点属于背景，否则属于前景。如果与 i 个高斯分布匹配，满足式（3.4），则表明匹配。

$$\left|x_t-\mu_i\right|<2.5\sigma \tag{3.4}$$

对与当前像素值 x_t 发生匹配的第 i 个高斯分布，背景模型用式（3.5）进行模型更新。

$$\begin{cases}w_{k,t}=(1-\alpha)w_{k,t-1}+\alpha\rho P\left(w_{k,t-1}\mid x_{t-1}\right)\\ \mu_{k,t}=(1-\rho)\mu_{k,t-1}+Px_t\\ \sigma_{k,t}^2=(1-\rho)\sigma_{k,t}^2+\rho\left(x_t-\mu_{k,t}\right)^T\left(x_t-\mu_{k,t}\right)\\ \rho=\alpha\eta\left(x_t\right)\mu_{k,t}\sigma_{k,t}^2\end{cases} \tag{3.5}$$

$$P\left(w_{k,t-1} \mid x_{t-1}\right)=\begin{cases}1, & w_k\text{是第一个匹配高斯模型}\\ 0, & \text{其他}\end{cases} \tag{3.6}$$

其中，α 代表高斯模型的更新速率，w_k 是代表第 k 个高斯分布。在前 L 帧内，$\alpha=\dfrac{1}{Frame}$（$Frame$ 表示当前帧数），即利用所有数据更新，可以更精确地估计背景。L 帧之后，$\alpha=\dfrac{1}{L}$，即采用最近的 L 帧内像素值更新，使跟踪能够适应环境的变化。当图像目标进入场景而后静止时，目标会根据背景更新速率而逐步融入背景中。如果当前像素值与各个高斯模型都不匹配，那么用新的高斯模型代替 $\dfrac{w_k}{\sigma_k}$ 中值最小的高斯分布，以当前像素值为均值，并初始化一个大的方差和小的权值。

虽然，高斯混合模型能够较为准确地检测出与背景差异较大的图像区域并将其作为图像目标。然而，该类算法由于缺少对目标的建模过程，无法克服因目标动态变化，如目标的阴影变化所形成的影响。因此，混合高斯模型计算后通常需要必要的后处理计算。在阴影抑制中，目前常用霍特林变换[12]阴影抑制方法。

3.2.2　霍特林变换阴影抑制

鉴于光照的影响，当光源在入射方向上受到目标体的遮挡时，在目标体的另一侧将产生阴影。视频监控系统在绝大多数场景下都存在着阴影，利用差分检测方法得到的图像目标除了目标本身以外还有目标阴影。在对包含阴影的图像进行图像分割、目标检测时，阴影的存在会导致检测出错误目标。所以，在视频监视中的一个最重要的任务可能是阴影检测和抑制。如果能去除阴影，那么对图像目标的识别和场景的解释任务就变得容易多了。阴影的一个最重要的属性是可以作为一个运动对象，同图像目标协同存在，且阴影和图像目标总是位于彼此的邻接位置。因此可以将它们附在相同的点中，并且两个运动对象的阴影可能经常合并到一个点中，那么将产生假的检测。

由于阴影和实际图像目标具有某些相似的视觉和运动特征，主要体现在以下方面。

阴影和图像中的目标与背景图像之间都具有很大的灰度差值，在图像目标检测过程中，阴影部分常常被错误地归属于图像目标主体部分。

阴影是由前景物体遮挡了背景图像中的部分光线而形成，所以它们常常同图像目标间具有相同的运动特征，难以区分。由于阴影影响，图像目标检测后分割出来的图像目标面积在大部分情况下比实际的大。

（1）霍特林变换

在阴影检测时，首先要计算当前帧和参考图像之间的差 $D_k(x,y)$。本章中参考图像取上一时刻图像，则

$$D_k\left(x,y\right)=I_{k+1}\left(x,y\right)-I_k\left(x,y\right) \tag{3.7}$$

如果 $\left(x,y\right)$ 点在第 $k+1$ 帧被阴影覆盖，那么，根据背景是固定的假设，背景基于自适应混合高斯模型图像目标检测方法的反射率 $\rho_k\left(x,y\right)$ 可认为是常数，则 $D_k\left(x,y\right)=\rho_k\left(x,y\right)C_p\cos\alpha$ 。

由于阴影和图像中的目标与背景图像之间都具有很大的灰度差值，则 C_p 较大，相应 $D_k\left(x,y\right)$ 值较大，即通过闭值化帧差图像能获得阴影点。当然，若点 $\left(x,y\right)$ 是目标点，$D_k\left(x,y\right)$ 也较大。需要找到合适的方法将阴影点和目标点区分开。使用颜色信息能提高阴影检测的精度，但常用的 RGB 和 IHS 彩色空间都有不足之处。在 IHS 彩色空间中，当亮度很低或很高时，色调没有意义；当饱和度很低时，色调又不稳定。当阴影出现的同时往往目标点像素的亮度下降、饱和度降低；而在 RGB 彩色空间中，R、G、B 颜色分量具有相关性，因此，独立地在这 3 个颜色分量上进行阴影检测效果并不好。为了去除 R、G、B 分量之间的相关性，霍特林（Hotelling）变换是一个很好的选择。霍特林变换是一种最佳正交变换，它应用多维数据集的统计特性构造最佳 HT 坐标系，将多维数据向量投影到此坐标系中，从而能产生数据集的新的不相关的向量分量。

设样本总体为 M 的随机向量为

$$\boldsymbol{X}_k=\left[x_1x_2\cdots x_n\right]^{\mathrm{T}},\ k=1,2,\cdots,n \tag{3.8}$$

其均值向量为

$$\boldsymbol{\mu}_X = \frac{1}{M}\sum_{k=1}^{M}\boldsymbol{X}_k \tag{3.9}$$

其协方差矩阵为

$$\boldsymbol{C}_X = \frac{1}{M}\sum_{k=1}^{M}\boldsymbol{X}_k\boldsymbol{X}_k^{\mathrm{T}} - \boldsymbol{\mu}_k\boldsymbol{\mu}_k^{\mathrm{T}} \tag{3.10}$$

令 $\boldsymbol{e}_m$ 和 λ_m $(m=1,2,\cdots,n)$ 分别为 $\boldsymbol{C}_X$ 的特征向量和对应的特征值，且 $\lambda_p \geqslant \lambda_{p+1}$。这样可获得变换矩阵 $\boldsymbol{A}=\left[e_1,e_2,\cdots,e_n\right]^{\mathrm{T}}$，霍特林变换定义为 $\boldsymbol{Y}=\boldsymbol{A}\left(\boldsymbol{X}-\boldsymbol{\mu}_X\right)$，它的协方差矩阵为

$$\boldsymbol{C}_Y = \begin{bmatrix} \lambda_1, & \ldots & ,0 \\ 0, \lambda_2 & & \vdots \\ \vdots & \ddots & \\ 0, & \ldots & ,\lambda_n \end{bmatrix} \tag{3.11}$$

可见，$\boldsymbol{Y}$ 的各分量 $\boldsymbol{C}_X$，$\boldsymbol{C}_Y$ 互不相关，并且和 $\boldsymbol{C}_Y$ 具有相同的特征值和特征向量。

（2）阴影抑制

对图像上任一像素点 $\boldsymbol{X}(i,j)=\left[R(i,j),G(i,j),B(i,j)\right]^{\mathrm{T}}$，其中，$(i,j)$ 代表图像像素点的位置，$R(i,j)$、$G(i,j)$、$B(i,j)$ 分别为 (i,j) 处的红、绿和蓝颜色分量。采集 M 个背景图像样本 $\boldsymbol{X}(i,j)$，求取它们的样本均值 $\boldsymbol{\mu}_X(i,j)$ 及相应的转换矩阵 $\boldsymbol{A}_X(i,j)$，协方差矩阵 $\boldsymbol{C}_Y(i,j)$。分别求取 $\boldsymbol{Y}(i,j)=\left[y_1(i,j),y_2(i,j),y_3(i,j)\right]$，$\boldsymbol{P}(i,j)=\left[p_1(i,j),p_2(i,j),p_3(i,j)\right]$。$\boldsymbol{Y}(i,j)$ 为 (i,j) 处的实际像素与该处背景样本均值的差的霍特林变换，而 $P=\boldsymbol{A}\boldsymbol{\mu}_X$，$\boldsymbol{P}(i,j)$ 为 (i,j) 处的背景样本均值的霍特林变换。令

$$\boldsymbol{D}(i,j)=\left[d_1(i,j),d_2(i,j),d_3(i,j)\right]=\boldsymbol{Y}(i,j)=\left[\frac{y_1(i,j)}{p_1(i,j)},\frac{y_2(i,j)}{p_2(i,j)},\frac{y_3(i,j)}{p_3(i,j)}\right] \tag{3.12}$$

$\boldsymbol{D}(i,j)$ 为基于霍特林变换的 (i,j) 处的像素表象变化的统计向量，如果 (i,j) 处的像素是背景像素，则 $d_1(i,j)$、$d_2(i,j)$、$d_3(i,j)$ 处的变化均较小，即 (i,j) 处的像素表象变化较小；如果 (i,j) 处的像素是阴影像素，则 (i,j) 处的像素表象变化较大；如果 (i,j) 处的像素是目标像素，则 (i,j) 处的像素变化最大。$\boldsymbol{D}(i,j)$ 中的各分量对

度量像素表象变化的贡献不同，$d_1(i,j)$ 影响最大，$d_2(i,j)$ 次之，$d_3(i,j)$ 最小，因此定义阴影测度 M 如下

$$M = 1 - \sqrt{w_1 d_1^2 + w_2 d_2^2 + w_3 d_3^2} \tag{3.13}$$

其中，$w_i = \dfrac{\lambda_i}{\lambda_1 + \lambda_2 + \lambda_3}$，$i = 1,2,3$ 是背景像素霍特林变换的协方差矩阵的第 i 个特征值。对于像素 $X(i,j)$，根据下列准则进行阴影检测

$$X(i,j) = \begin{cases} \text{目标，} M < T_1 \\ \text{阴影，} T_1 \leqslant M < T_2 \\ \text{背景，} M > T_2 \end{cases} \tag{3.14}$$

阴影抑制算法的实现步骤如下。

Step1 求取图像序列中第 k+1 和第 k 帧图像间的帧差。

Step2 通过阈值滤波获得帧差图像所对应的二值轮廓图像，其中阈值 T 可按下式近似计算：$T = \mu + 3\sigma$。其中，μ 和 σ 分别为帧差图像的均值和标准方差。

Step3 相应于二值轮廓图像中的轮廓点，在第 k+1 帧图像中的对应位置进行霍特林变换。

Step4 通过阈值滤波实现阴影抑制。

3.2.3 实验与分析

对上述自适应混合高斯模型进行仿真实验与分析，在 MATLAB R2009b 软件平台上对视频序列帧进行仿真实验，视频帧分辨率为 320×240，仿真结果如图 3.1 所示。首先，取其中一帧做参考，图 3.1（a）为原始帧图像，图 3.1（b）为背景差分进行目标检测得到的图像，图 3.1（c）为经过二值化变换得到的图像，图 3.1（d）是本章所述算法计算得到的图像目标检测结果，可以看到目标阴影得到有效抑制，图 3.1（e）是进一步通过形态学处理得到的最终图像目标检测结果。将其与帧间差分法和背景差分法检测结果进行比较，自适应混合高斯模型能较好地实现场景背景建模及图像目标检测。

（a）原始帧

（b）背景差效果

（c）二值化图像

（d）阴影抑制

（e）形态学处理

图 3.1　自适应混合高斯模型同背景差分法的图像目标检测结果比较

3.3　基于稀疏表征的背景建模方法

3.2 节所述基于自适应混合高斯模型的背景建模方法主要基于单像素特征值随时间变化的统计分析。基于单像素的背景建模方法能够得到比较细腻的图像背景，在背景差分时得到更精确的结果。但是单个像素的特征值对光照变化往往十分敏感，当图像背景发生光照突变时，背景图像中的局部像素的特征值也会发生突变，导致突变后的特征值不满足之前构建的数学模型分布或偏离某种量化范围，导致采用上述方法的图像目标检测结果中包含了很多被误判为前景目标的噪声点，检测效果不理想。

针对基于单像素特征值建模方法在图像背景发生光照突变情况下无法准确提取出运动目标的问题，本章进一步介绍了一种融合背景图像集与图块稀疏分析的图像目标检测方法。该方法首先通过稳健主成分分析（RPCA，Robust Principal Component Analysis）[13]从一组视频序列中得到系列背景图像，组合这些背景图像为背景集合，再以图像块为基本单元，采用基于稀疏表示的图块分析方法对图像块分析处理，实现对图像目标区域的准确检测。

3.3.1 稳健主成分分析与稀疏表示理论

（1）稳健主成分分析原理

给定一个 $m \times n$ 的大矩阵 $\boldsymbol{M}$，假设它可以被分解为一个 $m \times n$ 的低秩矩阵和一个 $m \times n$ 的稀疏矩阵，即

$$\boldsymbol{M} = \boldsymbol{L} + \boldsymbol{S} \tag{3.15}$$

式（3.15）中，$\boldsymbol{L}$ 是 $m \times n$ 的低秩矩阵，$\boldsymbol{S}$ 是 $m \times n$ 的稀疏矩阵。在这样的假设条件下，从大矩阵 $\boldsymbol{M}$ 中分解出稀疏矩阵 $\boldsymbol{S}$ 的问题可以通过求解式（3.16）来解决。

$$\min \quad rank(\boldsymbol{L}) + \gamma \| \boldsymbol{S} \|_0 \quad \text{s.t. } \boldsymbol{M} = \boldsymbol{L} + \boldsymbol{S} \tag{3.16}$$

其中，$rank(\boldsymbol{L})$ 和 $\| \boldsymbol{S} \|_0$ 分别表示矩阵 $\boldsymbol{L}$ 的秩和矩阵 $\boldsymbol{S}$ 的零范数。然而该问题涉及到了矩阵的秩以及矩阵的零范数，是一个非唯一解的问题，一般方法较难处理。

针对以上问题，Emmanuel J. Candes 等提出了稳健主成分分析（RPCA，Robust Principal Component Analysis）[13]的分析求解方法。该方法通过将求解矩阵秩的问题凸优化到求解矩阵迹的问题，转换为求解式（3.17）。

$$\min \quad \| \boldsymbol{L} \|_* + \lambda \| \boldsymbol{S} \|_1 \quad \text{s.t. } \boldsymbol{M} = \boldsymbol{L} + \boldsymbol{S} \tag{3.17}$$

其中，$\| \boldsymbol{L} \|_*$ 代表矩阵 $\boldsymbol{L}$ 的迹范数，即矩阵 $\boldsymbol{L}$ 的奇异值之和。$\| \boldsymbol{S} \|_1$ 代表矩阵 $\boldsymbol{S}$ 的 l_1 范数。经过这样的转换，上述问题就能够得到唯一解。

对于式（3.3）的求解，可以采用增强拉格朗日乘子（ALM，Augmented Lagrange Multiplier）方法[14]，通过引入拉格朗日乘数矩阵 $\boldsymbol{Y}$ 将式（3.17）转化为式（3.18）。

$$l(\boldsymbol{L},\boldsymbol{S},\boldsymbol{Y}) = \| \boldsymbol{L} \|_* + \lambda \| \boldsymbol{S} \|_1 + \langle \boldsymbol{Y}, \boldsymbol{M} - \boldsymbol{L} - \boldsymbol{S} \rangle + \frac{\mu}{2} \| \boldsymbol{M} - \boldsymbol{L} - \boldsymbol{S} \|_F^2 \tag{3.18}$$

式（3.18）中，$\| \boldsymbol{M} - \boldsymbol{L} - \boldsymbol{S} \|_F$ 是 Frobenius 范数，即矩阵元素平方和开方。对于低秩矩阵和稀疏矩阵的分解问题，比较有效的解决方法是计算 $\min_L l(\boldsymbol{L},\boldsymbol{S},\boldsymbol{Y})$ 和 $\min_S l(\boldsymbol{L},\boldsymbol{S},\boldsymbol{Y})$。通过定义一个对矩阵元素的收缩运算函数：$S_\tau(t) = \text{sgn}(t)\max(|t| - \tau, 0)$，并将它作用于矩阵中的每个元素，可以得到式（3.19）。

$$\arg\min_S l(\boldsymbol{L},\boldsymbol{S},\boldsymbol{Y}) = S_{\lambda\mu}(\boldsymbol{M} - \boldsymbol{L} + \mu^{-1}\boldsymbol{Y}) \tag{3.19}$$

同样，通过定义一个运算函数 $D_\tau(X) = US_\tau(\Sigma)V^*$，其中 $X = U\Sigma V^*$，可以得到式（3.20）。

$$\arg\min_L l(\boldsymbol{L},\boldsymbol{S},\boldsymbol{Y}) = D_\mu(\boldsymbol{M} - \boldsymbol{S} - \mu^{-1}\boldsymbol{Y}) \tag{3.20}$$

然后，在不改变 $\boldsymbol{S}$ 的情况下，求取函数 l 关于 $\boldsymbol{L}$ 的最小值，再在不改变 $\boldsymbol{L}$ 的情况下，求取函数 l 关于 $\boldsymbol{S}$ 的最小值，并根据 $\boldsymbol{M} - \boldsymbol{L} - \boldsymbol{S}$ 来更新拉格朗日乘数矩阵 $\boldsymbol{Y}$，直到迭代到收敛条件，得到低秩矩阵 $\boldsymbol{L}$。算法的流程如图 3.2 所示。

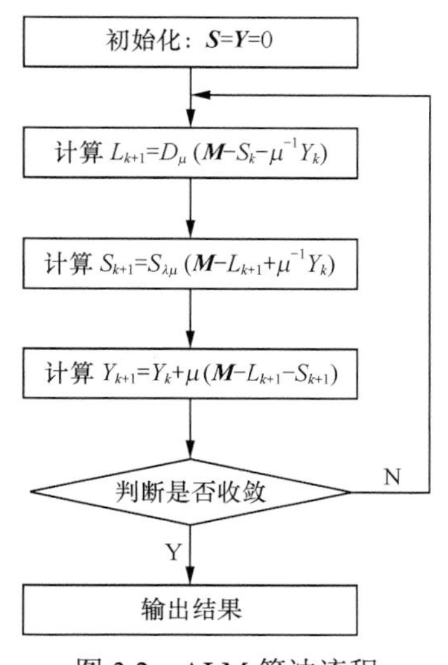

图 3.2　ALM 算法流程

（2）稀疏表示原理

1993 年，Mallat[15]等提出基于超完备基的稀疏表示，所谓超完备基就是基底的个数大于基元素维数的一组基。基于稀疏表示的理论研究表明：使用超完备基来表示图像能够得到最可能稀疏的图像表示，并且可以获取比传统的非自适应方法更高分辨率的信息。

稀疏性就是指某个变量（向量或者矩阵）中有很多 0 元素。在稀疏表示中，假设变量都可以被压缩表示，也就是对某个变量能够用尽量多的 0 元素进行表示，从数学角度来看，稀疏表示是对多维数据进行线性表示的一种方法，可以用求解线性式 $\boldsymbol{y} = \boldsymbol{Ax}$ 来进行描述，其中 $\boldsymbol{A}$ 是 $m \times n(m < n)$ 的矩阵，$\boldsymbol{x}$ 是 n 维向量，$\boldsymbol{y}$ 是 m 维向量。稀疏表示的思想就是让式 $\boldsymbol{y} = \boldsymbol{Ax}$ 解出的 $\boldsymbol{x}$ 尽可能的稀疏，也就是 $\|\boldsymbol{x}\|_0$ 的值尽可能的小，可以用式（3.7）进行表述。

$$\min \|\boldsymbol{x}\|_0 \quad \text{s. t.} \ \ \boldsymbol{y} = \boldsymbol{Ax} \tag{3.21}$$

然而这个问题的数学表达式中涉及到了矩阵的零范数，零范数的非凸性使式（3.7）求解变成了 NP-Hard 的组合优化问题，一般方法很难对其进行求解。2006 年，Terrence Tao[16]等证明了在足够稀疏的条件下，l_0 范数优化问题与 l_1 范数优化问题具有相同的解，即式（3.21）可以转换为求解式（3.22）。

$$\min \|\boldsymbol{x}\|_1 \quad \text{s. t.} \ \ \boldsymbol{y} = \boldsymbol{Ax} \tag{3.22}$$

从而将问题转化为了一个凸优化问题，对于式（3.22）可以通过线性规划最

优化的算法进行求解。对于线性规划问题，可用式（3.23）进行描述

$$\boldsymbol{x} = \arg\min_{x} \boldsymbol{c}^{\mathrm{T}}\boldsymbol{x} \quad \text{s.t.}\ \boldsymbol{y} = \boldsymbol{A}\boldsymbol{x}, \boldsymbol{x} \geqslant 0 \tag{3.23}$$

线性规划最优化方法中最基本的方法是基追踪方法[17]。基追踪方法通过将变量 x 分为两个部分 $x = x^+ + x^-$ 将式（3.23）转换为式（3.24）线性规划问题。

$$x^+ = \begin{cases} x, x \geqslant 0 \\ 0, x < 0 \end{cases}, \quad x^- = \begin{cases} 0, x \geqslant 0 \\ x, x < 0 \end{cases} \tag{3.24}$$

那么，l_1 范数可以转换为 $\boldsymbol{c}^{\mathrm{T}} = [1,1]^{\mathrm{T}}$ 以及 $\boldsymbol{x}^{\mathrm{T}} = \left[x^+, x^-\right]$ 的内积，可表示为

$$\boldsymbol{x} = \arg\min_{x} [1,1]\begin{bmatrix} x^+ \\ -x^- \end{bmatrix}, \quad \text{s.t.}\ \boldsymbol{y}=\boldsymbol{A}\begin{bmatrix} x^+ \\ -x^- \end{bmatrix}, \begin{bmatrix} x^+ \\ -x^- \end{bmatrix} \geqslant 0 \tag{3.25}$$

这样，就得到了基追踪与线性规划的关系，再使用单纯性法和内点法求解。

3.3.2 融合图像背景集与稀疏分析的背景建模

当背景图像动态变化时，基于单像素背景建模方法的检测效果往往不理想，这主要是由于以下的原因。

（1）基于单像素特征值建立的背景模型不符合实际背景图像动态变化的规律，基于单像素的背景建模方法不能准确描述图像背景的动态变化。

（2）单个像素对噪声敏感，抗噪性能较差，背景差分时容易造成前、背景像素的误判。

在研究中发现当图像背景发生动态突变时，就单个像素点来说，这种突变带来的影响确实非常大，像素值变化幅度较大，然而对于由多个像素点组成的图像块来说，这种突变变化带来的影响明显要小于单个像素点的。也就是说视频序列图块的抗噪性能要比单个像素强。同时，根据相邻帧像素之间的时间相关性以及同一帧图像相邻像素间的空间相关性，可以用图像块来描述新的图块。

为有效解决在背景突变扰动情况下，基于单像素的背景建模方法检测结果不理想的问题，本章介绍一种融合背景集和与稀疏分析的图像背景模型及基于该模型的图像目标检测算法，基本原理如图 3.3 所示。

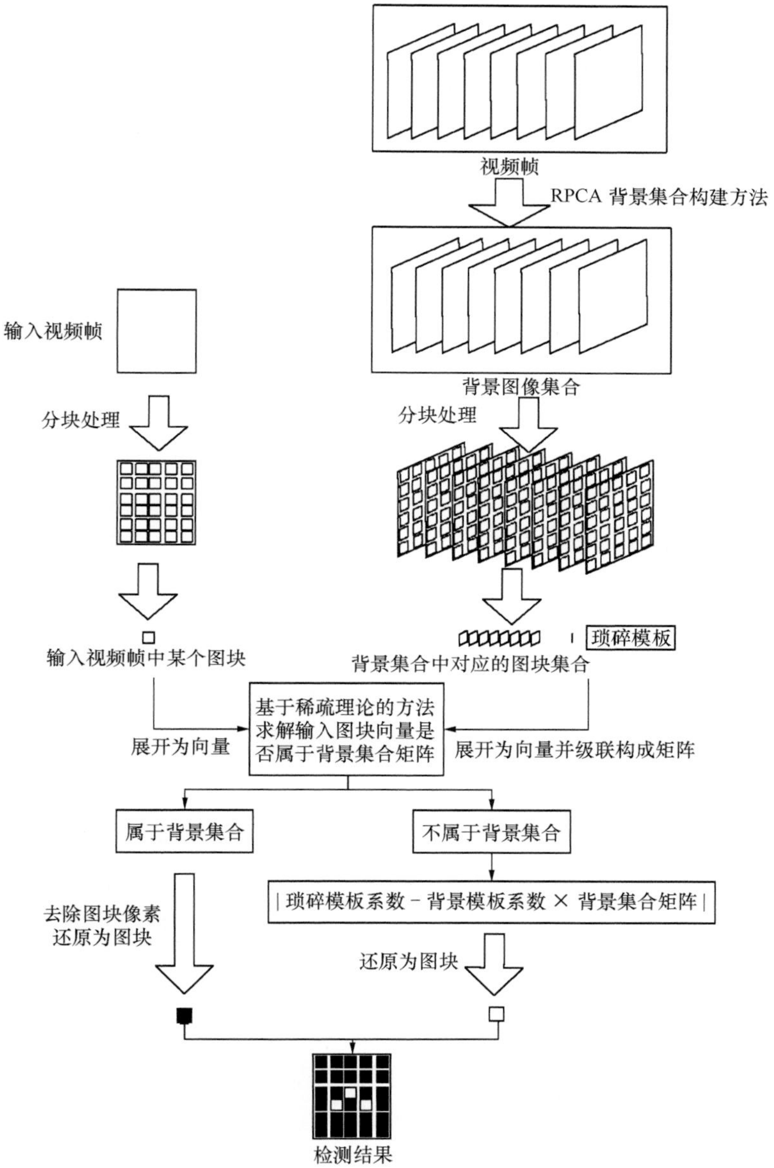

视频帧
RPCA 背景集合构建方法
背景图像集合
输入视频帧
分块处理
分块处理
输入视频帧中某个图块
琐碎模板
背景集合中对应的图块集合
基于稀疏理论的方法求解输入图块向量是否属于背景集合矩阵
展开为向量
展开为向量并级联构成矩阵
属于背景集合
不属于背景集合
去除图块像素还原为图块
|琐碎模板系数 − 背景模板系数 × 背景集合矩阵|
还原为图块
检测结果

图 3.3　融合背景集与稀疏分析的目标检测原理

在该融合模型中，基于数据级融合的思想通过 RPCA 的方法从多帧图像序列中获得背景集合，为方便后续对背景集合的处理，对背景集合中的图像进行分块处理，利用背景集合中的图块来描述背景图像动态变化的各种情况，保证在突变扰动情况下对背景图像的有效表示，对输入图像也同样采用分块处理，通过基于稀疏表示的方法分析出输入图块是否属于背景集合中对应图块集合，如果属于则将输入图块的像素值去除，如果不是则继续进行相应的差分处理。通过对一系列输入帧图块的计算分析，并将图块拼接就能得到最终完整的图像目标检测结果。这样，通过信息融合中数据级融合的方式对图像背景模型的多态性进行描述，并且将传统目标检测中判断像素是否为背景的问题转化为判断输入图像块是否属于背景图块集合的问题，从而有效提高了背景模型的抗噪性能，避免了像素扰动所产生的检测误差。

3.3.3 基于 RPCA 的背景集合构建

使用该方法首先要考虑如何构建背景集合，也就是如何从一系列的视频帧中获得背景图像。一幅图像可以看成是由背景图像与前景图像组合而成，其中，背景图像一般比较稳定，而前景图像比较稀疏，如果将系列视频图像序列帧按列向量依次级联组成观测矩阵，从这一系列视频图像帧中恢复出图像背景的问题，可以归结为是从观测大矩阵中恢复出低秩矩阵的问题。用数学语言可以描述成如下：假设一幅图像 $\boldsymbol{f}$ 可以表示为背景图像 $\boldsymbol{b}$ 与前景图像 $\boldsymbol{t}$ 的和，即 $\boldsymbol{f}=\boldsymbol{b}+\boldsymbol{t}$，其中，$\boldsymbol{f}$、$\boldsymbol{b}$、$\boldsymbol{t}$ 分别是原图像、背景图像和前景图像矩阵按行扫描方式得到的列向量；那么，由 n 个 $\boldsymbol{f}$、$\boldsymbol{b}$、$\boldsymbol{t}$ 向量构成的大矩阵 $\boldsymbol{F}=[\boldsymbol{f}_1,\boldsymbol{f}_2\cdots\boldsymbol{f}_n]$，$\boldsymbol{B}=[\boldsymbol{b}_1,\boldsymbol{b}_2\cdots\boldsymbol{b}_n]$，$\boldsymbol{T}=[\boldsymbol{t}_1,\boldsymbol{t}_2\cdots\boldsymbol{t}_n]$，必满足 $\boldsymbol{F}=\boldsymbol{B}+\boldsymbol{T}$。根据图像背景的稳定性可以推出背景图像矩阵 $\boldsymbol{B}$ 是一个低秩矩阵，这样从大矩阵 $\boldsymbol{F}$ 中恢复出背景矩阵 $\boldsymbol{B}$ 的问题就可以归结为从一个观测矩阵中恢复出低秩矩阵的问题，从而可以使用 RPCA 的方法进行求解。

为了后续操作的方便，在得到一系列背景图像后，对背景图像进行分块处理，并将不同帧同一位置的图块进行级联，构成字典矩阵。

基于 RPCA 构建背景集合算法的主要步骤如下。

Step1 读入 n 帧 $r\times l$ 的视频图像序列，转换为灰度图像并将每帧图像展开为列向量，再依次排列构成观察矩阵 $\boldsymbol{E}$。

Step2 采用 ALM 算法对观察矩阵 $\boldsymbol{E}$ 进行求解，得到背景矩阵 $\boldsymbol{B}$。

Step3 对背景矩阵 $\boldsymbol{B}$ 进行还原操作，依次将矩阵 $\boldsymbol{B}$ 中的列向量提取出来，并

将其恢复成 n 帧 $r \times l$ 的图像。

Step4 将 Step3 中得到的每幅图像分割为多个 $N \times N$ 的不重叠块。

Step5 将背景集合中不同图像相同位置的图块展开为列向量，依次级联并加入琐碎模版构成矩阵 $\boldsymbol{A}_i$ 。

算法的流程图如图 3.4 所示。

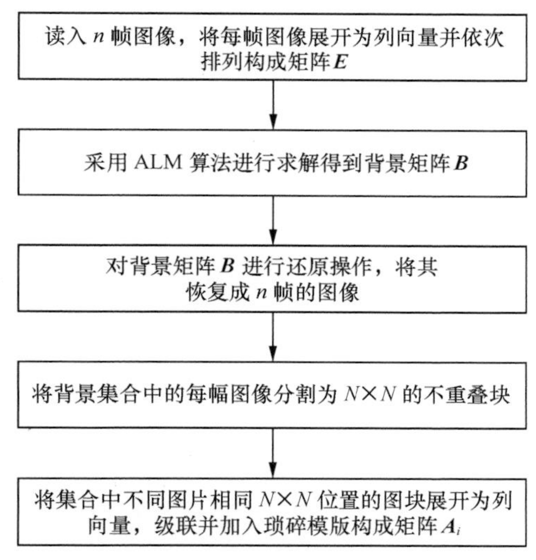

图 3.4　基于 RPCA 的背景集合构建方法流程

3.3.4　基于稀疏表示的图块分析

本章结合建立的图像背景集合，利用稀疏表示的思想，介绍一种基于稀疏表示的图块分析方法。基于稀疏表示的图块分析方法首先将获得的 n 帧背景图像分解为多个 $N \times N$ 的不重叠图像块，然后将 n 帧中同一 $N \times N$ 块位置的所有图块通过光栅扫描的方式转换为 n 个列向量，再将这 n 个向量依次级联构成矩阵 $\boldsymbol{A}_i$（i 是图块的标号）。对于新输入的视频图像帧，也将其分解为多个 $N \times N$ 的不重叠图像块，并将各图像块通过光栅扫描方式变为一个个列向量 $\boldsymbol{y}_i$ 。那么，在理想情况下，新输入图像 $\boldsymbol{y}_i$ 与之前构建的背景块矩阵 $\boldsymbol{A}_i$ 和对应的关系可以用 $\boldsymbol{y}_i = \boldsymbol{A}_i \boldsymbol{x}$ 来表示。在实际应用中，因为噪声会造成一些误差，因此将 $\boldsymbol{y}_i = \boldsymbol{A}_i \boldsymbol{x}$ 重

写为[18]

$$\boldsymbol{y}_i = \boldsymbol{A}_i\boldsymbol{x} + \boldsymbol{\varepsilon} \tag{3.26}$$

可写成矩阵形式为

$$\boldsymbol{y}_i = \boldsymbol{A}\boldsymbol{x}_i = [\boldsymbol{A}_i, \boldsymbol{I}]\begin{bmatrix} \boldsymbol{x} \\ \boldsymbol{e} \end{bmatrix} \tag{3.27}$$

其中，$\boldsymbol{A}_i$ 是背景模板，$\boldsymbol{I}$ 是 $(N \times N) \times (N \times N)$ 的一个二维单位矩阵，称为琐碎模板。$\boldsymbol{x}$ 为背景模板系数，$\boldsymbol{e}$ 为琐碎模板系数或噪声系数。

稀疏表示的思想在于求解式（3.27）中得到尽可能稀疏的解，因此可以得到如下结论。

结论 1：如果输入的图像块 $\boldsymbol{y}_i$ 属于背景块矩阵 $\boldsymbol{A}_i$，式（3.27）得到的系数向量 $\boldsymbol{x}_i$ 的值应该主要分布在背景模板系数 $\boldsymbol{x}$ 中，且 $\boldsymbol{x}$ 中的元素值都不大于 1。

结论 2：如果输入的图像块 $\boldsymbol{y}_i$ 不属于背景块矩阵 $\boldsymbol{A}_i$，求出的系数向量 $\boldsymbol{x}_i$ 的值应该主要分布在琐碎模板系数 $\boldsymbol{e}$ 中，并且由于琐碎模板是一个单位矩阵，则 $\boldsymbol{e}$ 中元素的值就是输入图块各像素的像素值，一般都大于 1。

这样，通过分析系数向量 $\boldsymbol{x}_i$ 中背景模板系数与琐碎模板系数值的大小区间与数值的分布情况，便可以得出该输入图像块是属于背景还是前景的结论。

采用上述方法对输入图像块进行处理，如果判断出输入图块属于背景图像，就将该图块的像素都置为 0，这样就达到了去除背景的效果。如果经过以上判断得出输入图块不属于背景图像，那么就将琐碎模板系数的值减去背景模板系数与背景矩阵的乘积，再还原为图块，就可以实现前景的提取。

基于稀疏表示的图块分析方法的主要步骤如下。

Step1 将输入视频图像帧转换为灰度图像，之后将得到的灰度图像分割为多个 $N \times N$ 的不重叠块。

Step2 对输入图像的某块图像按照光栅扫描的方式展开为一个列向量 $\boldsymbol{y}_i$。

Step3 输入背景集合中相应的矩阵 $\boldsymbol{A}_i$。

Step4 利用 l_1 范式最小化的方法求解式 $\boldsymbol{y}_i = \boldsymbol{A}_i\boldsymbol{x}$，根据得到解 $\boldsymbol{x}$ 的值大小与分布情况，判断出输入图块是否属于背景集合。

Step5 如果属于背景集合则将输入图块的像素值去除，如果不属于背景集合则

继续相应的差分处理。

Step6 还原为图块，依次拼接得到最终检测结果。

算法的流程图如图 3.5 所示。

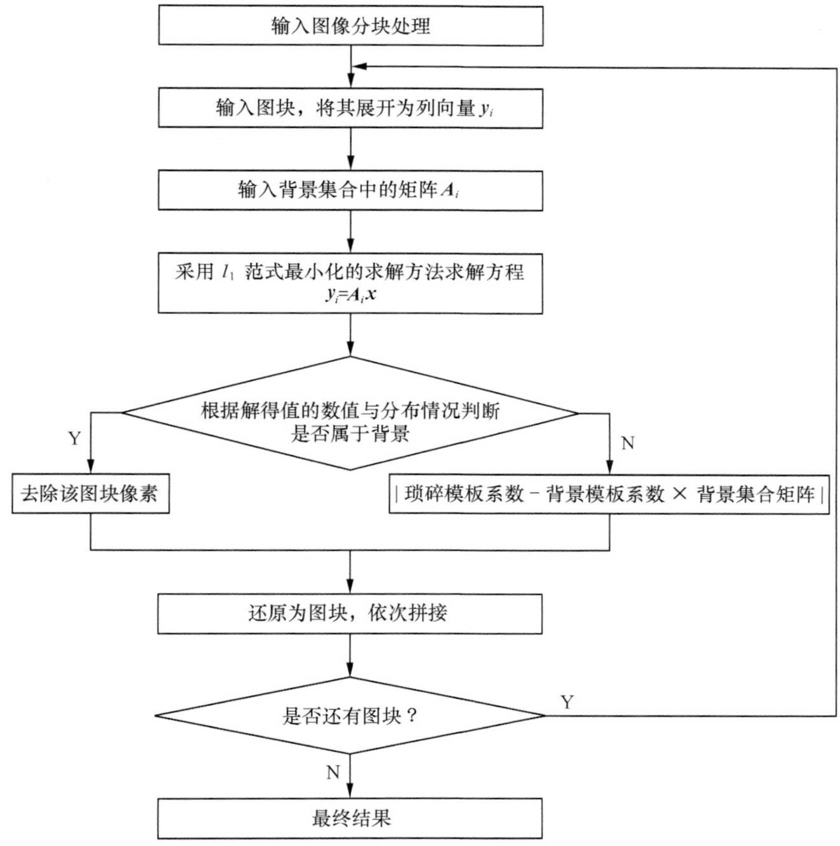

图 3.5　基于稀疏表示的图块分析方法实现流程

3.3.5 实验与分析

（1）基于 RPCA 的背景集合构建仿真

为验证基于 RPCA 的方法能够从一系列含有目标的视频图像中获取不包含目标的背景图像，本章对基于 RPCA 的背景集合构建方法进行了仿真实验。从视频序列中选取了 50 帧包含有目标的图像，图 3.6（a）为从这 50 帧图像中随机抽取的两帧图像，然后通过基于 RPCA 的背景集合构建方法进行处理。图 3.6（b）为从实验结果中随机抽取的两帧图像。

(a) 输入的训练图像中的随机抽取的两帧图像

(b) 得到的结果中随机抽取的两帧图像

图 3.6　基于 RPCA 背景图像的构建方法仿真结果

从图 3.6（a）和图 3.6（b）的对比中可以看出输入图像 3.6（a）中包含了运动目标，经过 RPCA 方法的处理后得到了不包含运动目标的背景图像，如图 3.6（b）所示。从图 3.6（b）中，可以看到得到的背景图像中较好地保存了关于原始图像中背景的光照变化信息。由此说明，本章基于 RPCA 的背景集合构建方法适用于背景图像集合的建立。

（2）基于稀疏表示的图块分析算法仿真

为验证本章所采用的基于稀疏表示的图块分析方法能够准确判断输入图像块是否属于背景集合，在配置为 Windows XP 系统、Pentium（R）Dual-Core E5200、2GB 内存的 Matlab R2010b 仿真平台上进行了以下仿真实验。

本章实验选取 OTCBVS 基准数据库中的视频进行仿真实验。实验仿真中采用

的视频图像序列分辨率为 320×240，图块边长 $N=8$，训练视频图像序列帧数 $n=50$。由此可以推出实验中 $\boldsymbol{A}$ 为一个 64×114 的二维矩阵，求解式得到的系数向量 $\boldsymbol{x}_i$ 为一个 114 维的向量，其中前面 50 个表示的是背景模板系数，后面的 64 个表示的是琐碎模板系数。仿真结果如图 3.7 所示，图 3.7（a）表示的是输入图像的原始图像，图 3.7（b）为输入图像的灰度图像，两图中左上角建筑物上右下角人物上标示的方框，分别代表了 8×8 像素的前景图块和背景图块，图 3.7（c）显示的是输入向量 $\boldsymbol{y}_i$ 等于图 3.7（b）中背景图块时，求解式（3.27）得到的系数向量 $\boldsymbol{x}_i$ 值的柱状分布，图 3.7（d）显示的是输入向量 $\boldsymbol{y}_i$ 等于图 3.7（b）中前景图块，求解式（3.24）得到的系数向量 $\boldsymbol{x}_i$ 值的柱状分布。

（a）输入图像帧

（b）输入帧的灰度图像

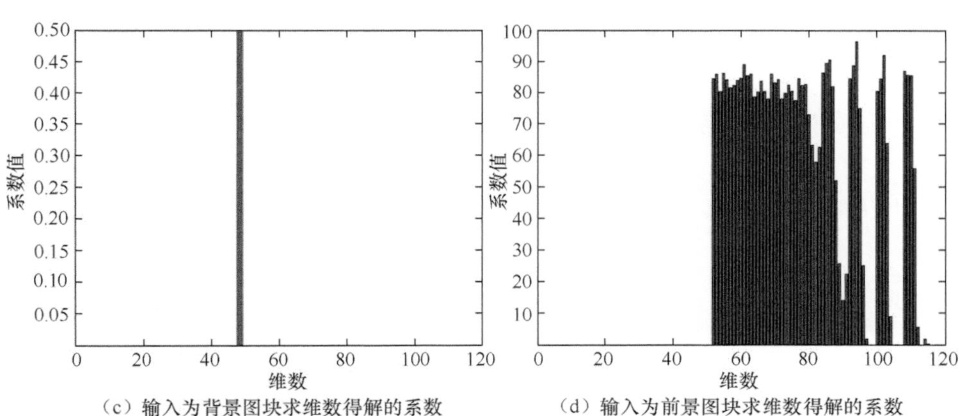

（c）输入为背景图块求维数得解的系数

（d）输入为前景图块求维数得解的系数

图 3.7 基于稀疏表示的图块分析方法仿真（附彩图）

在图 3.7（c）和图 3.7（d）中，纵坐标代表数值大小，横坐标上 1~50 为背景模板区间，51~114 为琐碎模板区间。从图 3.7（c）中可以看到，对于背景图块，本章中基于稀疏表示的图块分析方法求解的系数向量的值主要分布在前面背景模板系数中，且系数值也小于 1；而从图 3.7（d）可以看到，对于前景图块，本章中基于稀疏表示的图块分析方法求解的系数向量的值主要分布在后面的琐碎模板系数中，值的大小大部分都大于 1。图 3.7 的实验仿真结果直观地说明了本章基于稀疏表示的图块分析方法判断输入图块是否属于背景的有效性。

（3）图像目标检测

为了验证本章算法的检测效果，在配置为 Windows XP 系统、Pentium（R）Dual-Core E5200 2 GB 内存的 Matlab R2010b 仿真平台上进行了图像目标检测性能对比实验，对 OTCBVS 基准数据库中的同一视频帧分别采用本章算法、混合高斯算法、码本算法进行目标检测。实验包括了一组户外光照均衡，扰动不强烈的视频片段和一组户外由于云层影响，光照变化强烈的视频片段。实验中计算比较了本章算法、混合高斯算法、码本算法在不同场景下的目标检测的命中率和误检率，其中

$$\text{命中率}=\frac{\text{检测出的目标像素点}}{\text{实际目标像素点}} \tag{3.28}$$

$$\text{误检率}=\frac{\text{误测出的像素点}}{\text{所有检测出的像素点}} \tag{3.29}$$

本章首先在户外光照均衡的情况下进行图像目标检测实验。本组实验中随机抽取了 30 帧图像进行图像目标检测实验。图 3.8 所示为户外光照均衡情况下 3 种算法目标检测效果直观比较，图 3.9 所示为 3 种目标检测算法的命中率和误检率的对比。

（a）输入图像

（b）本章方法检测结果

图 3.8　户外光照均衡情况下的检测效果对比

（c）混合高斯检测结果

（d）码本建模检测效果

图 3.8　户外光照均衡情况下的检测效果对比（续）

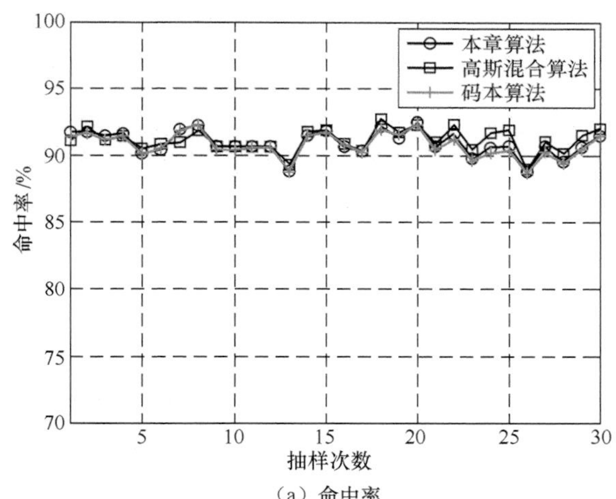

（a）命中率

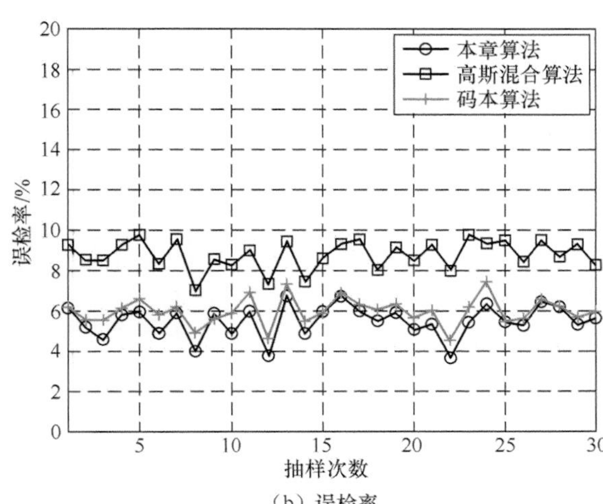

（b）误检率

图 3.9　户外光照均衡情况下 3 种算法的命中率与误检率对比

从上述测试中可以看出，在光照均衡，扰动不强烈的情况下，本章算法与其他两种对比算法具有同样理想的检测效果。

图 3.10 是户外监控视频中的几帧图像，由于移动云层影响，视频图像背景光照变化强烈。图 3.10（a）、图 3.10（c）、图 3.10（e）所示为测试视频中第 15 帧、第 20 帧、第 25 帧的灰度图像，从图中可以直观地看出由于云层的影响，视频序列中存在环境光照突变的情况。图 3.10（b）、图 3.10（d）、图 3.10（f）为第 15 帧、第 20 帧、第 25 帧灰度图像像素值的三维显示图，图中，x 轴表示图像的列，y 轴表示图像的行，z 轴表示图像像素的像素值，从图中可以看到在对应光照突变的区域，像素值的三维柱状分布有明显变化。

图 3.11 是 3 种算法对上述户外光照变化情况下的视频图像目标检测的效果直观比较，同样在本组实验中随机抽取了 30 帧图像并分别计算 3 种图像目标检测算法的命中率和误检率，统计结果如图 3.12 所示。

（a）第 15 帧灰度图像

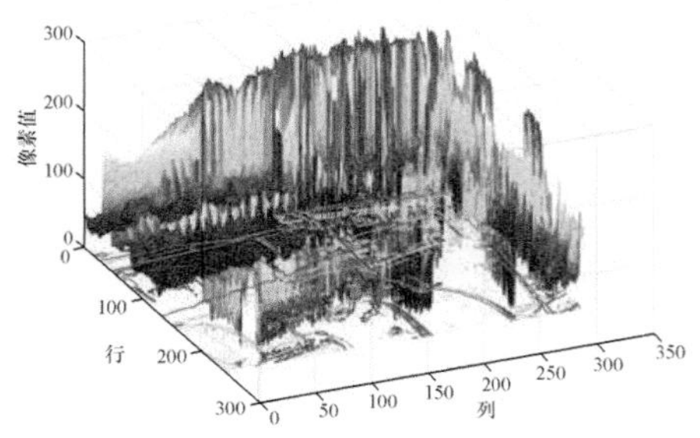

（b）第 15 帧图像三维柱状图

（c）第 20 帧灰度图像

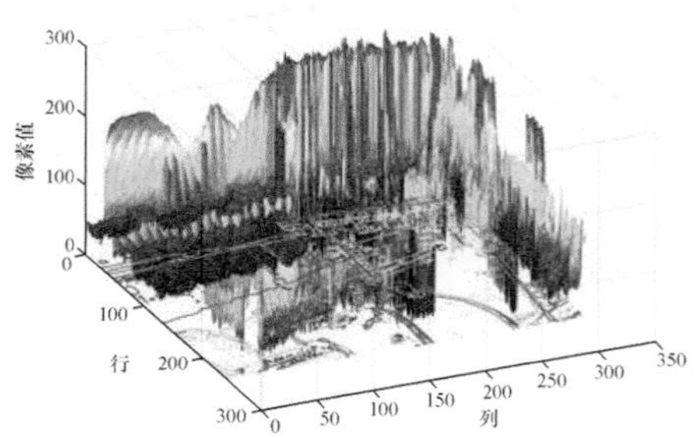

（d）第 20 帧图像三维柱状图

图 3.10 视频图像中光照突变情况

（e）第 25 帧灰度图像　　（f）第 25 帧图像三维柱状图

图 3.10　视频图像中光照突变情况（续）

（a）输入图像

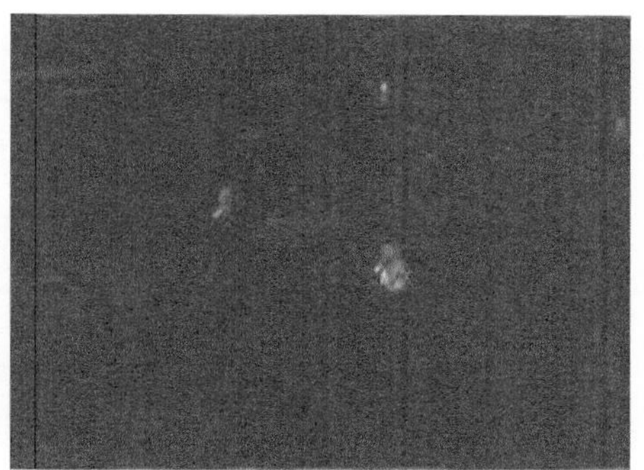

（b）本章方法的检测效果

（c）混合高斯背景建模方法检测效果

（d）码本建模的检测效果

图 3.11　户外光照变化情况下的检测效果对比

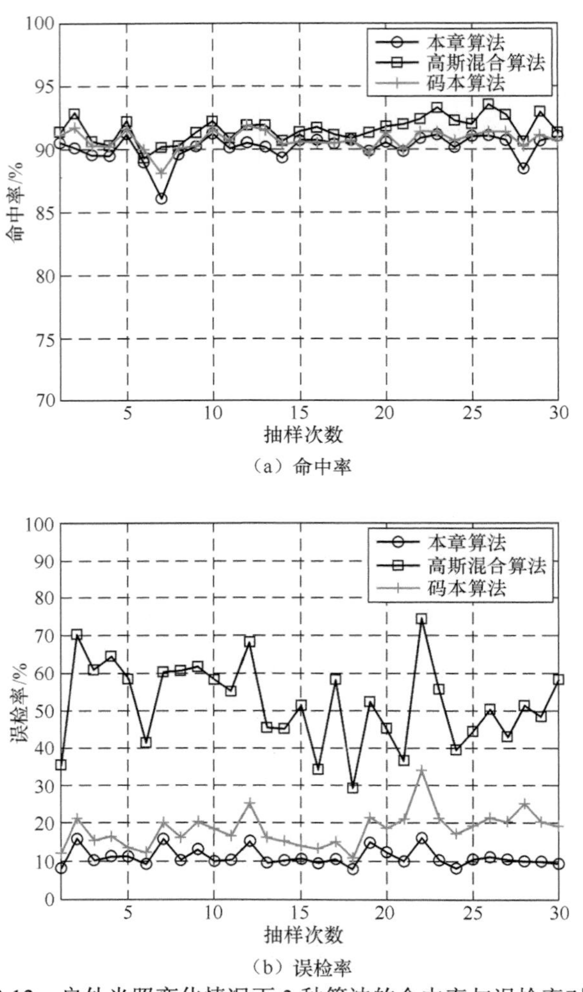

（a）命中率

（b）误检率

图 3.12　户外光照变化情况下 3 种算法的命中率与误检率对比

结合图 3.11 与图 3.12 的统计结果，可以看到在户外光照变化强烈的情况下，3 种算法对于前景目标的判断都比较准确，命中率都较高，均不存在漏检的情况。然而在误检率方面，混合高斯算法由于对于快速变化的场景适应性差，因此误检率很高。基于码本建模的算法由于对于光照突变的情况并不能够用准确的码本信息进行表示，因此误检率也较高。而本章的目标检测算法通过对背景图像建立一个集合，采用集合中的图块来描述背景，避免了单个像素对光照敏感的问题，有效消除光照变化对目标检测的影响，误检率较其他两种算法大大降低，达到较好的检测效果。

本章同时对 3 种算法的时间复杂度进行了分析比较，对 OTCBVS 基准数据库

中的同一段视频图像序列分别采用 3 种算法进行检测，其图像大小为 320×240，分别统计各算法处理时间，统计比较结果如表 3.1 所示。

表 3.1　　3 种算法的处理时间度分析

算法	处理帧数	耗时/s	平均每帧耗时/s
混合高斯算法	60	225.18	3.75
码本算法	60	303.96	5.07
本章算法	60	695.58	11.59

从表 3.1 中可以看出，混合高斯算法以及码本算法的实时性较好，而本章算法由于涉及到大矩阵的运算，耗时较长。

参考文献

[1] PICCARDI M, Background subtraction techniques: a review[C]//Systems, Man and Cybernetics, 2004 IEEE International Conference. 2004: 3099-3104.

[2] STAUFFER C, GRIMSON W E L, Adaptive background mixture models for real-time tracking[C]//Computer Vision and Pattern Recognition, IEEE Computer Society Conference. 1999: 34-47.

[3] KIM K, et al. Real-time foreground–background segmentation using codebook model[J]. Real-time imaging, 2005, 11(3): 172-185.

[4] ELGAMMAL A, et al. Background and foreground modeling using nonparametric kernel density estimation for visual surveillance[C]//Proceedings of the IEEE. 2002: 1151-1163.

[5] BROWNRIGG D.The weighted median filter[J]. Communications of the ACM, 1984, 27(8): 807-818.

[6] RYMEL J, et al. Adaptive eigen-backgrounds for object detection[C]//Image Processing, 2004 International Conference. 2004: 1847-1850.

[7] SU S T, CHEN Y Y. Moving object segmentation using improved running gaussian average background model[C]//Digital Image Computing: Techniques

and Applications(DICTA). 2008: 24-31.

[8] STENGER B, et al. Topology free hidden markov models: application to background modeling[C]//Computer Vision, 2001, ICCV 2001, Eighth IEEE International Conference. 2001: 294-301.

[9] ZIVKOVIC Z. Improved adaptive Gaussian mixture model for background subtraction[C]//17th International Conference on Pattern Recognition. 2004: 28-31.

[10] STAUFFER C, GRIMSON W E L. Adaptive background mixture models for real-time tracking[C]//IEEE International Conference on Computer Vision and Pattern Recognition. 1999 :246-252.

[11] KAEW T K P P, BOWDEN R. An improved adaptive background mixture model for real-time tracking with shadow detection[C]//European Workshop on Advanced Video Based Surveillance Systems, Video Based Surveillance Systems: Computer Vision and Distributed Processing.2001: 1-5.

[12] 李文举. 智能交通中图像处理技术应用的研究[D]. 大连：大连海事大学，2004.

[13] CANDES E, LI X D, MA Y, et al. Robust principal component analysis: recovering low-rank matrices from sparse errors[C]//The Sensor Array and Multichannel Signal Processing Workshop(SAM), 2010 IEEE. 2010: 201-204.

[14] LIN Z, MA Y. The augmented Lagrange multiplier method for exact recovery of corrupted low-rank matrices[J]. Mathematical Programming, 2009, 22(15): 55-78.

[15] MALLAT S G, ZHANG Z. Matching pursuits with time-frequency dictionaries[J]. Signal Processing, IEEE Transactions, 1993, 41(12): 3397-3415.

[16] CANDES E J, TAO T. Near-optimal signal recovery from random projections: universal encoding strategies[J]. Information Theory, IEEE Transactions, 2006, 52(12): 5406-5425.

[17] CHEN S S, DONOHO D L, SAUNDERS M A. Atomic decomposition by basis pursuit [J]. SIAM Journal on Scientific Computing, 1998, 20(1): 33-61.

[18] MALLAT S Z Z F. Matching pursuits with time-frequency dictionaries[J]. IEEE Transaction on Signal Process, 1993, 41(12): 3397-3415.

第 4 章

基于非线性降维强散射环境中图像特征提取

4.1 引言

原始图像样本往往处于一个高维的数据空间，提取图像特征是指通过映射、降维计算，采用低维空间中的点来表示高维数据空间中样本的过程。通过特征提取后所获得样本的可分性理应更好，对样本的检测或分类器更易设计。目前，用于图像特征提取常用的方法有主成分分析法（PCA）[1]、线性判别分析[2]、核函数主成分分析法（Kernel PCA）[3]、独立成分分析法（ICA）[4]和自组织映射法（SOM）[5]等。所提取出的图像特征已被广泛用于图像分割、图像目标检测及识别等研究。

对于不同的图像目标检测任务，其所面对场景的差别可能很大。因而难以采用统一的图像特征提取方法或统一的评测标准去评价每种图像特征的优劣。每一种图像特征提取方法或许只适合解决某些特定条件或特定场景中的一类问题，例如对于那些服从于高斯型分布线性相关的图像数据，采用 PCA 线性降维方法进行图像特征提取得到的结果最优，而采用其他方法提取所得到的图像特征结果难以达到最优。

从图像特征所表征的目标特性上，常用的图像特征主要包括图像灰度特征、图像色彩特征、图像纹理、形状等空间特征以及运动特征等。通常，图像灰度及色彩特征较为适用于那些同背景或虚假目标间光反射率差异较大的图像目标的检测或识别。而纹理、形状等空间特征较为适用于那些具有明确空间形态特性的图像目标，如人造目标等。运动特征较为适用于那些运动状态发生变化的图像目标。为了判断提取和选择的特征对图像目标检测、分类的有效性，人们提出各种评价特征检测、分类性能的判据。其中，最直接最有效的判据是计算检测或分类器的错误概率。但错误概率的计算较为复杂，且对测试样本的完备性要求较高。因此人们提出一些其他的判据。其中，最简单、常用的判据是基于类内—类间距离的可分性判据，其基本原则是类内距离最小、类间距离最大的特征为最优特征。除此之外，研究者还提出基于概率分布的可分性判据（如 Bhattacharyya 距离[6]、Chernoff 界限、散度[7]），这类判据计算比较复杂，也很难得到和错误概率的直接

解析关系式。另外，还有基于熵函数的可分性判据等。

以上所述的判据在大多情况下和错误概率没有直接关系，而以基于这些判据对特征进行计算后所设计的检测、分类器的错误概率未必最小；并且，对于同一个问题，所采用的判据不同，得到最优解也不完全相同；此外，特征选择结果的可靠性和训练样本个数有关。如果样本个数太少，根据某种判据得出的最优解和实际的最优特征有时差别很大，这主要是因为训练样本集中包含的分类信息不足所导致的。由此可见，选择最优特征需要具备下述 3 个条件：1）样本集足够描述整体数据空间的分布状态；2）分类判据是最优的；3）特征选择方法是最优的。然而，在实际应用中上述 3 个条件很难同时满足。因此，针对具体的图像目标检测、分类问题，特征提取仍较为困难。

传统图像特征提取方法大多都是面对稳定的场景、简单光学环境中所获取的图像数据。随着成像探测范围的逐渐扩大，图像特征提取方法越来越多地应用于那些在复杂环境中所获得的图像数据。对强散射光学环境中图像特征提取方法的研究最为广泛和深入，其中又以对水下光学环境中的图像特征提取方法的研究为典型。

高散射、强衰减的水下成像环境不仅严重影响所成图像的视觉质量，由于散射光和光幕光的叠加，水下图像特别是连续视频序列或同一场景图像间表现出较强的信息冗余。主要表现在同一图像中邻近区域像素间信息的冗余和相关性，严重降低水下图像对图像目标检测、分类信息的表征，降低整个系统对图像目标检测、分类的正确率。根据光学成像过程模型以及水下图像的对比分析，可知水下图像数据服从一种典型的非线性分布且其分布，结构可以嵌入到一个低维流形结构中。

为了实现高性能的水下图像目标检测，本章考虑到水下图像数据服从典型的流形分布结构，采用流形学习的方法实现高维图像数据到低维流形结构的映射，抑制水下图像中邻近像素间的信息冗余。在用于图像目标检测分类器的设计上，由于新特征具有较大类间差异性和较小的类内差异性，沿用较为常用的支持向量机（SVM）[8]作为目标图像区块—背景图像区块分类器，并采用非线性核函数以实现更加顽健的图像目标检测。

4.2 强散射光学环境与图像信息冗余

强散射的水下光学环境不仅严重影响所获取水下图像的视觉质量，更加重了水下图像目标检测的困难[9~11]。水下图像目标检测任务在图像特征提取方面面临的两个主要问题是：1）高维度图像数据显著增加水下图像目标检测任务的复杂度；2）水下图像邻近像素间的高冗余度严重降低了图像目标检测结果的正确率。

由于水下场景中光线的强散射特性，水下图像中某一像素点信息并非仅由准直光形成而是叠加了邻域内的散射光，包含照准点及其邻域的光学信息。此外，背景光幕光的叠加更加剧了信息的混叠。如图 4.1 所示，在所选的图像区块中，其每个像素点所接收的光线包括：1）目标海龟的准直辐射光线；2）背景散射光线（光幕光）；3）邻近区域的散射光线。根据水下光学成像过程模型，除了准直光线，散射光线分布于整个场景或邻近图像区域内，形成了水下图像中邻近像素间的信息冗余。

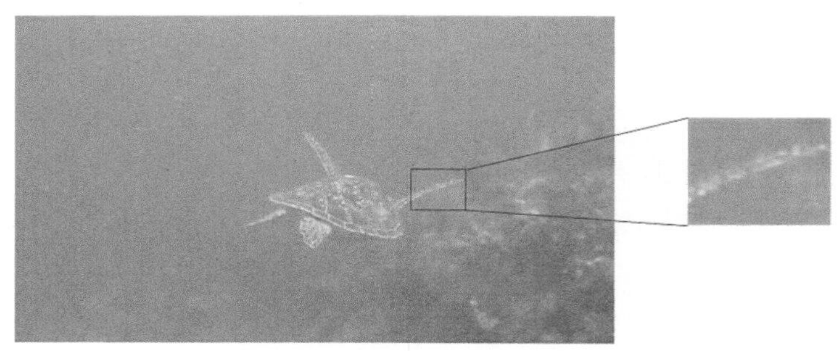

图 4.1　单幅水下图像中的信息冗余

由于水下目标图像邻近像素间信息的冗余性，在不进行冗余抑制的情况下，所提取到的图像目标特征很难顽健地表征图像目标的典型特征也无法描述目标—背景间的类间差异性。因此在对水下图像目标进行检测时，有必要引入降维策略以提取图像特征，能够在图像目标检测过程中降低计算复杂度的同时提高图像目标检测的正确率。

4.3 水下图像非线性降维及特征提取

本质上，图像是一种由像素点信息为基元的高维数据，对应高维空间中的一个样本点。然而对于大数据量的高维图像数据，高维特征向量的存储、高维空间中数据处理及相关性计算过程的空间复杂度和计算复杂度均较高。加之水下图像数据间的高冗余性，如果继续保持图像特征的高维特性，不仅难以提高图像特征检测、分类的正确率，反而还会造成维数灾难。

通过降维方法实现图像特征提取是图像目标检测、分类中一种较为常见的技术策略。早期，常采用的策略多是线性降维方法，实现从原始图像数据空间到低维正交特征空间的投影，并尽可能多地提取数据间的固有变差。常用方法包括主成分分析法（PCA）其改进法，如局部主成分分析法（Local PCA）[12]、稀疏主成分分析法（Sparse PCA）[13]等。在强散射光学环境中，Gordon 等[14]在水下图像的小波域中采用 PCA 方法对水下图像进行降维，提取用于水下图像目标检测、分类的图像特征。虽然 PCA 是一种较为常用的数据降维方法，由于水下图像中各像素点间数据的非线性分布，采用基于 K-L 变换的线性正交分解并不能够较为顽健地分解水下图像数据。这种线性降维的方法在进行水下图像数据降维时，有用信息的丢失率过高，通常会破坏特征的类间差异性，而类内的差异性反而被增强，不利于水下图像目标检测及分类任务。

通过对水下图像数据及水下成像过程模型的分析，发现低维子空间中流形结构决定了水下图像的数据分布状态。同线性降维方法比较，流形学习是一种更加适用于水下图像的特征提取方法。本质上，采用非线性流形学习方法替代线性降维方法用于水下图像目标检测及分类的主要优势在于其流形结构同水下图像数据的分布状态保持一致，能够更加准确地实现图像数据降维。

4.3.1 线性降维方法

线性降维方法的成功使用必须建立在苛刻的先验假设基础上，即数据的分布是线性的[15]。在该假设的基础上，PCA 将一个复杂高维数据表示为系列基矢量的组合。假设 $\boldsymbol{X}$ 为原始图像样本集所组成的矩阵，其中每一列对应着一个样本。令 $\boldsymbol{Y}$ 为另一个低维矩阵，对应着对 $\boldsymbol{X}$ 的线性变换，PCA 变换可以表示为

$$\boldsymbol{Y}=\boldsymbol{P}\boldsymbol{X} \tag{4.1}$$

低维矩阵 $\boldsymbol{Y}$ 是通过方差的最大化求解而得到，该子空间内的基矢量由协方差矩阵 $\boldsymbol{C}=\frac{1}{n}\sum_{i}\boldsymbol{x}_i\boldsymbol{x}_i^{\mathrm{T}}$ 前 k 个特征矢量组成。

另一种被多数研究人员广泛使用的线性降维方法为多维尺度方法（MDS）[16]，该方法在空间中寻找一个点集合，高维样本数据间的差异通过低维空间中点—点间的距离来近似。采用该方法对图像进行降维，每个图像数据被映射到低维子空间中的某一点。利用点与点间的距离近似表征图像样本点间的差异。通常，高维空间数据间的差异可以通过点点间欧式距离 $\delta_{ij}^2=\left(\boldsymbol{x}_i-\boldsymbol{x}_j\right)\left(\boldsymbol{x}_i-\boldsymbol{x}_j\right)^{\mathrm{T}}$ 、街区距离、汉明距离、Minkowski 距离或点积 $\delta_{ij}^2=\boldsymbol{x}_i\boldsymbol{x}_j$ 而度量等。输出为内积矩阵的前 k 个特征矢量的组合。

虽然在投影方式上有所差异，但是 PCA 和 MDS 方法均统一于一个策略：寻找最大数据方差的子空间。从方法上分析，PCA 中的协方差矩阵和 MDS 中的内积矩阵同秩且特征值相同。因此二者在数据降维上的性能也基本相同。通常，当输入数据线性分布于一个低维子空间时，这些线性降维方法能够获得较为出色的降维效果。然而，若高维数据非线性分布时，该类方法的性能必然将显著降低。

4.3.2 非线性降维方法

空间中两点的最短距离是两点所在大圆的劣弧长，即点与点间的测地线距离。此时若采用欧式距离测度方法，测量所得到的距离并不能真实反映两点所位于低维流形空间中的结构。如图 4.2 所示，其中图 4.2（a）为一种典型的流形结构，图 4.2（b）为流形结构中的数据分布，图 4.2（c）为二维低维流形空间中的数据分布。对于这种数据，若用两点间的欧式距离去度量这两点间的关系，就不能发现图 4.2（c）所示为高维数据中所潜在的低维流形结构。为了寻找高维数据空间

中所潜在的低维流形结构，需要保持降维前后两点间的测地线距离，以保持整个数据集空间的几何特性。

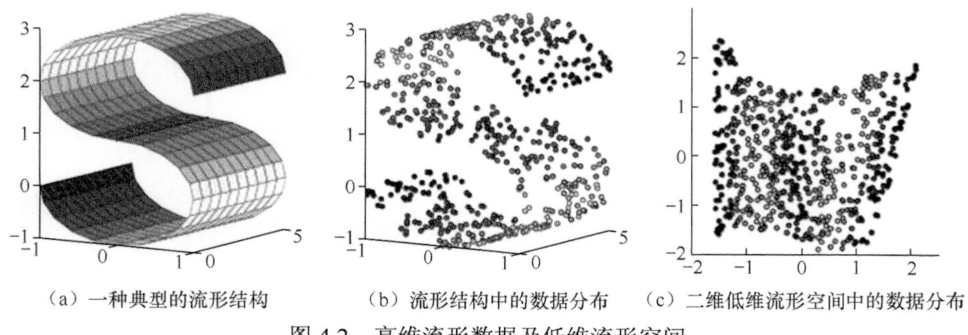

（a）一种典型的流形结构　（b）流形结构中的数据分布　（c）二维低维流形空间中的数据分布

图 4.2　高维流形数据及低维流形空间

不同于线性方法，局部几何等距是非线性降维方法的基础。其中，最为常用且能够较出色实现非线性降维方法的是流形学习[17]。2000 年，Seung 等[18]首次提出人类视觉系统中存在感知流形的假设。根据这种假设，低维流形本质上反映出高维空间数据的模式和分布。对于图像数据，现有的结果已经证明流形学习方法能够有效地将高维图像数据嵌入到低维流形结构中[19]，该结构仅由少量的参变量控制，如光照和视角等。

给定原始高维图像数据 $\boldsymbol{X}$ 和低维空间中的输出 $\boldsymbol{Y}$，流形学习的本质是将某一点 $\boldsymbol{x}^i$ 及其领域中的 n 个点 $\left\{\boldsymbol{x}_1^i,\boldsymbol{x}_2^i,\cdots,\boldsymbol{x}_n^i\right\}$ 映射到低维空间中的点 $\boldsymbol{y}^i$ 和其近邻 $\left\{\boldsymbol{y}_1^i,\boldsymbol{y}_2^i,\cdots,\boldsymbol{y}_n^i\right\}$，其邻接关系不变。

高维空间中的任意一点均可由其邻域中的 n 个近邻点加权求和近似。该近似的误差函数可以描写为

$$E(\boldsymbol{w})=\left\|\boldsymbol{x}_i-\sum\nolimits_j w_{ij}x_{ij}\right\|^2,\ j=1,\cdots,n \tag{4.2}$$

其中，$\boldsymbol{x}_i\in R^d$，$\boldsymbol{x}_{ij}\in R^d$，$w_{ij}\in R^d$，$d$ 为原始数据的维度。通常，权重归一化为 $\sum\limits_{j=1}^{n}w_{ij}=1$，若某一点不在邻域内，则 $w_{ij}=0$。通过流形学习的方法，每个高维空间中的数据点 $\boldsymbol{x}_i$ 均可映射到低维空间中相应的点 $\boldsymbol{y}_i$，该点所对应的空间位置也必须使损失函数最小化

$$\Phi(\boldsymbol{y})=\left\|\boldsymbol{y}_i-\sum{}_j w_{ij}y_{ij}\right\|^2 \quad j=1,\cdots,n \tag{4.3}$$

其中，$y_{ij}\in R^m$ 为低维流形空间中点 $\boldsymbol{y}_i$ 的近邻，$m<d$ 为流形的维数。

从上述的定义和表达式可以看到同线性方法在降维过程中力求保持所有点间的欧式距离不同，非线性降维方法更多的考虑保持局部区域内邻近点间的几何结构关系。

4.4 图像非线性特征提取及分类器设计

4.4.1 基于局部切空间排列的图像特征提取

考虑到不同流形学习算法的特点及水下图像数据结构的本质，选择局部切空间排列方法（LTSA）[20,21]将高维图像数据映射到低维特征空间。局部切空间排列算法是从流形的局部出发去寻找潜在的低维流形结构。它通过逼近每一个样本点的切空间来构建低维流行的局部几何结构，然后利用对局部切空间的排列求出整体低维切空间中嵌入点坐标。

假设原始图像数据表示为一个矩阵 $\boldsymbol{X}=[\boldsymbol{x}_1,\boldsymbol{x}_2,\cdots,\boldsymbol{x}_N]$，其中 $\boldsymbol{x}_i$ 为列矢量，其维度同图像尺寸相同，N 为图像的数量。LTSA 方法主要包括以下两个步骤。

（1）局部信息提取。对高维空间中每个样本点根据欧式距离决定其近邻区域。令点 $\boldsymbol{x}_i$ 的近邻为 $\boldsymbol{X}_i=[\boldsymbol{x}_{i1},\boldsymbol{x}_{i2},\cdots,\boldsymbol{x}_{in}]$，则在点 $\boldsymbol{x}_i$ 周边的几何性质可由切空间表示为

$$x_{ij}=\boldsymbol{x}_i+\boldsymbol{Q}z_j^i+\zeta_j^i \tag{4.4}$$

其中，$\boldsymbol{Q}_i$ 为矩阵 $\boldsymbol{X}_i\left(I-\frac{\boldsymbol{ee}^{\mathrm{T}}}{k}\right)$ k 个最大特征值所对应的特征向量，ζ_j^i 为松弛因子用于残余误差修正。

（2）局部切空间排列。首先给出两个假设：①流形结构处于 m 维空间；②低维切空间中点 $\boldsymbol{y}_i$ 的全局坐标同其邻域点间的仿射变换为 $\boldsymbol{y}_{ij}=\overline{\boldsymbol{y}}_i+L_i\boldsymbol{z}_j^i+\boldsymbol{\varepsilon}_j^i$。其中，

ε_j^i 为松弛因子用于残余误差修正。在约束 $\boldsymbol{YY}^{\mathrm{T}}=\boldsymbol{I}^m$ 条件下，对于高维图像样本点的映射等同于最小化均方误差和：$\sum_i\sum_j\boldsymbol{\varepsilon}_j^i\boldsymbol{\varepsilon}_j^{i\mathrm{T}}$。

假设 $\boldsymbol{S}_i$ 为0-1矩阵，则 $\boldsymbol{YS}_i=\boldsymbol{Y}_i$，$\boldsymbol{W}_i=\left(\mathbf{I}-\dfrac{\boldsymbol{ee}^{\mathrm{T}}}{K}\right)\left(\boldsymbol{I}-\boldsymbol{Z}_i^{\dagger}\boldsymbol{Z}_i\right)$ 以及 $\boldsymbol{B}=\sum_{i=1}^{N}\boldsymbol{S}_i\boldsymbol{w}_i\boldsymbol{w}_i^{\mathrm{T}}\boldsymbol{S}_i^{\mathrm{T}}$。$\boldsymbol{Y}$ 的最优值对应于 $\boldsymbol{B}$ 矩阵第二到第 $m+1$ 最小特征值所对应的 m 个特征向量。$\boldsymbol{L}_i$ 的最优值为 $\boldsymbol{L}_i=\boldsymbol{Y}_i\boldsymbol{Z}_i^{\mathrm{T}}$。

4.4.2　支持向量机分类器设计

通过 LTSA 方法对高维图像数据降维后可提取到水下目标的图像特征。为了准确对目标区域、背景区域进行分类，以实现水下图像目标检测，必须对特征分布的参数进行学习，例如均值、标准差矩阵等。然而，对于水下图像目标检测任务，由于很难获得完备的数据去描述整个流形结构的分布状态。在本章中选择支持向量机分类器[22]。

支持向量机模型[23]是以寻找两类样本间线性可分最优分类面为目标，该方法的优势在于能够对不同模式类别间的分类面进行较好的建模，如图 4.3 所示。其中，黑色实心点和空心环点代表两类样本，H 为分类线，H_1、H_2 为穿过距离分类线最近的样本，且平行于最优分类线的直线。H_1，H_2 两条直线间的距离叫作分类间隔。而寻找最优分类线的过程就是在保证能够将两类样本正确分类的前提下，能够使分类间隔最大化。

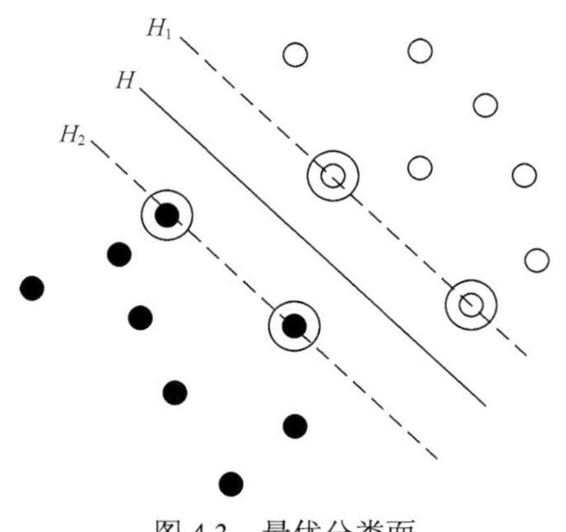

图 4.3　最优分类面

通过引入松弛因子 ξ_i，分类器的目标函数可以描述为如下线性方程。

$$\begin{cases}\boldsymbol{y}_i\boldsymbol{\omega}+b\geqslant+1-\zeta_i,\ l_i=+1\\ \boldsymbol{y}_i\boldsymbol{\omega}+b\leqslant+1-\zeta_i,\ l_i=-1\\ \zeta_i>0\forall i\end{cases}\tag{4.5}$$

此时，两类间的分类间隔为 $\frac{2}{\|w\|^2}$，因此 $\max(\frac{2}{\|w\|^2}) \to \min(\|w\|^2)$。满足式（4.5）且使 $\|w\|^2$ 最小的分类面叫作最优分类面。此时，H_1，H_2 上的训练样本为支持向量。

采用拉格朗日多项式在约束条件

$$\sum_{i=1}^{n} \boldsymbol{y}_i \alpha_i = 0, \alpha_i \geqslant 0, i = 1, \cdots, n \tag{4.6}$$

下求解下面函数的最大值

$$Q(\alpha) = \sum_{i=1}^{n} \alpha_i - \frac{1}{2} \sum_{i,j=1}^{n} \alpha_i \alpha_j \boldsymbol{y}_i \boldsymbol{y}_j \left(\boldsymbol{x}_i^{\mathrm{T}} \boldsymbol{x}_j \right) \tag{4.7}$$

其中，n 为支持向量的数目，α_i 为拉格朗日算子。这是一个不等式约束下的二次函数最优化问题，存在唯一解。可解得的最优分类面为

$$f(x) = \operatorname{sgn}\left[\sum_{i=1}^{n} \alpha_1^* \boldsymbol{y}_i \left(\boldsymbol{x}_i^{\mathrm{T}} \boldsymbol{x}_j \right) + b^* \right] \tag{4.8}$$

其中，b^* 为最优的分类阈值。

考虑到将非线性分类变换为线性分类的问题，采用内积函数 $K(\boldsymbol{x}_i^{\mathrm{T}} \boldsymbol{x}_j)$ 替代 $(\boldsymbol{x}_i^{\mathrm{T}} \boldsymbol{x}_j)$，此时式（4.8）可以变换为

$$f(x) = \operatorname{sgn}\left[\sum_{i=1}^{n} \alpha_1^* \boldsymbol{y}_i K(\boldsymbol{x}_i^{\mathrm{T}} \boldsymbol{x}_j) + b^* \right] \tag{4.9}$$

由于不同类别间复杂的分类面，本章选用非线性支持向量机模型，以及非线性径向基核函数 $K(\boldsymbol{x}_i \boldsymbol{x}_j) = \exp\left[-\frac{|\boldsymbol{x}_i - \boldsymbol{x}_j|}{\sigma^2} \right]$，最终形成基于高斯径向基函数的分类器。

4.5 实验与分析

水下图像目标检测任务在 3 类目标图像集合中进行验证，包括海龟、海豚和鱼 3 种兴趣图像目标。对于每种图像目标，在连续的视频流中以 15 帧为采样间隔共采集 455 幅水下图像。在每个集合中，300 个样本用于训练，155 个样本用于测

试。对于每个图像样本以 15×15 的窗口滑动，分割出不同的图像区块。训练图像中对图像区块进行标定，分别为背景区块和目标区块。采用交叉测试的方法验证图像目标检测方法的性能。

4.5.1　特征维数分析

在本实验中，首先对特征维数和图像目标—背景间分类错误率间的关系进行研究，如图 4.4 所示。从结果中可以看到，从起始 2 维开始，错误率随着维数的增加而降低，在维数达到 7 维左右时，错误率最低，随后错误率随着维数的增加而逐渐增加。因此，本章选择 m=7 为最优值。

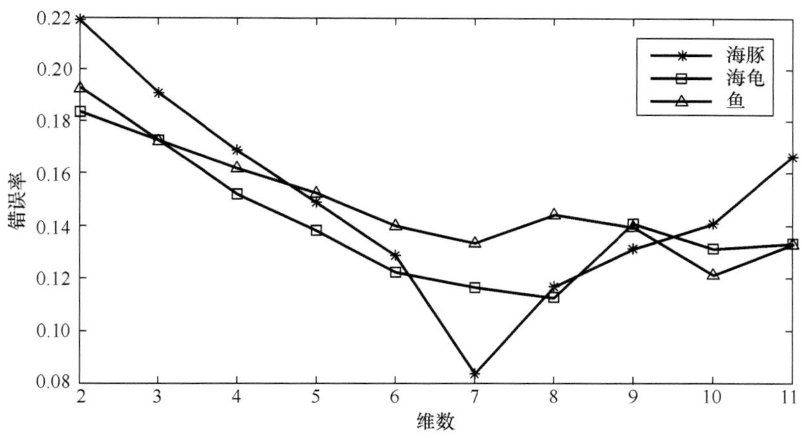

图 4.4　图像目标检测错误率和特征维数的关系

4.5.2　水下图像目标检测

本质上，基于 SVM 分类器的图像目标检测主要实现图像目标、背景间的分类。因此，可用图像目标所对应的图像区块同图像背景所对应的图像区块间分类的正确率来评测基于 SVM 分类器的图像目标检测的性能。表 4.1 为采用线性及非线性降维方法提取图像目标特征所实现的分类正确率统计。从正确率的指标上来看，基于非线性降维的图像目标特征获得了更好的性能，其平均正确率达到

84.09%，而基于 PCA 的线性降维方法的正确率仅为 71.18%。证明了非线性降维方法在图像特征提取及图像目标检测中的优势。

表 4.1 水下图像目标检测结果

类别	方法	正确率
海豚	LTSA	82.26%
	PCA	60.00%
海龟	LTSA	80.32%
	PCA	65.80%
鱼	LTSA	89.68%
	PCA	87.74%

参考文献

[1] JOLLIFFE I. Principal component analysis[M]. Wiley Online Library, 2002.

[2] 尹洪涛，付平，沙学军.基于 DCT 和线性判别分析的人脸识别[J]. 电子学报，2009, 37(10): 2211-2214.

[3] LIU C J. Gabor-based kernel PCA with fractional power polynomial models for face recognition[J].Pattern Analysis and Machine Intelligence, IEEE Transactions on, 2004, 26(5): 572-581.

[4] HYVÄRINEN A, KARHUNEN J, ERKKI O. Independent component analysis[M]. John Wiley & Sons, 2004.

[5] 方勇，王明祥. 基于自组织映射的后非线性独立分量分析的初始化方法[J]. 电子学报，2005, 33(5): 889-892.

[6] BHATTACHARYYA A. On a measure of divergence between two multinomial populations[J]. Sankhyā: The Indian Journal of Statistics, 1946: 401-406.

[7] CHERNOFF H. A measure of asymptotic efficiency for tests of a hypothesis based on the sum of observations[J]. The Annals of Mathematical Statistics, 1952: 493-507.

[8] MARTI A, HEARST D, SUSAN T, et al. Support vector machines[J]. Intelligent

Systems and their Applications, 1998, 13(4): 18-28.

[9] TASCINI G, ZINGARETTI P, CONTE G. Real-time inspection by submarine images[J]. Journal of Electronic Imaging, 1996, 5(4): 432-442.

[10] GRAU A, CLIMENT J, ARANDA J. Real-time architecture for cable tracking using texture descriptors[C]//OCEANS'98 Conference Proceedings, IEEE. 1998: 1496-1500.

[11] MOHAN A, PAPAGEORGIOU C, POGGIO T. Example-based object detection in images by components[J]. Pattern Analysis and Machine Intelligence, IEEE Transactions, 2001, 23(4): 349-361.

[12] YAN A M, KERSchEN G P D, et al. Structural damage diagnosis under varying environmental conditions—part II: local PCA for non-linear cases[J]. Mechanical Systems and Signal Processing, 2005, 19(4): 865-880.

[13] ASPREMONT A, GHAOUI E, et al. A direct formulation for sparse PCA using semidefinite programming[J]. SIAM Review, 2007, 49(3): 434-448.

[14] OKIMOTO G S, LEMONDS D W. Principal component analysis in the wavelet domain: new features for underwater object recognition[C]//AeroSense'99: International Society for Optics and Photonics. 1999: 697-708.

[15] SHLENS J. A tutorial on principal component analysis[J]. Systems Neurobiology Laboratory, University of California at San Diego. 2005.

[16] BORG I. Modern multidimensional scaling: theory and applications[M]. Springer, 2005.

[17] SEUNG H S, LEE D D. The manifold ways of perception[J]. Science, 2000, 290(5500): 2268-2269.

[18] WEINBERGER K Q, SAUL L K. Unsupervised learning of image manifolds by semidefinite programming[J]. International Journal of Computer Vision, 2006, 70(1): 77-90.

[19] FOSTER H, UCHITEL S, MAGEE J, KRAMER J. Ltsa-Ws: a tool for model-based verification of Web service compositions and choreography[C]//28th International Conference on Software Engineering. ACM, 2006: 771-774.

[20] ZHANG Z Y, ZHA H Y. Principal manifolds and nonlinear dimensionality reduction via tangent space alignment[J]. SIAM Journal of Scientific Computing, 2004, 26(1): 313-338.

[21] TENENBAUM J B, DE. SILVA, LANGFORD J C. A global geometric framework for nonlinear dimensionality reduction[J]. Science, 290: 2319-2323.

[22] BURGES C J. A tutorial on support vector machines for pattern recognition[J]. Data Mining and Knowledge Discovery, 1998, 2(2): 121-167.

[23] CORTES C, VAPINK V. Support-vector network[J]. Machine Learning, 1995, 20: 273-297.

第 5 章

基于先验知识的图像目标分割

5.1 引言

传统的图像分割方法多针对简单背景、简单光学环境中所获取的图像。然而，面对复杂的光学环境及复杂的背景，常用的图像目标分割方法常表现出明显的不适应性。目前，在复杂场景中有效分割出图像目标的真实区域通常存在以下困难。

（1）目标图像通常为输入的静止图像，所包含的信息相对图像序列较少，并且由于强散射光学环境所形成的图像模糊、对比度低、色调相对单一，导致图像目标和图像背景间特征差异较小。图像有用信息的不足将对图像目标分割产生不利影响。

（2）成像环境中光线的散射以及悬浮颗粒物导致图像的噪声较大，影响对图像真实目标轮廓检测的正确率。虽然中值滤波、高斯滤波等预处理方法能在一定程度上滤除图像中部分噪声，但在减小噪声干扰的同时，也对本就较为模糊的边缘等细节信息产生破坏，严重影响图像目标分割的准确性。

（3）成像环境中光照不均的现象使图像灰度发生变化，颜色产生失真。此外，光线在传播过程中都有可能受到某些遮挡物（如陆地环境中的树叶，水下环境中的鱼类、水草等的遮挡），导致光照不均。另外，由于光线的散射作用，图像中还存在着较为均匀的散射光分布，这种散射效应可以等效为环境光照变化导致的光照不均。

研究表明，在不同光照条件下，人眼视觉系统对场景中物体颜色感知情况是相对不变的。而在机器视觉的实现过程中却难以实现这种不变性。光照不均的现象会增加图像中部分背景区域的显著度，可能被错误地引导至这些背景区域，使检测结果中包含大量背景区域，甚至误将背景判断为目标，大大降低图像目标分割正确率。

水下成像环境具有强衰减性、强散射性，且具有较多复杂的背景信息，代表了典型的复杂场景。本章以水下场景为例，根据水下图像的特性，在进行图像目标分割前，对图像特征进行分析，归纳出目标与背景间在某些特征上的显著差异作为先验知识。针对水下图像目标分割所存在的问题，基于先验知识选择图像分

割的阈值，将显著度大于阈值的图像区域分割出来，实现对水下图像目标的分割。

5.2　先验知识学习

水体对光线传播过程的吸收性较强，且对不同波长光线的吸收程度存在明显的差异，表现为波长较长的光线衰减性较强，易被水体所吸收，如红光、黄光等；波长较短的光线衰减性较弱，易被水体反射或折射，如蓝光、紫光等。因此，水下光学成像结果中水体的颜色的主色调通常表现为蓝色或蓝绿色。

水下图像虽受到大量噪声和不均匀光照的影响，但这些影响却不会改变图像背景大多为单一的蓝色或蓝绿色这一特点。根据水下图像的这一特点，可以认为水下的目标和背景之间在纹理特征上有一定的差异。选取图像的纹理特征作为先验知识，并引入水下图像目标的检测过程中。先验知识的提取过程如图 5.1 所示。

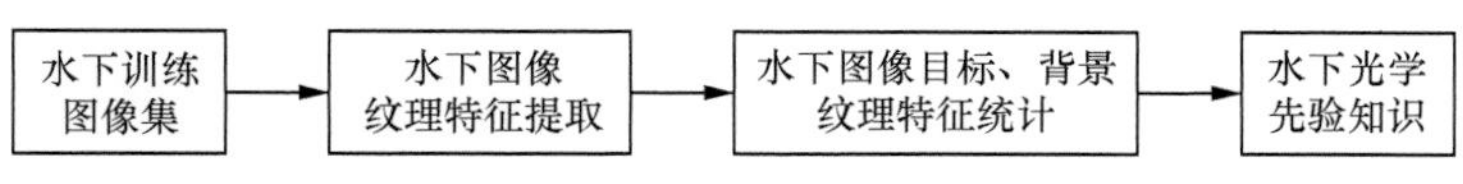

图 5.1　先验知识获取流程

纹理特征描述的是图像或图像子块的空间颜色分布和光强分布，是自然场景对人类视觉感知系统产生刺激的产物[1]。本章采用灰度共生矩阵法来提取图像的纹理特征。

灰度共生矩阵法[2]是一种图像纹理特征描述方法，该方法通过计算属于某一灰度级的所有像素在整幅图像中重复出现的概率确定图像灰度的方向、变化幅值等信息。假设输入图像在 x 轴方向上像素总数为 N_x，在 y 轴方向上像素总数为 N_y，为了减小运算复杂度，将图像的灰度值进行归并，G 为归并后的灰度级，N_g 为灰度级的数量，图像信息记为

$$L_x = \{1, 2, \cdots, N_x\} \tag{5.1}$$

$$L_y = \{1, 2, \cdots, N_y\} \tag{5.2}$$

$$G = \{1, 2, \cdots, N_g\} \tag{5.3}$$

这里，将图像 f 从 $L_x \times L_y$ 的像素级理解转化为 G 的灰度级理解，即 $L_x \times L_y$ 中的每一点都对应 G 中的一个灰度。

在图像 f 中，以灰度值为 i 的像素 $f(k,l)$ 为起始像素，统计与 i 相距 δ 、灰度值为 j 的像素 $f(m,n)$ 同时出现的概率 $P(i,j,\delta,\theta)$ 。从 O_x 轴按逆时针方向开始计算，对于不同的 θ，灰度共生矩阵元素定义为

$$P(i,j,\delta,0°)=\otimes\{(k,l)(m,n)\in(L_xL_y)(L_xL_y)\,|\,k-m=0,|l-n|=\delta;f(k,l)=i,f(m,n)=j\} \tag{5.4}$$

$$P(i,j,\delta,45°)=\otimes\{(k,l)(m,n)\in(L_xL_y)(L_xL_y)\,|\,k-m=\pm\delta,l-n=-\delta;f(k,l)=i,f(m,n)=j\} \tag{5.5}$$

$$P(i,j,\delta,90°)=\otimes\{(k,l)(m,n)\in(L_xL_y)(L_xL_y)\,||k-m|=\delta,l-n=0;f(k,l)=i,f(m,n)=j\} \tag{5.6}$$

$$P(i,j,\delta,135°)=\otimes\{(k,l)(m,n)\in(L_xL_y)(L_xL_y)\,|\,k-m=\pm\delta,l-n=-\delta;f(k,l)=i,f(m,n)=j\} \tag{5.7}$$

其中，$\otimes\{x\}$ 表示集合 x 的元素数，$i,j=0,1,\cdots,N_g-1$，$\theta=0°,45°,90°,135°$ 。灰度共生矩阵内元素间的关系如图 5.2 所示。灰度共生矩阵是一个以归并后灰度级数量为阶数的对称矩阵，这里为 $N_g \times N_g$ 的方阵。

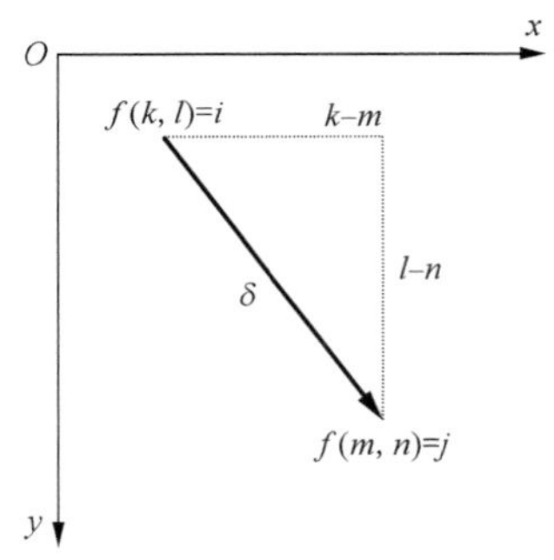

图 5.2　灰度共生矩阵

为了获取先验知识，需要得到图像不同位置的纹理特征差异，因此对输入的水下图像，需要选取合适的窗口（v_i），计算每个窗口的灰度共生矩阵 $P(i,j,\delta,\theta)$（δ 和 θ 选定后，$P(i,j,\delta,\theta)$ 简记为 $p(i,j)$），这里采用对比度的均值和方差及相关性的方差作为描述图像纹理特征的参数[3]。

（1）对比度（惯性矩）

$$f=\sum_{i=0}^{N_g-1}\sum_{j=0}^{N_g-1}(i-j)^2 p^2(i,j) \tag{5.8}$$

对比度是灰度共生矩阵中邻近主对角线位置的惯性矩，反映了图像的局部变化情况。对比度大小也与图像的清晰程度相关，对比度越大，图像越清晰。

（2）相关性

$$cor=\frac{\sum_{i=0}^{N_g-1}\sum_{j=0}^{N_g-1} ijp(i,j)-\mu_1\mu_2}{\sigma_1^2\sigma_2^2} \tag{5.9}$$

其中，$\mu_1,\mu_2,\sigma_1,\sigma_2$ 分别定义为

$$\mu_1=\sum_{i=0}^{N_g-1} i\sum_{j=0}^{N_g-1} p(i,j) \tag{5.10}$$

$$\mu_2=\sum_{j=0}^{N_g-1} j\sum_{i=0}^{N_g-1} p(i,j) \tag{5.11}$$

$$\sigma_1^2=\sum_{i=0}^{N_g-1} (i-\mu_1)^2\sum_{j=0}^{N_g-1} p(i,j) \tag{5.12}$$

$$\sigma_2^2=\sum_{j=0}^{N_g-1} (j-\mu_2)^2\sum_{i=0}^{N_g-1} p(i,j) \tag{5.13}$$

相关性表示灰度共生矩阵元素的相似程度，元素值大小相近时，相关性较大，元素值差异较大时，相关性较小，它反映图像局部灰度的相关性。

对水下训练图像集中每个图像窗口的属性进行分类：完全不包含目标的窗口被判定为背景窗口，其余均为目标窗口。分别比较两类窗口中对比度的均值和方差及相关性的方差这 3 种参数的分布情况，确定水下图像中背景部分和目标部分的纹理特征差异，将其作为先验知识，用于区分待处理窗口中的图像是否属于背景区域。

5.3　基于显著度阈值的图像目标分割

将对水下训练图像集的学习得到的先验知识引入显著图提取模型中，抑制图像背景部分的显著性，从而得到与人眼对场景的感知状况更加相近的显著图。基于得到的显著图，根据不同的分割要求选取合适的阈值，将显著度大于阈值的图像区域分割出来，完成显著度阈值图像目标分割。

5.3.1　引入先验知识的显著图生成

将输入图像划分为若干个小窗口，计算图像每个窗口的对比度的均值、方差及相关性的方差这 3 个参数值作于窗口图像的纹理特征。用先验知识判断该窗口部分的图像是否属于背景区域，若是，则减小该部分的显著度；若不是，该部分显著度保持不变。这样可以在很大程度上减小因噪声和光照不均造成背景区域显著度增加的影响，提高显著图的准确性，先验知识对显著度计算的影响因子 $\Phi(T)$ 的计算如下

$$\Phi_{v_i}(T)=\begin{cases}1, & v_i\in\Omega_{\mathrm{o}}\\ t, & v_i\in\Omega_{\mathrm{b}}\end{cases}\tag{5.14}$$

其中，Ω_{o} 表示图像中目标区域，Ω_{b} 表示图像的背景区域；t 为加权系数，控制纹理特征对显著度的影响程度，$t\in[0,1)$。

人眼视觉系统通过眼球运动来改变注意焦点的位置，这一过程迅速且短暂，但对于机器视觉而言，则需要对大量数据重新进行计算与更新，耗费的时间相对较多，因此减少不必要的注意转移对减小运算的复杂度是十分必要的。另外，引入水下光学先验是为了使提取到的显著图与真实显著目标的显著图接近，防止显著度较大的背景区域被误认作目标，因此需要在注意焦点发生转移之前对背景区域的显著度进行抑制。在先验知识的指导下，对模型中得到的初始显著图中各个区域的显著度 S'_{r_i} 进行调整。

$$S_{r_i}=S'_{r_i}\Phi(T)\tag{5.15}$$

其中，S_{r_i} 为引入先验知识后区域 r_i 的显著度。最终，融合各个区域的显著度，得到全局显著度提取结果 S，从而形成显著图为

$$S=\sum_{i=1}^{N}S_{r_i}\tag{5.16}$$

5.3.2 水下图像目标分割

将先验知识引入基于人眼视觉注意机制模型的目标显著图提取后，得到的显著图中目标区域的显著度保持不变，而背景部分的显著度则大大降低，在更加符合人眼视觉系统对图像的真实感知情况的同时，还减小了由水下噪声和光照不均等对图像后续处理所造成的困难。由于人眼将注意焦点置于图像中较为显著的区域，且只有与这些区域相关的属性会被映射到后续的处理中，因此可以认为水下目标显著图中较显著的区域即为水下图像的目标区域，且显著度越大的区域越有可能属于真实的目标区域。

根据不同的图像目标分割要求和得到的水下目标显著图中显著度分布情况，

选择合适的阈值作为检测的终止条件，将显著度大于阈值的图像区域分割出来，这些显著区域即为水下图像目标分割结果。另外，为了防止过分割可能导致的同一个真实目标区域中显著度不同所带来的不利影响，将显著区域周围符合显著度大小要求的 4 连通区域同样分割出来作为目标区域。

对于单图像目标分割，直接分割出水下目标显著图中显著度最大的区域及其周围显著度大于阈值的 4 连通区域，作为图像目标分割的结果。对于多图像目标分割，将所有显著度符合检测条件的区域提取出来，按照显著度由大到小的顺序依次分割出不同的区域及其周围 4 连通区域，作为每一个图像目标分割结果。

5.4 实验与分析

在对水下图像目标进行分割之前，针对水下图像背景大多为单一色调水体这一特点，对图像纹理特征进行分析，发现水下图像的目标与背景间在纹理特征上存在的显著差异。结合水下图像目标显著图提取模型，将纹理特征作为先验知识来抑制背景部分的显著度，得到与人眼真实感知更相近的显著图，从而达到提高图像目标分割准确性的目的。

5.4.1 先验知识学习

选取 30 幅在不同水下成像环境中采集得到的图像作为训练图像集，如图 5.3 所示。训练图像集中的图像均存在不同程度的悬浮颗粒的干扰以及光照不均的影响。根据 5.2 节中介绍的方法计算每一幅图像各个窗口的对比度的均值、方差及相关性的方差这 3 个参数值作为纹理特征。

由于水下图像的颜色相对单一并且为了减小计算复杂度，将图像灰度量化为 64 级。在纹理基元的选择上，本章选取 16×16 的窗口进行显著特征计算；在方向的选择上，首先在 0°、45°、90°、135° 这 4 个方向上计算灰度共生矩阵，为了抑制方向对结果的影响，取这 4 个方向的矩阵均值作为最终值；在距离的选择上，为了能更好地体现相邻纹理间的变化，本节取 $\delta = 1$。

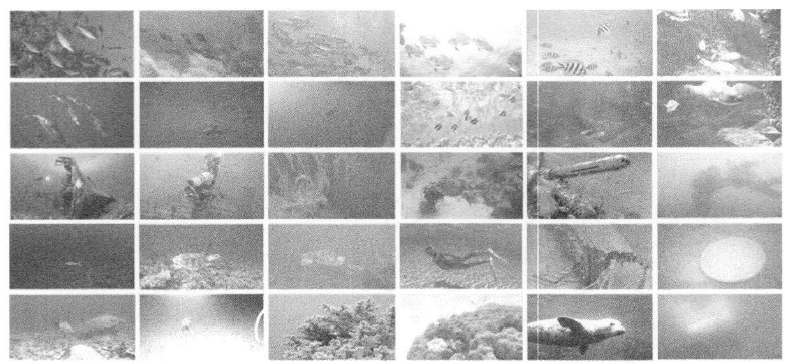

图 5.3　训练图像集

首先，对训练图像集中所有 30 幅图像的 16×16 窗口计算纹理特征；然后，人工地对每个窗口图像是否属于背景或目标进行判断，这里，若窗口中所有像素点均属于背景，则认为该窗口图像为背景部分，反之，则认为该窗口图像为目标部分；最后，对在不同水下成像环境中得到的光学图像背景和目标部分进行纹理特征统计，得到对比度均值、对比度方差和相关性方差 3 种特征值的分布统计直方图，如图 5.4 所示。从图 5.4 中可以看到，水下光学图像中，背景与目标的对比度的均值和方差以及相关性的方差存在着显著的差异。

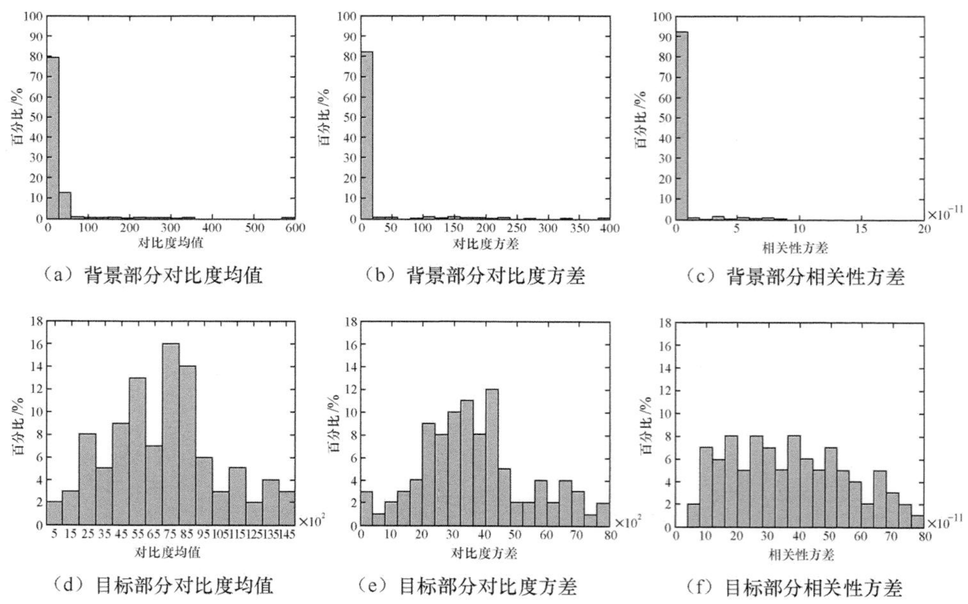

（a）背景部分对比度均值　（b）背景部分对比度方差　（c）背景部分相关性方差

（d）目标部分对比度均值　（e）目标部分对比度方差　（f）目标部分相关性方差

图 5.4　纹理特征值分布统计直方图

从图 5.4（a）和图 5.4（d）中可以看出，约 80%的背景部分的对比度均值集中在[0，30]，而目标部分中只有不到 2%的对比度均值小于 1 000，两者存在显著的差别；图 5.4（b）背景部分中超过 80%的对比度方差集中在[0，20]，而从图 5.4（e）中可以看到图像目标部分的对比度方差主要集中在[2 000，4 500]，只有极少部分的对比度方差小于 1 000；结合图 5.4（c）和图 5.4（f）可以发现，超过 90%的背景部分的相关性方差集中在[0，1×10^{-10}]，而目标部分的相关性方差均大于 1×10^{-10}，可以 1×10^{-10} 为临界值区分水下图像的背景和目标区域。

因此，当图像某一区域的相关性方差小于 1×10^{-10}、对比度均值小于 30 且对比度方差小于 20 时，判断该区域属于背景，从而建立起纹理特征与水下图像目标、背景间的联系，作为先验知识指导显著图的提取。

5.4.2　图像目标检测结果

从水下图像目标检测的正确率出发，将本章方法的检测结果与 2006 年 Bara[4]、2010 年 Christian[5]所提出的水下图像目标检测算法的检测结果进行比较。其中，2006 年 Bara 等将视觉注意机制模型引入到水下图像中，实现了对水下图像目标的检测。在此研究的基础上，2010 年 Christian 等针对特定的目标类型，采用特定的主动轮廓曲线特征优化图像目标的检测结果。图 5.5～图 5.7 分别为近距离目标检测结果、远距离图像目标检测结果和多图像目标检测结果。

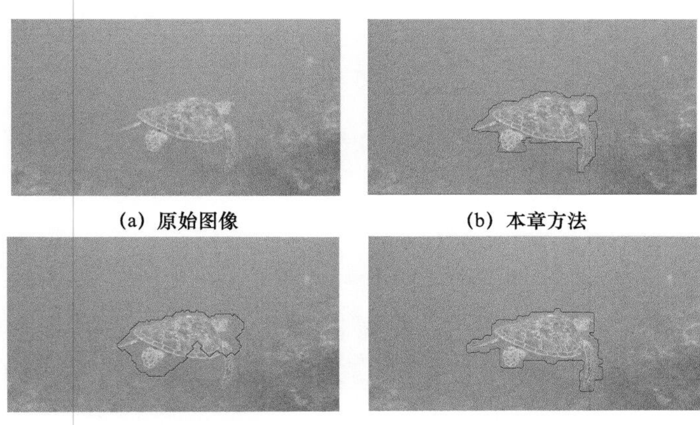

(a) 原始图像　(b) 本章方法

(c) 文献[4]方法　(d) 文献[5]方法

图 5.5　近距离图像目标检测结果

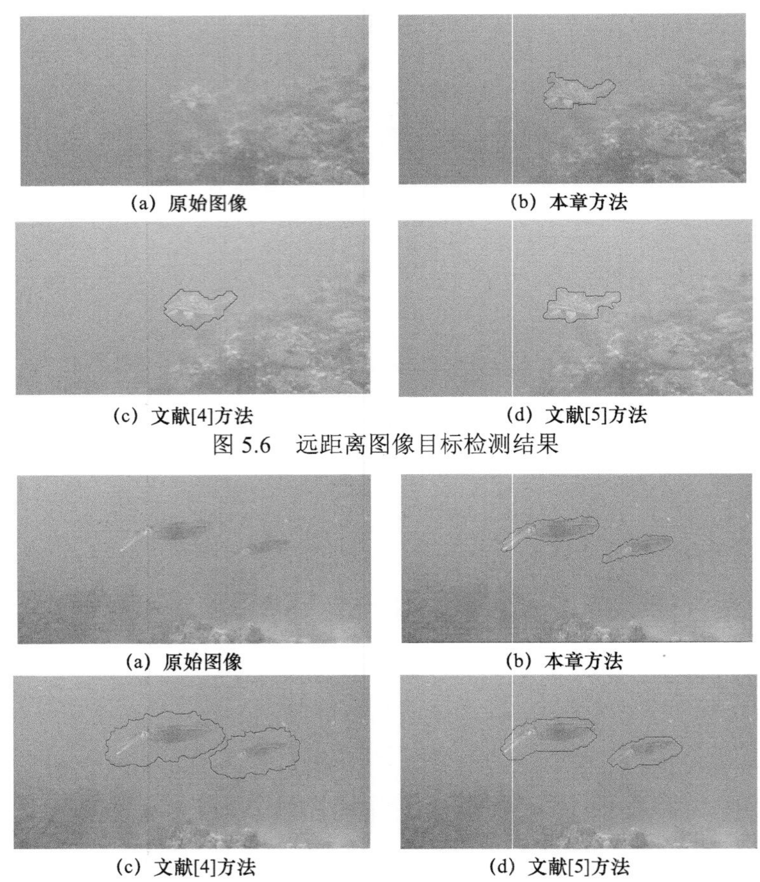

(a) 原始图像 (b) 本章方法 (c) 文献[4]方法 (d) 文献[5]方法

图 5.6 远距离图像目标检测结果

(a) 原始图像 (b) 本章方法 (c) 文献[4]方法 (d) 文献[5]方法

图 5.7 多图像目标检测结果

图 5.5 和图 5.6 为水下单图像目标检测的结果，其中，图 5.5（b）、图 5.6（b）为本章方法检测结果，图 5.5（c）、图 5.6（c）是文献[4]检测方法结果，图 5.5（d）、图 5.6（d）是文献[5]检测方法结果。从图 5.5（c）和图 5.6（c）中可以看到，检测结果没有能够完整地检测出目标区域，还包含大量的背景区域，检测正确率较低；图 5.5（d）、图 5.6（d）和图 5.5（b）、图 5.6（b）中的检测结果基本包含了所有目标区域，但图 5.5（b）、图 5.6（b）所提取出的轮廓更接近于目标的真实轮廓，且检测结果中所包含的背景区域相对较少。

图 5.7 是对水下多图像目标检测得到的结果，其中，图 5.7（b）是本章方法检测结果，图 5.7（c）是文献[4]检测方法结果，图 5.7（d）是文献[5]检测方法结果。从图中可以看出，图 5.7（c）中检测结果虽然完整地检测到了两个目标，但

却包含了大量的背景区域，检测准确度非常低；图 5.7（d）中检测结果基本包含了所有的目标区域，且对轮廓的检测正确率相对于图 5.7（c）的结果有很大的提高，但对于一些准确度要求较高的工程应用，其检测效果仍有待提高；图 5.7（b）的检测到的两个目标轮廓的准确度较高，基本与目标真实轮廓相近。

采用文献[5]中所提出的两种评价指标对图像目标检测结果的性能进行评估和比较。

$$C_{\text{good}} = \frac{card\{\Omega_{\text{in}} \cap \Omega_{\text{o}}\}}{card\{\Omega_{\text{o}}\}} \tag{5.17}$$

$$C_{\text{false}} = \frac{card\{\Omega_{\text{in}} \cap \Omega_{\text{b}}\}}{card\{\Omega_{\text{b}}\}} \tag{5.18}$$

其中，C_{good} 表示检测结果中属于目标的区域占目标真实区域的比例，C_{good} 越大表明检测结果对真实目标描述得越完整，检测效果越好；C_{false} 表示检测结果中属于背景的区域占背景真实区域的比例，C_{false} 越大表明检测结果中包含的背景区域越多，检测效果越不理想；Ω_{in} 为检测结果中的目标区域，Ω_{o} 为图像中真实的目标区域，Ω_{b} 为图像中真实的背景区域。

对于图 5.5、图 5.6 和图 5.7，表 5.1 给出了不同方法的检测结果 C_{good} 和 C_{false} 值及 3 组检测结果 C_{good} 和 C_{false} 的平均值。

表 5.1　不同方法的水下目标检测效果

方法	图 5.5		图 5.6		图 5.7		平均值	
	C_{good}	C_{false}	C_{good}	C_{false}	C_{good}	C_{false}	C_{good}	C_{false}
文献[4]方法	0.860 5	0.069 7	0.953 2	0.041 8	1	0.131 1	0.937 9	0.080 9
文献[5]方法	0.985 1	0.042 6	0.951 1	0.035 0	0.959 5	0.076 5	0.965 2	0.051 4
本章方法	0.993 7	0.020 2	0.963 9	0.013 5	0.981 6	0.010 3	0.979 7	0.014 7

C_{good} 实际上反映了检测出的区域对真实目标区域描述的完整性，而从该评价指标的平均值上可以看出，本章方法对目标检测的完整度为 0.979 7，相对于文献[4]的 0.937 9 和文献[5]的 0.965 2 略有提高，表明本章方法可以较为完整地检测出目标区域。C_{false} 实际上反映了检测出的区域对目标描述的精确程度，在评价指标的平均值中，文献[4]和文献[5]方法所得到的结果中分别包含 8.09%和 5.14%的背景区域，而本章方法的检测结果仅包含 1.47%的背景，对目标检测的精确度较好。综合两个评价指标，本章方法检测到的目标区域更加接近于真实的区域，检测准确度较高。另外，对于图

5.7，尽管文献[4]方法对目标检测的完整度达到了 1，但其检测结果中却包含了大量背景区域，达到 13.11%，基本未检测到目标的准确轮廓，检测正确率非常低。

总之，本章方法考虑到水下这一特殊的应用环境，引入了先验知识来指导显著图的提取，对背景区域信息进行有效的抑制，因而，相较于文献[4]和文献[5]方法，本章方法对水下图像目标检测结果较为完整，尤其是图像目标检测结果中所包含的背景区域最少，图像目标检测正确率较高。

利用先验知识指导图像信息的处理是一个非常重要的研究方向。水下复杂的场景导致采集得到的图像质量较差，给后续的图像目标检测带来较多的困难。因而，有必要引入相关先验知识为水下图像处理及计算提供更多的有用信息和指导。本章针对水下复杂场景，利用图像纹理特征作为先验知识，并将该先验知识用于水下图像显著性检测，使其更加符合人眼真实的视觉感知，进而采用显著度阈值检测实现水下图像目标检测。实验结果表明，水下图像中目标和背景部分的纹理特征存在明显的差异，可以作为抑制背景区域显著度的先验知识，结合显著度阈值检测的方法得到了较为准确的水下图像目标检测结果。

参考文献

[1] 陈强，田杰，黄海宁. 基于统计和纹理特征的 SAS 图像 SVM 分割研究[J]. 仪器仪表学报，2013, 34(6): 1413-1420.

[2] 薄华，马缚龙，焦李成. 图像纹理的灰度共生矩阵计算问题的分析[J]. 电子学报，2006, 34(1): 155-158.

[3] GARCIA R, XEVI C, BATTLE J. Detection of matchings in a sequence of underwater images through texture analysis[J]. Image Processing, 2001, 1: 361-364.

[4] BARAT C, RENDAS M J. A robust visual attention system for detecting manufactured objects in underwater video[C]//OCEANS, 2006:1-6.

[5] CHRISTIAN B, RONALD P. A fully automated method to detect and segment a manufactured object in an underwater color image [J]. EURASIP Journal on Advances in Signal Processing, 2010: 1-10.

第6章

压缩域图像处理与运动目标分割

6.1 引言

运动图像目标分割是实现图像分析理解的基础和前提。目前，运动目标分割方法主要是基于像素域进行处理。如采用空间分割法[1,2]和时间分割法[3,4]等。然而在高实时性要求的视频监控应用中，采用像素域方法对每一帧图像所进行的目标分割处理必须是在视频完全解码之后，不可避免地带来时滞问题。如果在压缩域中直接提取视频对象或进行相关处理操作，可免除相对耗时的解码操作。因此，基于压缩域内的运动图像目标分割研究引起了国内外学者的关注，并成为重要研究方向之一。

采用压缩域内运动图像目标分割方法的思路是将部分解码获取的运动矢量、DCT 系数等作为初始信息，利用 DCT 系数或者运动矢量的相似性提取运动区域，从而实现运动图像目标的分割。近年来，H.264 编码标准在较高的压缩比下仍能提供连续、流畅的画面，大大缓解了视频监控系统对数据存储和网络带宽的压力，已渐成为视频监控领域的主流。目前，围绕 H.264 标准的压缩域内运动图像目标分割研究也取得了部分成果。如 Zeng 等[5]提出直接从稀疏运动矢量场中分割运动对象的方法；Wang 等[6]提出了一种融合 *K*-means 和 EM 聚类算法并区分出运动宏块的运动图像目标分割方法；Chen 等[7]提出一种基于马尔可夫随机场的最大后验概率（MAP-MRF）模型，通过求解模型标记运动区域；Wu 等[8]提出一种利用改进的蚁群聚类算法将具有运动相似性的运动矢量聚类到若干个区域，分割出运动图像目标和背景区域的方法。然而，这些研究成果仍然存在以下若干问题值得关注。

（1）仅采用运动矢量进行分割导致算法抗噪能力差、分割准确度低。

（2）分割算法在不同的场景中自适应性弱，而且对分割结果没有一个评价指标，容易导致“过分割”和“欠分割”。

（3）分割过程中引入的经典算法模型复杂，计算量大。

另外，现有压缩域图像目标分割算法在兼顾实时性和精确性时难度大。例如，用 *K*-means 聚类算法分割运动矢量，分割速度快，但是精度不高；而采用 MRF 模型、蚁群等经典算法，模型又过于复杂，虽然分割精度得到了提高，但牺牲了分割速度。

6.2　H.264 压缩域内脉冲耦合神经网络融合方法

6.2.1　压缩域图像处理中的问题

前述 H.264 压缩域内问题，可以归纳为以下两种类型的不确定性行为。

（1）仅仅采用了运动矢量作为分割初始信息，当编码器本身的缺陷、码流传输过程中出现噪声或者部分背景无规则抖动的情况下，极易产生运动矢量噪声很难被处理掉，最终导致分割精度降低，如图 6.1（a）～图 6.1（c）所示，目标区域的阈值分割过程中始终不能滤除场景中的噪声区域。

（2）运动矢量的强度具有不确定性，而通常采用的阈值分割算法是在不同的场景下需要人为设定参数，并且缺少对分割结果的评价指标，导致分割精度不高，造成“过分割”与“欠分割”现象，如图 6.1（a）～图 6.1（c）和图 6.1（d）～图 6.1（f），不同目标其阈值的大小不一样，而且非最佳阈值下过分割或欠分割现象明显。

（a）原始运动矢量 1

（b）阈值大于 13 的运动矢量

（c）阈值大于 18 的运动矢量

（d）原始运动矢量 2

（e）阈值大于 1 的运动矢量

（f）阈值大于 4 的运动矢量

图 6.1　运动矢量的不确定性

考虑到 H.264 压缩域内的宏块编码模式在一种程度上能够大体区分背景和运动区域，因此，如果分割算法采用宏块编码模式信息和运动矢量的融合，将会一定程度上提高分割算法的抗噪能力。而在运动矢量不确定的情况下，可以考虑采用自适应分割算法，即根据不同场景下的运动矢量联合宏块编码模式信息自适应寻找最优阈值。因此，兼顾上述情况的关键是设计合理的融合处理模型。

Eckhorn 在研究猫的大脑视觉皮层实验中观察到与特征有关的神经元同步行为现象，继而提出了脉冲耦合神经网络（PCNN）模型理论[9]。该模型利用神经元的线性相加、非线性相乘调制耦合以及相似神经元脉冲传播特性，弥补了输入数据的空间不连贯和幅度上的微小变化，能够较好地解决像素域图像分割问题以及分割问题中的“空洞”现象[10]。

压缩域内的运动矢量场是不连续的，存在过多的“空洞”，采用 PCNN 模型能在分割过程中，利用相似神经元脉冲传播特性，将存在不连续运动矢量的宏块同时“点火”，保证分割后区域的连续性，因此，在解决“空洞”问题时具有很好的优势。再者，由于 PCNN 模型是一种无需预先训练的神经网络分割算法，这使其计算复杂度降低，有利于提高目标分割速度。另外，利用 PCNN 模型所具有的双通道调制特性的无耦合、有耦合两种链接机制，可对压缩域内运动矢量和宏块模式信息进行融合控制，有效抑制噪声区域的运动矢量，提升分割算法的分割精度。因此，基于 PCNN 可以设计出一种融合模型，该模型能够融合压缩域中运动矢量和宏块编码模式两种信息，在稳定快速地进行分割的同时，有很强的抗噪性能。同时，该融合模型，由于可以通过多次迭代获取最优阈值，且会根据评价指标获取当前帧最佳分割模板，因此，还可以实现对分割精度的控制。

6.2.2 基本 PCNN 模型

脉冲耦合神经网络（PCNN）是由若干个 PCNN 的神经元互连所构成的反馈型网络，其每一神经元由 3 个部分组成：接收域、调制部分和脉冲产生部分，如图 6.2 所示。

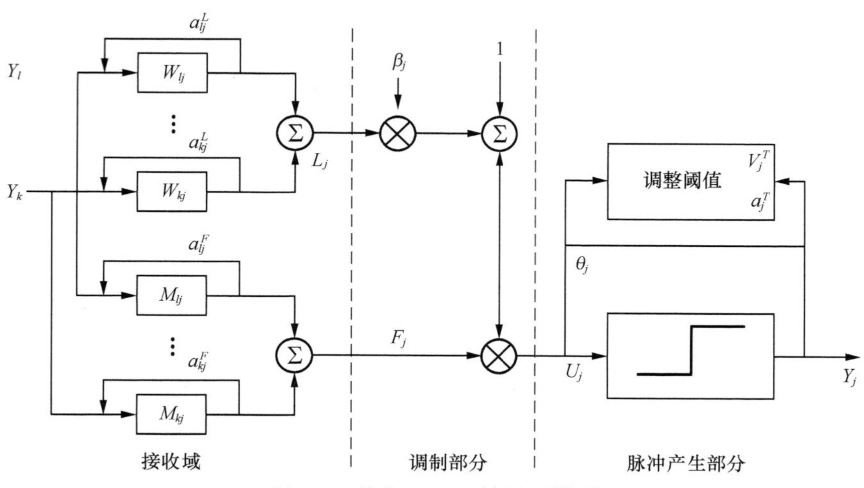

图 6.2　单个 PCNN 神经元模型

接收域是接收神经元的外部激励，形成馈送输入 F_{ij} 和链接输入 L_{ij} 两部分。其中，F_j 和 L_j 的计算公式为

$$L_j = \sum_k L_{kj} = \sum_k [W_{kj} \mathrm{e}^{-\alpha_{kj}^L t}] \otimes Y_k(t) + J_j \tag{6.1}$$

$$F_j = \sum_k F_{kj} = \sum_k [M_{kj} \mathrm{e}^{-\alpha_{kj}^F t}] \otimes Y_k(t) + I_j \tag{6.2}$$

其中，W_{kj} 与 M_{kj} 表示突触联接权；α_{kj}^L 与 α_{kj}^F 为时间常数；I_j 与 J_j 表示输入常量。

调制部分是将来自 L 通道的信号 L_j 加上一个正的偏移量，然后与来自 F 通道的信号 F_j 进行相乘调制，计算出内部行为 U_j。模型中偏移量归整为 1，β_j 为联结强度，其计算公式为

$$U_j = F_j(1 + \beta_j L_j) \tag{6.3}$$

脉冲产生部分是由阈值可变比较器与脉冲产生器组成。

阈值可变比较器：当神经元输出一个脉冲，神经元的阈值就通过反馈迅速得到提高。其计算公式为

$$\frac{\mathrm{d}\theta}{\mathrm{d}t} = -\alpha_j^T \theta_j + V_j^T Y_j(t) \tag{6.4}$$

其中，V_j^T 与 α_j^T 分别表示阈值的幅度系数与时间常数，θ_j 表示阈值，$Y_j(t)$ 表示 t 时

刻的脉冲。

脉冲产生器：当神经元的阈值θ_j超过U_j时，脉冲产生器关掉，停止发放脉冲；当阈值低于U_j时，脉冲产生器打开，神经元被点火，输出一个脉冲或脉冲序列。其计算公式为

$$Y_j = \mathrm{Step}\left(U_j - \theta_j\right) \tag{6.5}$$

但是，Eckhorn 提出的神经网络模型在图像处理应用上存在一定的局限性[11]。为此，G.Kuntimad、H.S.Ranganath 等提出了简化的 PCNN 模型[12]，保留了原始 PCNN 模型的脉冲传播和脉冲耦合等重要特性，解决了参数选取复杂等难题，简化的二维 PCNN 神经元网络如图 6.3 所示。

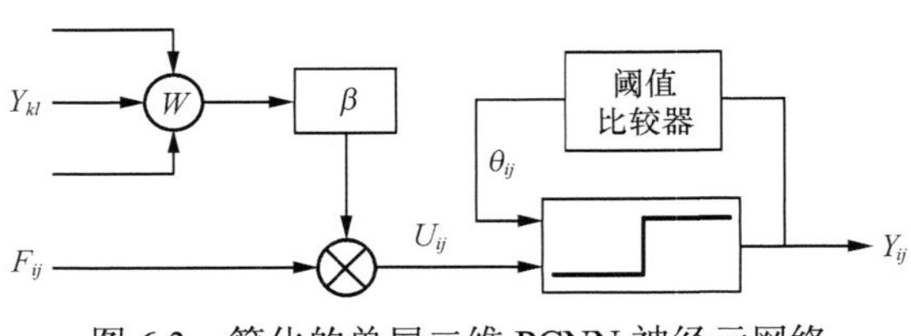

图 6.3　简化的单层二维 PCNN 神经元网络

6.3　压缩域内 PCNN 融合模型

6.3.1　基于 PCNN 融合模型设计

在L通道引入宏块编码模式信息，利用双通道调制特性，让其作为F通道的外部激励，使宏块编码模式权值大的区域（运动区域）优先产生脉冲，而权值小的区域（背景区域）得到抑制。其中，本章对链接权系数W进行修改，引入宏块模式权值，从而实现对背景和运动区域的控制。

对链接强度系数β进行修改，引入宏块编码模式信息，在权值大的地方采用有耦合的方式，在权值小的地方采用无耦合的方式。这样也能在脉冲产生的过程中对背景区域进行抑制。

同时，为了使融合模型在分割过程中兼顾实时性和准确性，在解决如何减少迭代次数和评价指标的选取问题时采用如下设计。

PCNN 模型中阈值比较器和整个分割过程中的脉冲产生次数相关，阈值衰减得快，整个点火次数就少，但分割精度降低；阈值衰减过慢，分割精度提高，点火次数就增加。因此，设计采用联合宏块模式信息动态调整阈值比较器的衰减幅度，达到在运动区域减缓衰减幅度，实现精分割；在背景区域增大衰减幅度，实现粗分割。

最小交叉熵用于度量两个概率分布之间信息量的差异，通过搜索获取使分割前后图像信息量差异最小的阈值。而压缩域内运动矢量分布的特点就是存在运动矢量的地方往往就是运动区域，所以使分割后的图像与分割前的图像运动矢量分布的特点差异最小，往往就是最优的分割模板，因此，设计采用最小交叉熵准则作为分割算法的评价指标。

6.3.2　融合模型结构

H.264 压缩域的 PCNN 融合模型采用二维单层网络，如图 6.4 所示。

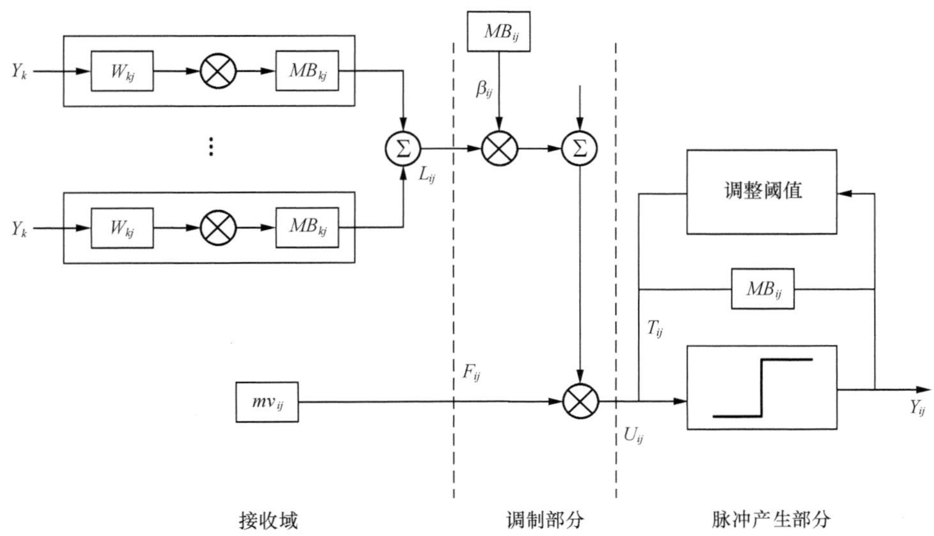

图 6.4　H.264 压缩域的 PCNN 融合模型二维网络

接收域部分：接收的外部激励为上一次点火输出的脉冲 $Y_{pq}(n-1)$ 和累积后的 x 方向和 y 方向的运动矢量绝对值和 mv_{ij} 。在链接权系数 $W_{i,j;p,q}$ 设为

$$W_{i,j;p,q} = \frac{1}{(i-p)^2 + (j-q)^2} MB_{i,j;p,q} \tag{6.6}$$

其中，(p,q) 为 (i,j) 8 邻域内的任一宏块坐标，$MB_{i,j;p,q}$ 为宏块大小模式的权值信息，其中权值定义为

$$MB = \begin{cases} 16\times16、16\times8、8\times16、8\times8 = 1 \\ 4\times8、8\times4、4\times4 = 2 \\ \text{Intra}4\times4、\text{Intra}16\times16、\text{Skip} = 2 \end{cases} \tag{6.7}$$

其中，Intra $n\times n$ 表示各种大小的帧内预测宏块模式，Skip 表示 Skip 模式，$n\times n$ 表示各种大小的帧间预测模块模式。其中，Intra4×4、Intra16×16、Skip 这几种模式本身不存在运动矢量，大多数情况下都是采用邻域插值的方法插值获取其运动矢量，Skip 模式一般情况下运动矢量为 0，也有可能是大目标区域中的不移动的区域，插值后会存在运动矢量，而 Intra $n\times n$ 几种模式是存在运动矢量的，往往代表新出现的运动区域，故本章综合考虑上述情况，把这几类归为一类，赋较大权值。

调制部分：接收 F 通道和 L 通道的数据产生内部行为 U_{ij} ，其中，由 β 链接强度控制点火快慢，故本章对 β 做如下设计

$$\beta_{ij} = \begin{cases} 0.3MB_{ij}, & MB_{ij} = 2 \\ 0, & MB_{ij} = 1 \end{cases} \tag{6.8}$$

其中，MB_{ij} 为宏块大小模式的权值，0.3 为比例系数。当权值为 1 时，β 处于无耦合状态，点火比较慢；当权值为 2 时，β 处于强耦合状态，点火比较快。

脉冲产生部分：采用获取的全局最大的 U_{ij} 为阈值为初始阈值 T_0 。G 是衰减幅度，在权值大的地方，衰减幅度小，实现精分割；在权值小的地方，增大衰减幅度，实现粗分割，故本章的衰减幅度设计如下

$$G_{ij,n} = \begin{cases} 1, & n = 0 \\ 0.8^{(3-MB_{ij})} G_{ij,n-1}, & n > 0 \end{cases} \tag{6.9}$$

其中，MB_{ij} 为宏块大小模式的权值，0.8 为比例系数。

最后输出的 Y 表示脉冲序列，当内部耦合变量 $U > T$ 时，那么对相应的宏块赋予 1，否则，赋予 0，最终得到一幅由脉冲序列生成的二值图。

PCNN 融合模型的分割算法的计算公式为

$$F_{ij} = mv_{ij} \tag{6.10}$$

$$L_{ij}(n) = \sum W_{i,j;p,q} Y_{pq}(n-1) \tag{6.11}$$

$$U_{ij}(n) = F_{ij}(n)(1 + \beta_{ij} L_{ij}(n)) \tag{6.12}$$

$$T_{ij}(n) = \begin{cases} G_{ij,n} T_0, & Y_{ij}(n) = 1 \\ T_0, & Y_{ij}(n) = 0 \end{cases} \tag{6.13}$$

$$Y_{ij}(n) = \begin{cases} 1, & U_{ij}(n) > T_{ij}(n) \\ 0, & \text{其他} \end{cases} \tag{6.14}$$

6.3.3 迭代终止评价准则

本章采用最小交叉熵准则。首先，利用 PCNN 模型公式计算出第一次点火后的二值模板。对二值模板计算最小交叉熵，其计算公式为

$$D(p_1 : p_0) = p_1 \ln \frac{p_1}{p_0} + p_0 \ln \frac{p_0}{p_1} \tag{6.15}$$

其中，p_1 为模板中点火的运动矢量的概率，p_0 为模板中未点火的运动矢量的概率。

然后，持续迭代点火获取分割模板，并计算每次得到的 $D(p_1 : p_0)$，直到 $D(p_1 : p_0) = D_{\min}$ 时，停止迭代。此时获取的二值模板为最优分割模板。

6.4 基于 PCNN 融合的压缩域分割算法

本章提出的 H.264 压缩域运动目标分割方法，首先将从 H.264 编码端提取到

的运动矢量 ***mv*** 进行归一化，初始去噪，滤除掉明显的噪声区域，然后采用时空域矢量均值滤波方法，在滤波的同时利用时空域信息尽可能保证弱小运动图像目标信息不被滤除，滤波后再次去除滤波过程中引入的噪声，再对滤波后的运动矢量进行前后向迭代投影矢量累积，最后将稠密后的运动矢量和宏块模式信息作为初始信息，利用 PCNN 融合模型进行分割，并采用最小交叉熵判断点火终止条件，直至获取最佳分割模板。基于 PCNN 融合模型的 H.264 压缩域运动分割算法如图 6.5 所示。

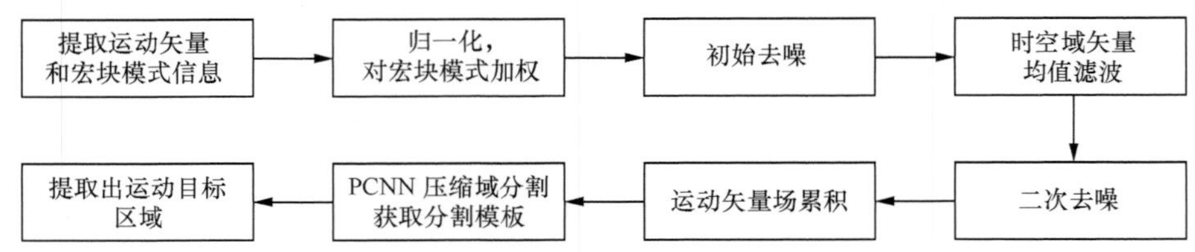

图 6.5　基于 PCNN 融合模型的 H.264 压缩域分割算法

H.264 压缩域 PCNN 分割算法主要步骤如下。

Step1 定义初始变量。比例系数 β 为 0.3；衰减系数 G_0 为 1，衰减比例系数为 0.8。

Step2 根据 PCNN 融合模型式（6.11）和式（6.12），计算出 L 通道、U 通道的值。

Step3 根据阈值判断条件，当 U 大于等于阈值 T，则该对应的宏块区域就点火；否则，不点火。

Step4 对点火后的模板 B 按照式（6.15）计算最小交叉熵 $D(p_1:p_0)$，和上一帧分割模板的最小交叉熵进行比较。不满足终止条件，$D(p_1:p_0)=D_{\min}$，即不是最小交叉熵值，则对阈值按照衰减式（6.9）和式（6.13）进行衰减，获取一个新的阈值 T'，循环计算 Step2～Step4；直到满足终止条件，否则，直接跳出循环体。

Step5 当前模板为最优模板 B_{opt}，分割算法结束。

H.264 压缩域 PCNN 融合模型算法的流程如图 6.6 所示。

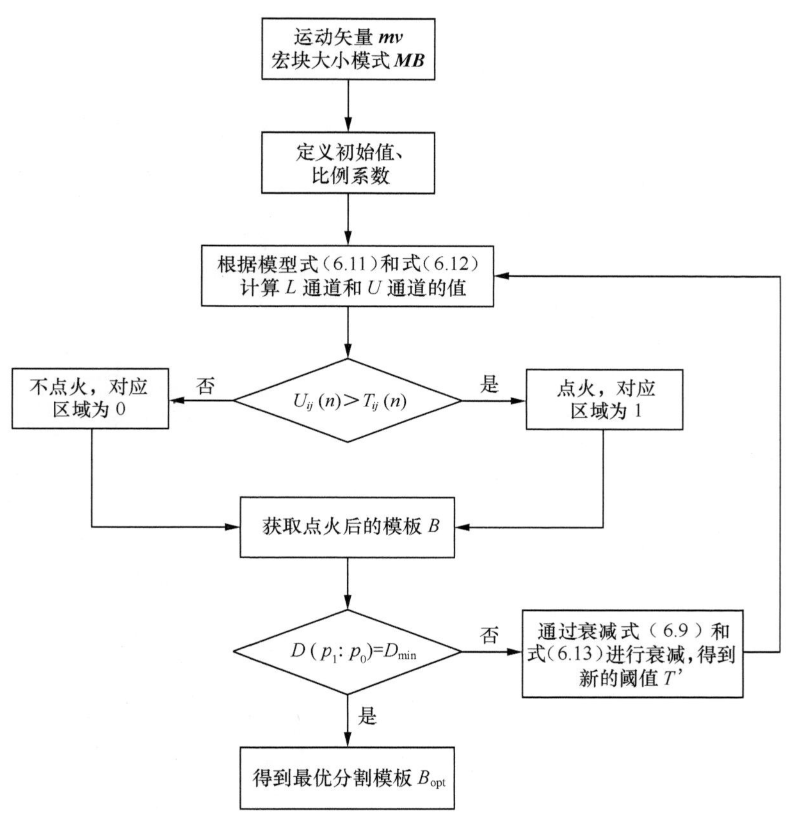

图 6.6　H.264 压缩域 PCNN 融合模型算法流程

6.5　实验与分析

本章所选用的运动矢量场均从 JM8.6 版本的 H.264 编码软件压缩后的码流中提取。H.264 编码配置如下：Baseline Profile，IPPP …，只有第一帧为 I 帧，其余都是 P 帧，1 个参考帧，运动估计搜索范围为[−16,16]，量化参数为 28，帧大小为 176×144。

6.5.1 室内视频监控序列的实验分析

为了验证本章算法的有效性，采用国际标准测试序列主观验证本章算法。图6.7为Hall标准测试序列采用上述PCNN分割算法分割后的结果图。图6.7（d）为第18帧的PCNN分割结果，图中较强的运动矢量区域已经分割出来，并根据该图的最小交叉熵自适应分割出的最强区域，基本能标示出该人的运动区域，而且能解决目标遮挡的问题；图6.7（e）为第43帧的PCNN分割结果，在无遮挡的情况能准确地标示出该运动人物的运动区域，能达到比较满意的分割结果；图6.7（f）为第108帧的PCNN分割结果，当图像目标局部存在运动时，只能分割出该运动的区域，而对非运动的腿部或者运动矢量小的区域会造成分割的图像目标残缺。

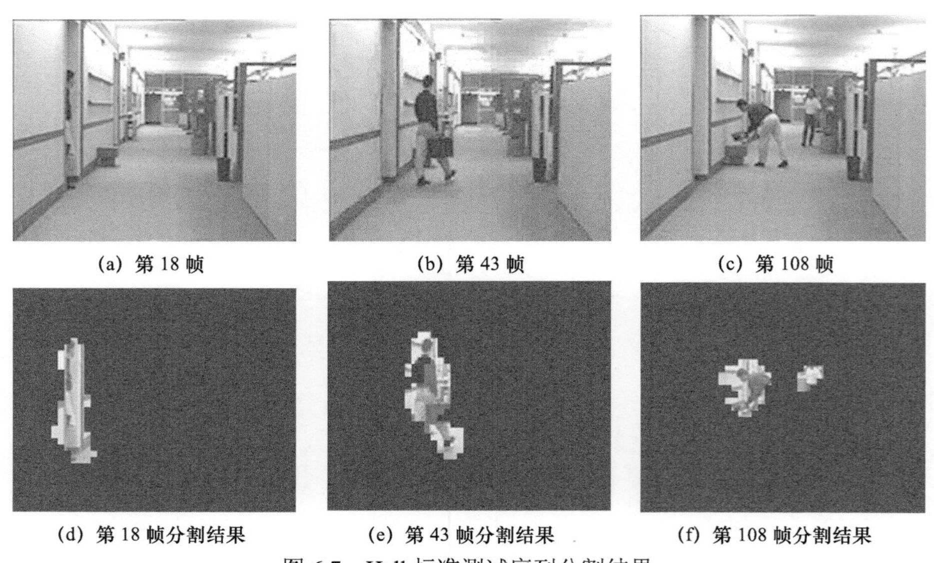

(a) 第18帧　(b) 第43帧　(c) 第108帧

(d) 第18帧分割结果　(e) 第43帧分割结果　(f) 第108帧分割结果

图6.7　Hall标准测试序列分割结果

6.5.2 室外视频监控序列的实验分析

本章选取了监控视频序列PETS-2000、PETS-2001进行测试。

图 6.8（a）中，其原始帧序列中第 531 帧一个行人和一辆车运动的画面，第 830 帧多行人和一辆车的画面，右边 3 个行人紧靠在一起并行行走，第 2 558 帧两辆车和一个行人的画面。

图 6.8 第 531 帧中行人目标由于过于微小，运动区域仅几个宏块，而且相对于车子的运动矢量很少，从图 6.8（b）可以看出，本章方法由于采用了时空域滤波技术和前后向矢量累积的手段，能很好地保留这一运动区域，并且 PCNN 融合模型能很好地抑制其周围的噪声，所以分割结果比较理想。图 6.8（c）是文献[13]方法的分割结果，该方法仅采用时间、空间归一化的运动矢量作为运动目标分割的特征。基于该方法所获得的分割结果中行人被当成噪声，造成了漏检。图 6.8（d）是采用文献[14]方法的目标分割结果，该方法采用基于蚁群聚类算法对压缩域运动矢量进行聚类，并在此基础上实现运动信息检测及运动图像目标分割。然而，其分割算法对背景的抑制性能较差，造成过分割。对于图 6.8 中第 830 帧，采用本章的方法能很好地分割出运动目标区域，而对右边 3 个行人紧靠在一起的运动图像目标区域不能有效分割，从文献[13]和文献[14]的算法中也可以看出都不能有效地区分出运动图像目标，主要原因是由于压缩域内分割的基本单位是宏块，只能获取到宏块级的分割精度，如 4×4、8×8 等。图 6.8 第 2 558 帧对左边刚进入画面的行人分割过程中，可以看出本章的算法对其周围的背景区域能很好的抑制，文献[13]和文献[14]都不能抑制其噪声，对车辆的运动区域分割，文献[13]分割精度低，文献[14]存在过分割，而本章的算法分割效果相对于文献[13]和文献[14]更好。

图 6.9 中，其原始序列中的第 425 帧，一辆车进入画面，第 644 帧，一个行人和一辆即将停下的车，第 1 287 帧两个行人在画面中运动。

图 6.9 中第 425 帧，本章的算法能很好地分割出运动目标，而文献[13]和文献[14]存在过分割现象，对背景中的噪声未能很好地抑制。图 6.9 中第 644 帧，当行人的速度和即将停下的车辆速度接近时，能很好地分割出行人目标，但不可避免地引入由风吹等因素引起的画面左下角的草坪的运动，被误以为是运动图像目标，原因就是当时人、车的运动矢量和风动引起的运动矢量接近，而导致不能有效的分割，文献[13]和文献[14]也不能有效地抑制其噪声。图 6.9 中第 1 287 帧，人的运动矢量大于环境引起的局部运动矢量时，本章的算法能很好地

抑制其噪声，而文献[13]却不能。

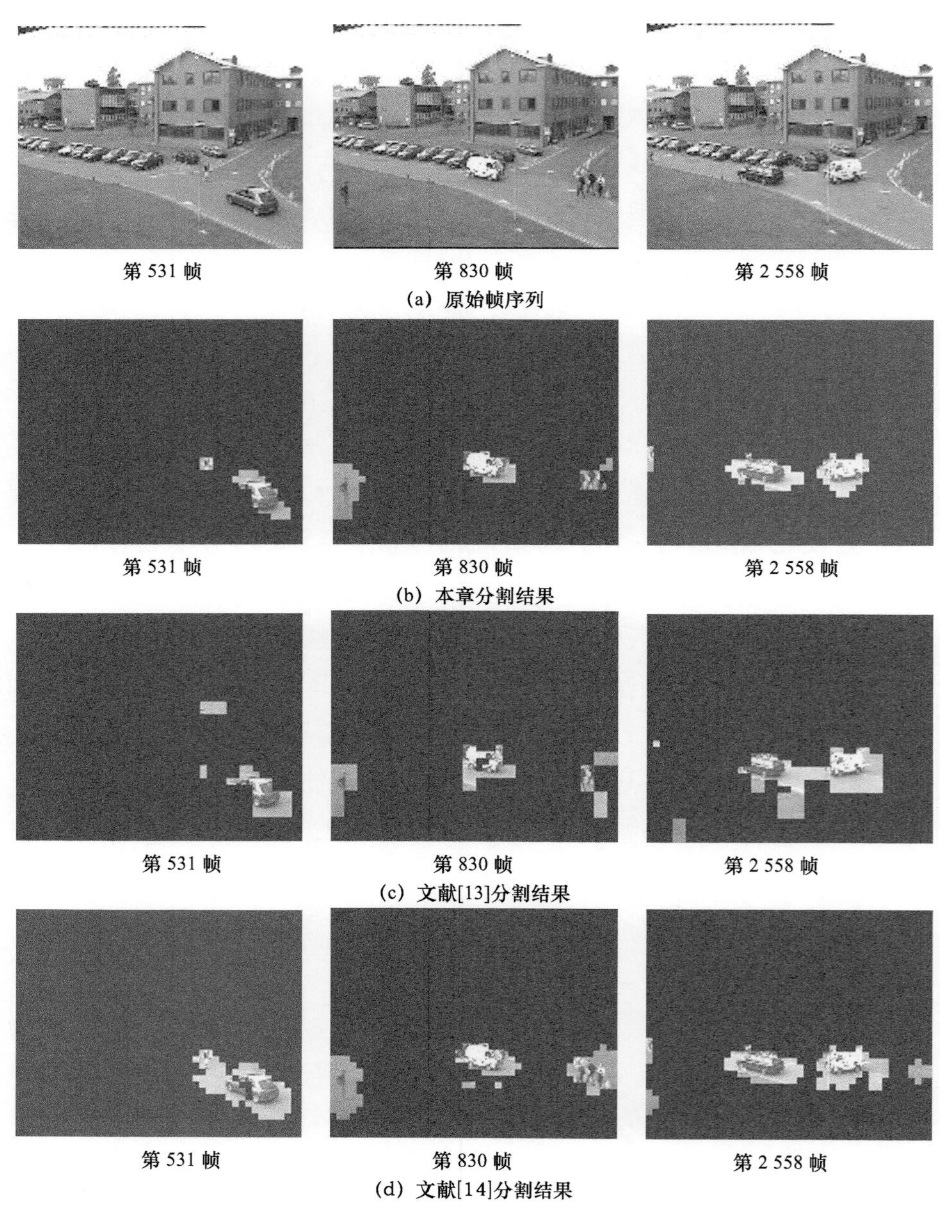

图 6.8 PETS-2001 视频序列实验结果及比较

第 425 帧　　第 644 帧　　第 1 287 帧

(a) 原始帧序列

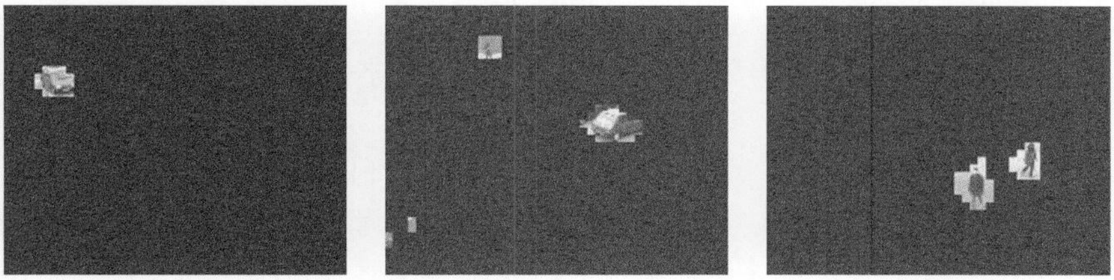

第 425 帧　　第 644 帧　　第 1 287 帧

(b) 本章分割结果

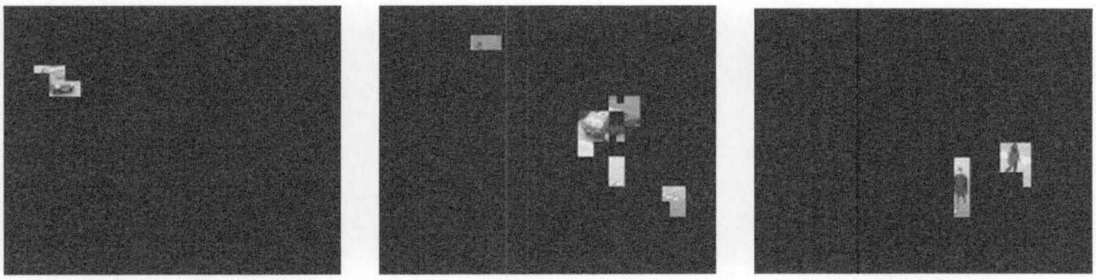

第 425 帧　　第 644 帧　　第 1 287 帧

(c) 文献[13]分割结果

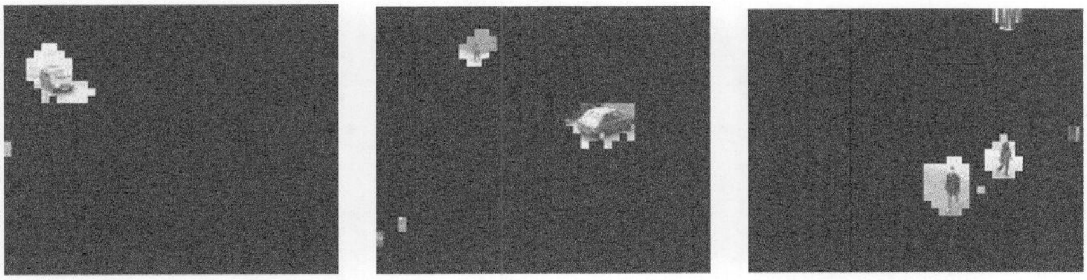

第 425 帧　　第 644 帧　　第 1 287 帧

(d) 文献[14]分割结果

图 6.9　PETS-2000 视频序列实验结果及比较

从图 6.8 和图 6.9 中可以看出，本章的算法能较好地分割出运动目标区域，对背景区域的噪声得到了抑制，能减少很多过分割现象。文献[13]存在欠分割现象，而且整体分割精度不高。而文献[14]存在很多过分割现象，对噪声的抑制也不如本章算法。

对PETS-2000视频序列的第1 250帧至第1 450帧的本章算法和文献[13]算法、文献[14]算法结果用 *Precision* 和 *Recall*[15]两个指标进行统计的结果。其中，*Precision* 和 *Recall* 在压缩域内的计算如下

$$Precision=\frac{\text{正确分割宏块}}{\text{正确分割宏块}+\text{虚警宏块}} \tag{6.16}$$

$$Recall=\frac{\text{正确分割宏块}}{\text{正确分割宏块}+\text{漏警宏块}} \tag{6.17}$$

图 6.10（a）和图 6.10（b）中横坐标表示视频的帧数，纵坐标表示 Precision 指标和 Recall 指标的百分比，计算公式如式（6.16）、式（6.17），其中选用的数据是 PETS-2000 第 1 250 帧至 1 450 帧，共 200 帧数据。其中，前面 50 帧中由于目标离监控摄像机较远，运动矢量较低，分割精度不高；当后面第 1 300～1 400 帧中，目标渐渐靠近摄像头，运动矢量增强，分割精度提高。从图 6.10 中可以看出，本章的算法在查全率和查准率上都略优于文献[13]和文献[14]。

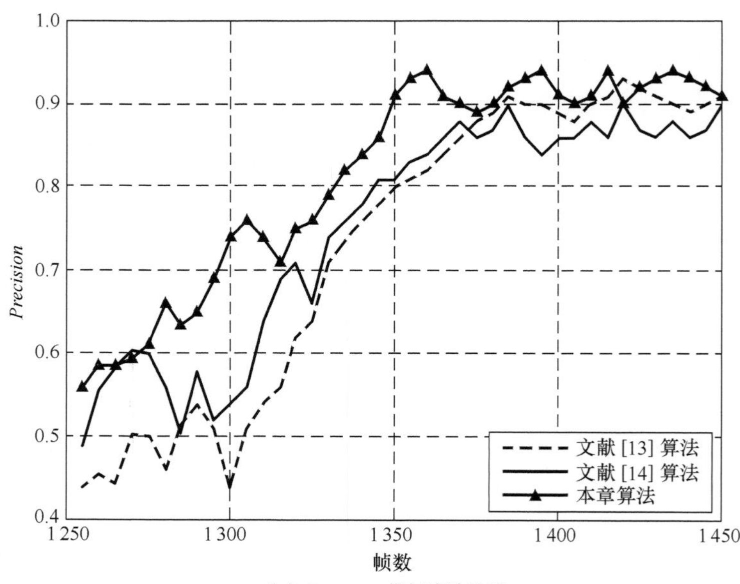

（a）*Precision* 指标统计结果

图 6.10　PETS-2000 1250~1 450 帧的 *Precision* 与 *Recall* 指标

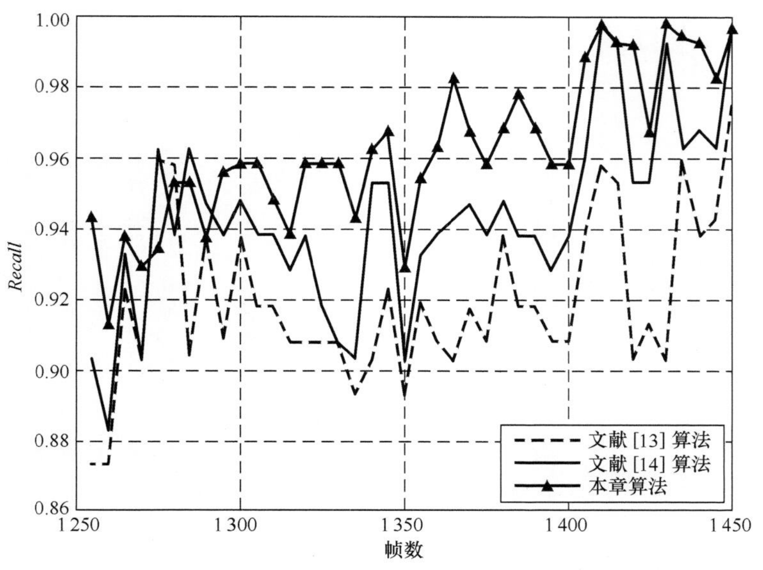

（b）*Recall* 指标统计结果

图 6.10　PETS-2000 1250~1 450 帧的 *Precision* 与 *Recall* 指标（续）

表 6.1　　本章算法与文献[13]、文献[14]的在 PETS 视频中的 *Precision* 与 *Recall* 指标

帧名	帧数	本章算法		文献[13]		文献[14]	
		Precision	*Recall*	*Precision*	*Recall*	*Precision*	*Recall*
PETS-2000	1 250~1 450	81.38%	96.25%	72.88%	91.98%	74.93%	94.33%
	140~260	89.61%	98.14%	70.74%	93.62%	75.94%	95.13%
PETS-2001	445~645	83.41%	95.29%	63.34%	90.75%	70.95%	92.84%
	730~830	85.24%	97.31%	65.61%	93.08%	73.58%	96.89%

从表 6.1 的数据和图 6.10 曲线中可以看出，本章的算法略优于文献[13]和文献[14]，在查准率方面，比文献[13]平均提高了 20%，比文献[14]平均提高了 12%；在查全率方面，比文献[13]平均提高了 5%，比文献[14]平均提高了 3%。

另外，为了考察算法的运算效率，本章通过 PETS-2000 视频序列中第 1 250 帧至 1 450 帧中 200 帧视频数据的分割时间进行了仿真实验与统计，结果如图 6.11。从图 6.11 中可以看出，本章算法分割一帧图像平均耗时为 0.2 s，文献[14]算法的平均耗时为 1.8 s，文献[13]算法的平均耗时为 0.1 s，本章算法比文献[14]算法耗时减少了 89%，与文献[13]算法相差不大。

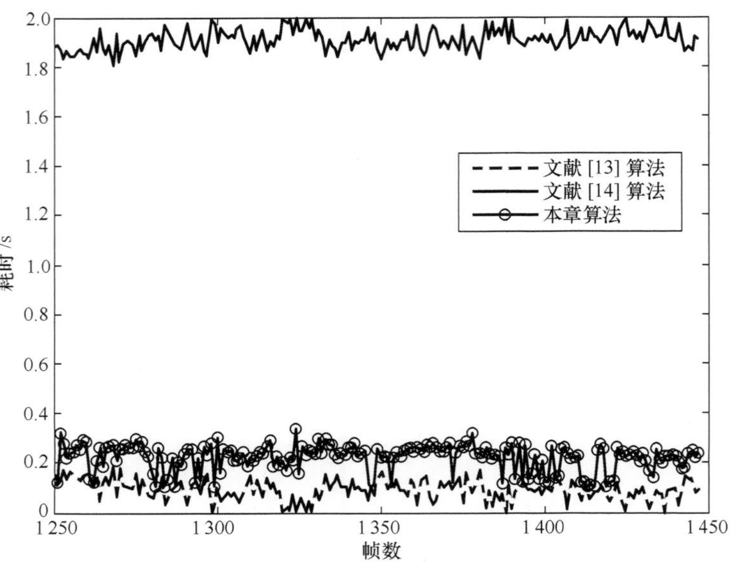

图 6.11　PETS-2000 耗时曲线比较

参考文献

[1] DUARTE M A, ALVARENGA A V, AZEVEDO C M, et al. Automatic micro calcifications segmentation procedure based on otsu's method and morphological filters [J]. Health Care Exchanges（PAHCE）, 2011 Pan American, 2011:102-106.

[2] WANG D, KWOK N M, JIA X, et al. A cellular automata approach for superpixel segmentation[C]//International Congress on Image and Signal Processing. 2011: 1122-1126.

[3] EVANGELIO R H, SENST T, SIKORA T. Detection of static objects for the task of video surveillance [J]. IEEE Applications of Computer Vision(WACV), 2011: 534-540.

[4] YU H B, ZHIWEI HE Z W, LIU Y Y, et al. A dynamic texture-based method for multidirectional motions segmentation of crowd[C]//International Congress on Image and Signal Processing. 2011: 1132-1136.

[5] ZENG W, DU J, GAO W, et al. Robust moving object segmentation on H.264/AVC compressed video using the block based MRF model [J]. Real Time Imaging, 2005, 11(4): 290-299.

[6] WANG P, WANG J. Block characteristic based moving object segmentation in the H.264 compressed domain[C]//IEEE International Conference on Signal Processing Systems (ICSPS). 2010: 643-647.

[7] 陈明生，梁光明，孙即祥，等. 复杂背景下 H.264 压缩域运动目标检测算法[J]. 通信学报，2011, 32(3): 91-97.

[8] 武智霞. 基于 H.264/AVC 压缩域的运动目标检测与跟踪算法研究[D]. 上海：上海师范大学，2011.

[9] ECKHORN R, REITBOECK H J, ARNDT M. Feature linking via synchronization among distributed assemblies: simulation of results from cat cortex[J]. Neural Computer, 1990, 2: 293-307.

[10] GU XD,YU DH. PCNN's principles and applications[J]. Journal of Circuits and Systems, 2001, 6(3): 45-50.

[11] KINSER D J M. Foveation by a pulse-coupled neural network[J]. IEEE Trans Neural Networks, 1999, 10(4):780-798.

[12] RANGANATH H S, KUNTIMAD G. Object detection using pulse coupled neural networks[J]. IEEE Transactions on Neural Networks, 1999, 10(3): 615-620.

[13] LIU Z, LU Y, ZHANG Z Y. Real time spatial temporal segment on of video objects in the H.264 compressed domain[J]. Journal of Visual Communication and Image Representation, 2007, 18(3): 275-290.

[14] WU ZX, WANG P. Moving object segmentation in H.264/AVC compressed domain using ant colony algorithm[C]//IEEE International Conference on Signal Processing Systems(ICSPS). 2010: V2-716. -V2-719.

[15] POPPE C,BRUYNE S D, PARIDAENS T. Moving object detection in the H. 264/AVC compressed domain for video surveillance applications[J]. Journal of Visual Communication and Image Representation, 2009, 20(6): 428-437.

第7章 仿生视觉模型与图像处理

7.1 生物视觉机理

在生物的日常行为活动中，视觉是一个重要的感知器官，具有非常优秀的信息处理和数据筛选能力[1]。随着对生物视觉认知机制研究的发展，如何将生物视觉机制应用于机器视觉工程领域，是目前的热点研究课题之一[2]。国内外许多学者对灵长类、猫、蝇、螳螂虾等生物的视觉机理已经研究了数十年，取得许多成果，在这些成果中大量研究结果表明，通过借鉴生物视觉机理的技术手段或许能够解决机器视觉及图像处理领域中的许多关键问题[3]。

在对生物视觉机制的已有研究成果中，鉴于机器视觉本质上是力求采用计算机来替代人类视觉完成对场景的感知，因此国内外学者对人类视觉感知机制的关注最为广泛[4]，其中，对人眼视觉注意机制的研究较为深入。视觉注意机制是人眼视觉感知系统的一部分，与学习、记忆等模块协同工作[5]，通过注意焦点转移、模式匹配等，将感兴趣的目标从视觉场景中分离出来，为后续的目标检测、识别、跟踪等任务的实现提供便利[6, 7]。

以认知心理学、神经生理学为基础，众多学者对视觉注意这一人类心理和认知活动的重要机理进行研究并提出两种重要的理论模型：特征整合模型和整合竞争假设。由 Treisman 和 Gelade[8]提出的特征整合模型将预注意和注意的知觉加工过程相结合。在预注意阶段并行提取各类特征，在注意阶段则串行整合这些特征，并随着焦点的转移引导注意的转移。Duncan[9]提出整合竞争假设，他认为视觉场景中的物体通过竞争获得注意。当某一物体的重要性较大时会在竞争中获得胜利，注意将被分配至该物体，其他物体的注意则被抑制。该理论强调了获取注意过程中各物体间的竞争。

除了人眼的视觉注意机制外，生物视觉还有其他优越的机理。Eckhom 等[10]通过实验发现猫的大脑视觉皮层中与特征有关的神经元会产生同步激发或抑制现象，提出了脉冲耦合神经网络。该神经网络是由若干个神经元互相连接所构成的一种反馈型网络，神经元接收反馈输入和链接输入，并形成内部活动项，当内部活动项大于网络中的动态门限时，产生输出时序脉冲。在对海洋动物鲎的复眼进

行仿生研究后，Hartline 等[11]提出了“侧抑制”，一个神经元产生兴奋的同时会刺激附近的神经元使其也产生兴奋，而这种兴奋会对前者产生抑制。

此外，蛙眼也是一种具有代表性的视觉系统[12]。青蛙完全依靠视觉来捕获猎物、发现天敌。蛙眼的有效分辨距离很短，这可以帮助其清晰地判断出前景中的物体；但它并不关注场景中静止部分，只依靠物体的运动信息和大小信息就可以快速确定是否对该物体进行捕捉或逃避。因此，对蛙眼的这些外在行为表现进行研究分析，利用其视觉感知机理和神经生理特性，对运动图像目标检测的研究具有重要的指导意义。

近年来，对海洋生物螳螂虾的复眼视觉系统成为生物视觉机理研究中新的热点。螳螂虾（Mantis Shrimps）是一种海洋生物，又名虾蛄，其栖息环境几乎覆盖全世界所有海域以及所有深度的水域。从海洋表面到海洋中层直至海底，均生存着不同类别的螳螂虾，这种极强的环境光线适应能力在昆虫中是不多见的。这种能力与其结构复杂的复眼有关，也与视觉系统对水下光学环境感知特性有关。大量的研究证明螳螂虾的眼睛不仅能调节视觉系统适应不同的水下光学环境，还可以在极短的时间内识别感兴趣目标并做出反应，其捕获猎物速度在动物世界中列第 2 位。

迄今为止，国际上已有多个团队对螳螂虾视觉系统开展了生物解剖及生理学方面的研究，其中尤以 Schiff 及 Marshall 和 Cronin 所领导的两个科研团队[13~15]最具代表性，他们在多个领域方面取得了大量高水平的成果。

Schiff 等最早于 1963 年开始对螳螂虾的视觉系统进行研究，内容涉及到了螳螂虾的复眼外部结构、小眼视觉系统和视觉神经及中央髓质等。在生理学方面，该研究团队发现，螳螂虾复眼的外部结构复杂，每个小眼的可视域均不相同，且每个小眼的光谱敏感范围也不尽相同。此外，对螳螂虾不同虾类的视觉系统进行比较，并对照特定的栖息环境后发现，在自然进化过程中虾类逐步改进，优化其视觉系统，使其能够同所栖息的光学环境相匹配。在计算生物学方面，该团队率先对单一小眼视神经响应进行数学模拟，并提出相关表达式：$r(x_R,y_R,t)=L(x_I,y_I,t)\delta\left(x_R-\left(\left(\frac{(y_I-y_R)}{\tan(\alpha)}\right)-x_I\right)\right)$，其中，

$r(x_R, y_R, t)$ 为 t 时刻 (x_I, y_I) 处的光信息 $L(x_I, y_I, t)$ 所引起的小眼 (x_R, y_R) 的响应，α 为小眼视角，$\delta(\bullet)$ 为冲击函数，取决于单个小眼的敏感特性。此外，通过对螳螂虾 $T1$、$T2$、$T3$ 神经纤维信息传输及累积的研究，推导出累积过程的脉冲序列响应方式（见式（7.1）），这些成果为螳螂虾复眼工作模式研究奠定了基础。

$$R(y_C, t) = \sum_{x_R} L(x_0 + s_x(t), y_0 + s_y(t))\delta\left(x_R + x_0 - \frac{y_0 - y_R}{\tan(\alpha_{x_R})} - \frac{s_y(t)}{\tan(\alpha_{x_R})} + s_x(t)\right) \quad (7.1)$$

Marshall 和 Cronin 所领导的团队主要在解剖学、实验生物学和电生理学 3 个方面对螳螂虾的视觉系统进行了研究。1988 年，Marshall[14]对螳螂虾的色彩及偏振光敏感进行研究后认为感杆使螳螂虾能够感知不同的色彩，有助于视觉成像对比度的增强及真彩色的获取，此外微绒毛具有感受不同方向偏振光的能力，能够提取环境中的光谱—偏振信息。1996 年，Cronin 等[15]对螳螂虾的光谱敏感性进行深入分析后发现，其敏感光谱范围从 400 nm 到 700 nm。1997 年，Osorio 等[16]通过对螳螂虾视觉调节进行研究后发现，螳螂虾可以自主地调节其视觉敏感范围同外界光谱范围相一致。2009 年，Roberts[17]研究了螳螂虾光学系统消色差能力后指出，该生物视觉光学系统在效率及精密度上远优于人类系统。

除以上两个科研团队以外，其他研究者也对螳螂虾的复眼视觉系统进行了研究。例如，1988 年，Hardie[18]对螳螂虾复眼的外部结构及中央带小眼的内部结构进行分析后认为，螳螂虾复眼结构使其可以同时用 3 个以上的小眼观测同一目标，增加光敏度的同时可以实现距离的度量，获取场景、目标的空间信息。

可以看出，有关螳螂虾视觉系统的现有生物学研究成果，已充分揭示了在自然界中螳螂虾视觉系统相关机理对于水下环境的适应性及对目标检测的稳健性。这些成果将为水下光学成像目标检测技术研究提供重要启示和研究基础。

生物视觉系统对外界信息具有很好的认知和感知能力，将合适的生物视觉机理应用于图像数据计算进行图像目标检测，解决现有方法所存在的一些问题，提高图像目标检测的正确率。本章选取人眼、蛙眼及螳螂虾复眼为典型进行建模，模拟陆地环境，水面环境及水下环境中的生物视觉机制，分析了这 3 种生物视觉

机理对图像目标检测的作用和影响。针对不同的图像信息和不同的图像目标检测任务，对基于生物视觉机理的图像目标检测方法进行概述。

7.2 人眼视觉注意机制

人类视觉感知系统对目标的注意过程[19]如下。对整个视觉空间进行搜索，发现感兴趣场景后，固定对视网膜上形成的视觉场景的观察视角；眼球通过运动在当前视觉场景中搜寻感兴趣物体，发现感兴趣物体后，眼球停止搜寻移动；注意保持在感兴趣区域内，瞳孔对该区域进行聚焦及更为细致的观察。

在对目标的注意过程中，大脑对视觉所采集到的信息进行分层处理，同时，选择性地并行处理各层内部信息。大脑会产生这种选择性的原因有两点：一是视觉系统所获取的信息是海量的，大脑对信息的处理速度和存储容量相较之下非常有限；二是对于观察者而言，视觉系统所获取的信息并不是完全有用的，只有一部分需要进一步的处理和分析。因此，大脑只会选择部分重要信息并对其产生响应，使人类的视觉感知具备选择性，进而完成高层理解任务。这种选择性处理视觉场景信息的现象就是视觉注意机制。

7.2.1 人眼视觉注意机制原理

人类视觉系统无法全部处理和存储所接收到的海量视觉信息，并且并不是所有视觉信息都是有用信息[20]。人眼的视觉注意机制则能够快速搜寻到若干个感兴趣区域并优先对其进行处理[21]。

视觉注意机制是视觉感知中重要的组成部分，使人眼对视野范围内感兴趣的区域保持高分辨率的同时还可以对视野中其他区域保持一定的警戒[22]。

神经生理学的研究表明，视觉注意机制的实现过程不仅涉及到单个神经元的工作，整个视神经网络的各个层次都参与其中，包括视网膜、视觉皮层、丘脑和上丘阜等区域的协调合作[23]。这些区域相互协调合作的过程如图 7.1 所示。

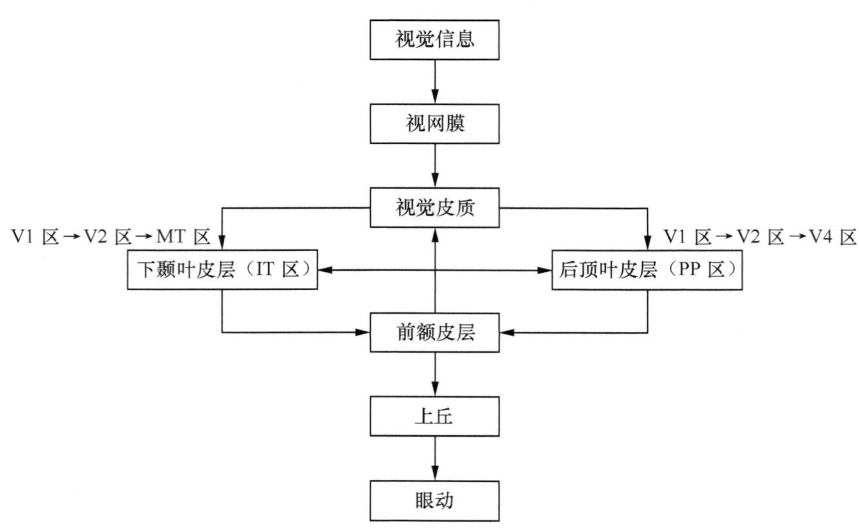

图 7.1　视神经多区域协调合作过程

视网膜上的感受器细胞能够将进入视野的光学信息转化为输出神经信号来影响其他细胞，共同完成一些初级处理工作。感受器细胞的分布是非均匀的，其中的杆状细胞在弱光下工作，锥状细胞在强光下工作，是人眼能够对感兴趣区域保持高分辨率并压缩其他视觉信息的生理基础。视觉系统在处理图像信息时，按照不同形式的感受野对信息进行抽取，只对特定区域内的信息产生响应，舍弃不重要或不感兴趣的信息。视网膜中有 M 细胞和 P 细胞，主要接收物体的形状、颜色等信息。在对视网膜中这两种细胞的感受野研究后发现，其形状是同心圆颉颃结构，刺激对细胞的影响在感受野的中心和外围是相反的。目前的研究结果表明，感受野主要有中心是兴奋区外围是抑制区的 on-中心型以及中心是抑制区外围是兴奋区的 off-中心型。视网膜不仅具有采集和转化信息的能力，还存在侧抑制现象，即一个细胞产生兴奋，会抑制周围神经细胞并使其产生竞争。

视觉皮层由以分层的方式进行连接并包含大量反馈的 V1 区、V2 区、V3 区、V4 区、IT 区、MT 区、PP 区等组成，完成对颜色、方向、形状、运动等信息的提取以及物体识别、空间关系分析、全局运动分析等任务。视觉皮层同样也存在侧抑制机制，这样在对目标进行识别和记忆时，神经元不会对重复出现的同种刺激一直产生响应，保证了注意转移的顺利进行。

丘脑和上丘皇位于大脑的中部，共同协作来确定隐式注意的位置和移动方向。

丘脑中信息通过视神经与视网膜相连，是信息通过视网膜至视觉皮层的连接。枕叶是丘脑的主要组成部分，与视觉皮层的所有部分相连，用于检测注意区域。上丘阜的网状细胞中的表层细胞对小的移动刺激很敏感，能够对视觉刺激进行初步定位，而深层细胞接收视觉皮层传递的全部信息，并将其映射至头动和眼动控制中心，在两者的共同作用下实现对注意的转移。

研究[24]表明，眼球转动和视觉注意转移都是由大脑中的上丘阜和前眼区等区域所控制，它们发生变化后指向的位置和方向基本一致。通常，注意转移比眼动更加容易实现，单位时间内眼动发生的次数仅为注意转移次数的一半，注意转移的主要目的是对各个候选的感兴趣区域进行分析，只有注意集中到最感兴趣区域时，眼动才会发生。因此，国内外学者普遍认为眼球转动是实现视觉注意转移的前提条件，只有当眼球发生转动时，人眼才能转移至高分辨率的中央凹区对视野进行搜索，再结合视觉注意机制将注意转移至感兴趣区域。

7.2.2　人眼视觉注意机制的基本模型

外界的视觉刺激和自身所具备的知识经验是获取和处理视觉信息所必需的[25]，按照对信息的处理方式划分，视觉注意分为自底向上的视觉注意和自顶向下的视觉注意。

（1）自底向上的视觉注意模型

自底向上的视觉注意是由数据驱动，不考虑特定的认知任务，由外界视觉刺激开始对信息的处理，实现对刺激的解释，主要通过对低层的图像特征进行视觉显著度计算来构建注意过程，速度较快。自底向上的视觉注意流程如图 7.2 所示，对输入图像进行不同尺度的采样，并对其提取多个简单特征，将得到多幅特征图融合成一幅显著图，注意点即为图中显著度最大的点，根据注意点确定注意目标。

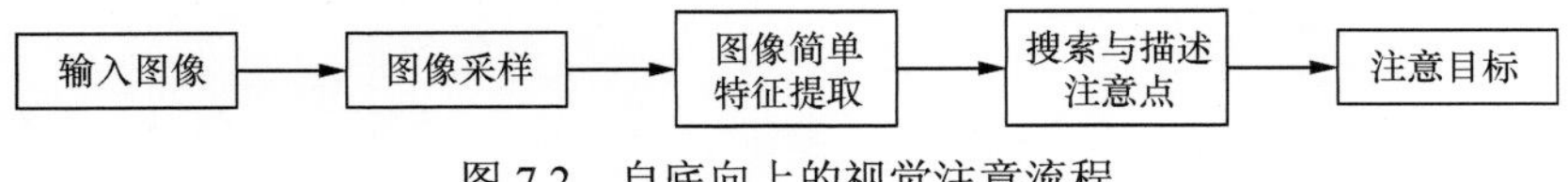

图 7.2　自底向上的视觉注意流程

目前，人们对自底向上的视觉注意模型研究较为广泛，大致可分为基于空间邻域对比度、基于频域分析和基于信息理论的视觉注意模型。

基于空间邻域对比度的视觉注意模型的主体思想是在空间域中计算图像各个

位置的视觉显著度，并用来表示受注意程度的大小。首先，确定模型的感知单元，一般为像素点或图像块，计算每个感知单元与周围邻域或整幅图像在不同尺度不同特征下的对比度，将这种对比度作为显著度来衡量；然后，根据不同特征之间的竞争或融合关系得到每个感知单元最终的显著度，并将其作为该感知单元最终的显著度，形成一幅视觉显著图；最后，根据视觉显著图的特点，定义某种机制来选择感兴趣区域，实现对视觉注意机制的模拟。这类方法所需的计算特征易于提取，适用于前期对注意焦点的检测。

基于频域分析的视觉模型的主体思想是利用傅里叶变换、小波变换等方法，将图像从空间域映射至频域，在频域进行分析，找出可以代表图像显著特征的部分，最后再反变换至空间域得到图像的显著图。这类方法的实时性较高且易于实现，对于噪声有一定的顽健性，并对简单场景图像和心理学模式的图像应用效果较好。

基于信息理论的视觉注意模型是基于人类感知系统是从周围自然信号的统计特性发展而来这一认知形成的。因此基于信息理论的视觉注意模型是根据信号的统计特征来推导视觉注意机制，常用的方法有信息最大化、图论、中心—周边判别理论等。

（2）自顶向下的视觉注意模型

自顶向下的视觉注意受意识的影响，根据具体任务情况，是一种由感知对象的先验知识开始的信息处理过程。在提前获得场景或目标的先验知识的基础上，再对图像构建注意过程并进行指导，速度相对较慢。自顶向下的视觉注意流程如图 7.3 所示。

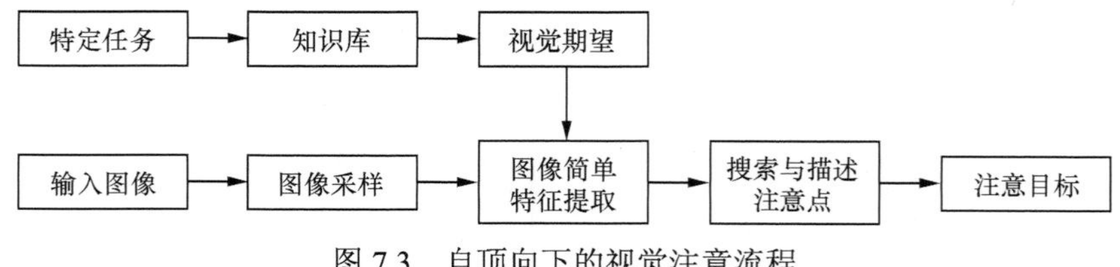

图 7.3　自顶向下的视觉注意流程

自顶向下的视觉注意模型需要根据某一特定的任务获取相应的视觉期望作为先验知识，即需要根据目标对象的特点形成对其的期望或假设，在场景中进行视觉搜寻，这与人的主观意识、经验积累、记忆等高层信息有关。高层信息能够让大脑只关注感兴趣部分的信息。对于图像处理，根据先验知识可以调整基于候选感兴趣区域的尺寸、形状、尺度等特征，确定感兴趣区域的数量、类型和相关的

阈值参数等。由于目前的科学研究还无法解释大脑是如何理解视觉皮层传递来的信息，因此还没有针对高层信息的这种指导作用所建立的视觉注意模型。对于目前已经建立的自顶向下的视觉注意模型的应用，大多是基于具体任务的感兴趣区域提取模型，这类模型的建立方法大体可分为两种：一种是根据具体的任务建立相应的感兴趣区域模型，从中提取特定的特征；另一种是在自底向上的视觉注意模型的基础上，通过对训练样本的监督和学习，调整模型中的阈值参数或数据整合加权系数，从而实现自顶向下的感兴趣区域提取。

7.3　蛙眼视觉分层感知机制

在数百万年的时间里，自然界中许多生物为了生存，逐渐进化出一套独特的、适合自身种群的视觉机理。例如，蛙眼的视觉机理就与人眼有很大的差别，青蛙能够通过其视觉系统快速感知视野中的运动物体。

7.3.1　蛙眼结构及神经机理

蛙眼主要由角膜、晶状体、虹膜和瞳孔、视网膜这 4 部分组成，结构如图 7.4 所示。

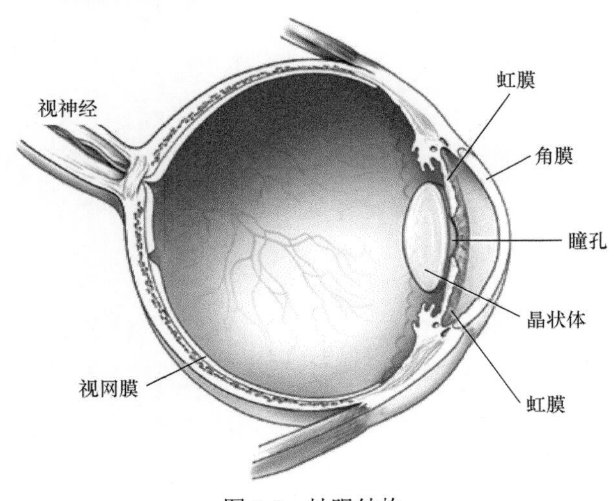

图 7.4　蛙眼结构

角膜是一层透明薄膜，其主要作用与透镜相似，聚焦弯曲射入蛙眼的光线从而实现成像。

虹膜是由呈环形排列的肌肉组织构成，瞳孔则是虹膜中心位置的一个小孔。虹膜中的肌肉组织的收缩和扩大，使瞳孔的大小发生相应的变化，而瞳孔主要控制进入蛙眼的光线强弱。

晶状体位于角膜后面，其主要作用是完成聚焦成像。由于晶状体呈圆形，青蛙既有较为开阔的视野，又能够聚焦到很小的物体上，同时这也是青蛙的视觉场景中背景模糊、前景清晰的原因。

视网膜是位于蛙眼最后面的一些由感光物质构成的薄膜，其主要作用是使所有的视觉信号在此聚集成像。蛙眼视网膜包含敏感度较高的视杆细胞、敏感度较低的视锥细胞、由双极细胞、横向细胞以及无长突细胞构成的神经元，其结构如图 7.5 所示。

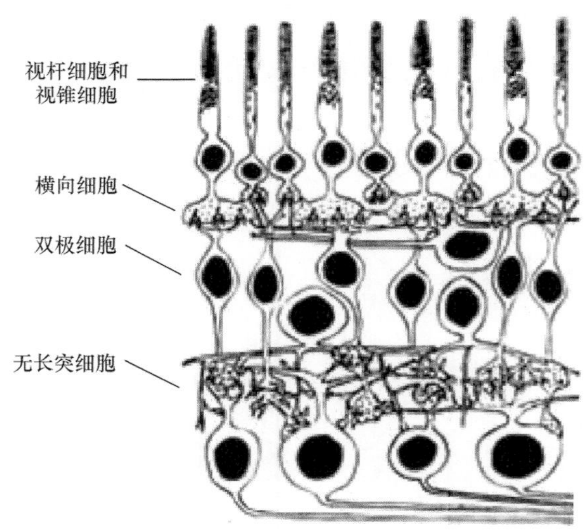

图 7.5　蛙眼视网膜结构

蛙眼有 4 种几乎完全独立的处理方式对其接受到的视觉信号进行处理，这 4 种处理方式不受视觉信号的光照强弱影响，处理结果均传递给均匀分布在蛙眼视网膜中的某一组特定的神经纤维感知细胞[26]。这 4 种处理方式为[27]：1）连续反差对比检测；2）凸边检测；3）运动边缘检测；4）本质变暗检测。

连续反差对比检测的主要作用是确定是否存在突变的边界[28]。边界突变反差

很大的一般为运动物体，而边界突变反差较小的是静止物体。当具有较大边界突变反差且与背景明暗程度不同的物体运动至蛙眼感受野时，无髓鞘神经纤维细胞的感受野受到刺激会迅速输出连续的电信号。如果没有信号刺激感受野，在无髓鞘神经纤维细胞的作用下，之前的刺激在感受野中形成的对比反差会被记忆下来，这些记忆可以存在约 1min。

凸边检测器主要检测暗运动目标是否有弯曲的边界。凸边检测器只对具有不规则弯曲边界的暗运动目标产生响应。当目标停止运动后，该目标会被记忆，作为视觉场景中弯曲边界的位置信息。随着运动目标从场景中消失，凸边检测器对该目标的记忆也将逐渐消失。

运动边缘检测主要是判断场景中是否有运动的边缘。只要场景中存在运动边缘，运动边缘检测器就会产生响应，其响应情况只会随着运动边缘的运动速度发生改变。

本质变暗检测是用于描述目标区域是如何变暗的。作用于这种检测上的有髓鞘神经纤维细胞的感受野是 on 型，其响应强度与相对距离以及目标区域变暗的速度有关。

这 4 种处理方式均与光照强度无关，且前两种检测器的数量约为后两种检测器数量的 30 倍[29]。

7.3.2 蛙眼视觉行为的外在表现

青蛙与大多数生物一样，主要依靠其视觉系统捕获猎物、发现天敌[30]。蛙眼视觉是活动稳定的，青蛙在观察运动物体时，双眼并不会像人眼一样随物体运动。当青蛙的身体不再静止，其整个视觉场景会相应地进行旋转，需要通过补偿性的眼动来保持视觉场景的稳定性。

蛙眼只有很短的有效分辨距离，是天生的“近视眼”，其视觉场景的背景模糊、前景清晰，使其可以清楚地判断出目标物体，从而更加准确地捕获猎物或发现逃避天敌。

蛙眼不关注视觉场景中的静态部分的细节，甚至无法发现距离非常近的静止昆虫，并且主要根据物体的运动信息和大小信息确定其是否为目标，对于不是猎物的小的运动物体，青蛙也会将其看作猎物而进行捕获。

青蛙对视觉场景中的运动目标具有一定的记忆能力。若蛙眼的视觉场景内一直存在一个运动的目标物体，青蛙对其产生记忆，该物体静止不动，这种记忆也可以保持一段时间，这有利于青蛙连续检测和跟踪视觉场景中运动目标。

7.4 螳螂虾视觉正交侧抑制机制

7.4.1 螳螂虾偏振视觉机制

在水下环境中，由于水体及悬浮颗粒对光线的吸收和散射作用较大，光线的能量在传播过程中迅速衰减，即使是在较为清澈的 I 类水体，在水下 40 m 深度的场景中，自然光中只有黄绿色光谱带存在，而其他谱段的光线强度几乎为 0。在此情况下，光线的偏振信息是场景中的最显著信息。对于这种信息，螳螂虾视觉具有较为出色的偏振感知能力，它们的视觉神经系统在偏振计算方面具有较大的优势。能够为水下偏振信息处理提供有价值的线索，也为偏振计算提供一个可借鉴的技术路线。

通过第 2 章的分析，螳螂虾复眼能够感知 6 种不同方向的偏振光，在神经网络第一层级弹药筒薄板层中神经纤维排列及交错规律暗示对偏振光的第一步处理采用的是侧抑制机理，实现一种“减法”神经计算。这种“减法”运算同前端相互正交的偏振信息获取相匹配，形成一种偏振视觉正交侧抑制机制。这种偏振视觉正交侧抑制机制实际上是以两个方向相互垂直的偏振信息差异替代对单一方向偏振信息的神经计算。在这种正交侧抑制机制作用下，所形成的 6 组偏振侧抑制对分别为：30°/120°、120°/30°、75°/165°、165°/75°以及左旋/右旋、右旋/左旋。每一侧抑制对中一组感光细胞的输出将会抑制另一组感光细胞的输出，如 30°方向和 120°方向这组侧抑制对，30°方向的输出将会抑制 120°方向的输出，这样便形成了一种正交侧抑制关系，本书将其称为偏振正交侧抑制机制。

水下物理光学及实验生物学的研究成果证明，这种视觉正交侧抑制更加有

利于水下偏振特征提取，所获取的偏振特征与原始偏振信息及 Stokes 模型参数相比，在目标和背景间具有更小的类内差异性和更高的类间差异性，偏振特征一目标间的对应关系更加明晰，有利于后端偏振检测任务。此外，这种视觉正交侧抑制还具有计算复杂度较低的优势，能够以较小的计算为代价换取偏振检测性能的提高。

7.4.2 视觉正交侧抑制模型及偏振信息计算模型

鉴于视觉正交侧抑制性能优势，根据这种螳螂虾偏振信息获取方式及其视觉信息响应特性，建立仿虾视觉偏振视觉正交侧抑制模型。模拟螳螂虾偏振正交侧抑制机制，两个相互正交的偏振信息输入到对应的侧抑制通道中进行加权“减法”运算，产生新的 6 组响应作为侧抑制通道的最终输出，作为偏振特征，其数学模型如图 7.6 所示。其中，对于一组侧抑制信号间的“减法”计算是其中的核心。

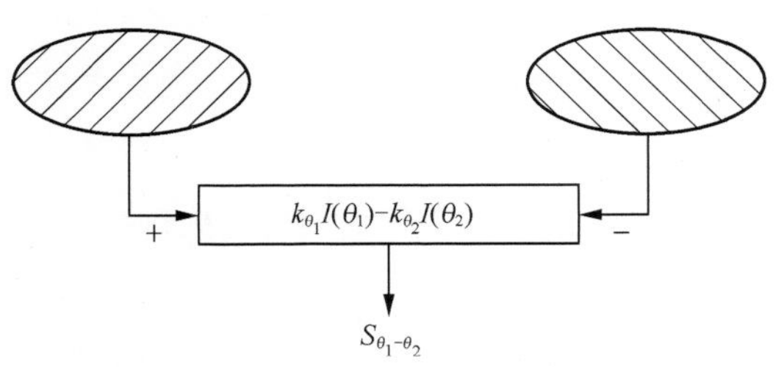

图 7.6 侧抑制数学模型

7.5 仿生视觉机制的图像处理

生物的视觉系统具有非常优秀的信息处理和筛选能力，能在极短的时间内捕捉到视域内的显著目标，并随着焦点的不断转移搜索任务目标。随着生物学、心理学以及解剖学的快速发展，如何利用生物的视觉特性，应用于工程领域，是目前研究的热点问题之一。国内外的学者对灵长类、蝇、沙蚁等生物的视觉机理的研究已进行了数十年，并取得了丰富的研究成果。大量研究成果表明，生物视觉中的多种信息处理机制，在图像智能处理领域有着广泛的发展潜力和应用空间。目前在生物视觉机理方面的研究较多的是陆地上的灵长类生物，如鲎、蝇、蛙等动物的复眼视觉系统及人眼视觉系统和猫视觉皮层的仿生。目前，在图像处理中，最为成熟且应用最为广泛的仿生模型为视觉注意机制模型。视觉注意机制是视觉感知信息处理系统的一种主动策略，具有选择性、竞争性和定向性等特点，它与学习、记忆模块等协同工作，通过注意焦点在多个目标间转移，完成注意目标与记忆中的模式匹配等任务。研究视觉的选择性注意机制，可以模拟人类视觉的定位过程，快速搜索到容易引起注意的图像区域，为后续的图像处理任务提供便利[31]。通过视觉注意机制，把复杂的视觉任务分解为一系列简单任务的组合，从而指导目标的定位、分割和识别等任务的实现。Treisman 和 Gelade[32]在 1980 年提出了特征整合模型，对仿生视觉注意机制模型的发展起到了巨大的作用，其后，视觉注意模型特别是视觉注意的计算模型得到了迅速的发展。1998 年，Itti 和 Koch[33]提出了第一个具有生物合理性的自底向上视觉注意计算模型。Itti 模型是基于 Treisman 的特征整合理论的视觉注意模型提出的。该模型可以在自然环境下模拟人类视觉系统，随着注意焦点的转移注意图像中感兴趣区域。在此之后，人们对仿生视觉机制的图像处理方法的研究兴趣与日俱增。如 Hou 等[34]利用谱残差（SR，Spectral Residual）的方法在频域进行处理得到图像的显著性图。Park 等[35]利用独立成分分析（ICA，Independent Component Analysis）的方法来优化自然图像的显著性区域。Harel 等[36]模拟视皮层的功能，利用拓扑图结构和并行算法，提出基于图模型的显著区域检测方法。Sun 等[37]利用“groupings”构造了基于目标和基于位置的视觉注意通用模型。国内对基于注意机制的显著性方面也展开了广泛的研究，如华南师大心理学系、中科院心理研究院以及众多高校等研究机构在计算视觉方面都取得了一定的研究成果[38]。

除了高等生物所拥有的视觉注意机制，昆虫的复眼系统的视觉机制也引起了广泛的关注。从 1993 年开始，郭爱克[39, 40]领导的团队对果蝇视觉认知进行长达 20 年的深入研究。中科院的唐世明等[41]通过对果蝇大量实验，研究发现昆虫视觉与脊椎类动物相似，都具有视觉不变性。而视觉不变性是高等动物视觉系统的基本特征之一。而与人类视觉相比，果蝇视觉神经系统要简单得多，因此对果蝇视觉系统的研究对解开认知科学的诸多谜团具有极为重要的意义。除了认知科学中

对昆虫视觉机制的研究，西北工业大学李言俊教授领导的团队[42, 43]对蝇复眼的各种视觉机制进行研究，将研究结果应用于红外制导等军事领域之中。

在仿生偏振信息处理方面，目前的研究多集中于天空偏振光接收及处理。2009 年，张强[44]从工程实现的角度设计了一种嵌入式仿生偏振导航传感器样机，分析了沙蚁利用偏振光进行导航的机理，设计了仿沙蚁复眼的偏振光接收结构。2013 年，高丽娟[45]设计了仿沙蚁 POL-神经元的航向译码模型通过模仿沙蚁感知偏振光并解析航向信息的 3 个层次，设计了一种仿沙蚁神经处理机制的 APPO 导航信号处理模型，实现了大气偏振模式的 E-矢量分布与航向信息之间的映射。2013 年，胡良梅、高丽娟等[46]通过模仿沙蚁感知偏振光并解析航向信息的 3 个层次，即小眼阵列对偏振信息的接收、POL-神经元的信息响应以及大脑神经元的航向计算，设计了一种仿沙蚁神经处理机制的偏振光导航信号处理模型，实现了全天域大气偏振模式的 E-矢量分布与航向信息之间的映射。2014 年，李彬和关乐模仿昆虫偏振导航机理，设计了成像式仿生偏振导航传感装置样机，能够较高精度地输出导航角度,可以满足实时导航定位的需要。此外，合肥工业大学[47]、大连理工大学[48]、西北工业大学[49]、北京邮电大学[50]和北京航空航天大学等均在仿生偏振光获取及处理问题上进行了积极探索和研究。

在水下，螳螂虾对场景中目标感知过程本质上是良态的和适定的。这与水下复杂光学环境中目标检测任务具有深刻的相似性和生物学上的合理性。在工程领域，仿水下螳螂复眼的应用也取得了一系列成绩，如 Schiff[51]以光学纤维模拟螳螂虾复眼中小眼光学信息敏感信道，模拟视觉神经信息处理机制对水下目标的定位。此外，美国军方开展小型水下武器制导研究报道（但限于军方保密，难以了解更详细的信息）等。

参考文献

[1] WOLFE J M. Visual memory: what do you know about what you saw[J]. Current Biology, 1998, 8(9): 303-304.

[2] ITTI L. Automatic foveation for video compression using a neurobiological model of visual attention[J]. IEEE Transactions on Image Processing, 2004, 13(10): 1304-1318.

[3] LI H. Saliency model based face segmentation and tracking in head-and-shoulder video sequences[J]. Journal of Visual Communications and Image Representation, 2008, 19(5) :320-333.

[4] BROADBENT S R, HAMMERSLEY J M. Percolation processes I: crystals and mazes [J]. Proc Cambridge Philos Soc, 1957, 53(629): 41-47.

[5] TREISMAN A M. Contextual cues in selective listening[J]. Quarterly Journal of Experimental Psychology, 1960, 12(4): 242-248.

[6] DEUTSCH C V, JOURNEL A G. Geostatistical software library and users guide [M]. New York: Oxford University Press, 1992.

[7] KAHNEMAN D, TVERSKY A. Prospect theory: an analysis of decision under risk [J]. Econometrica: Journal of the Econometric Society, 1979: 263-291.

[8] TREISMAN A M, GELADE G. A feature-integration theory of attention[J]. Cognitive Psychology, 1980, 12(1): 97-136.

[9] DESIMONE R, DUNCAN J. Neural mechanisms of selective visual attention[J]. Annual Review of Neuroscience, 1995, 18(1): 193-222.

[10] ECKHORN R, REITBOECK H J, ARNDT M, et al. Feature linking via synchronization among distributed assemblies: simulations of results from cat visual cortex[J]. Neural Computation, 1990, 2(3): 293-307.

[11] HARTLINE H K, RATLIFF F. Inhibitory interaction of receptor units in the eye of Limulus[J]. The Journal of General Physiology, 1957, 40(3): 357-376.

[12] 赵亮. 青蛙视觉行为的初步研究与计算机模拟[D]. 武汉：武汉理工大学，2003.

[13] MARSHALL J, THOMAS W C, KLEINLOGEL S. Stomatopod eye structure and function: A view[J]. Arthropod Structure and Development, 2007, 36(4): 420-448.

[14] MARSHALL J. A unique colour and polarization vision system in mantis shrimps[J]. Nature, 1988, 333(6173): 557-560.

[15] CRONIN T W, MARSHALL J, CALDWEL R L, SHASHAR N. Specialisation of

retinal function in the compound eyes of mantis shrimps[C]//Vision Research. 1994, 34: 2639-2656.

[16] OSORIO D, MARSHALL J, CRONIN T W. Stomatopod photoreceptor spectral tuning as an adaptation for colour constancy in water[J]. Vision Research, 1997, 37(23): 3299-3309.

[17] ROBERTS N, CHIOU T, MARSHALL J. A biological quarter-wave retarder with excellent achromaticity in the visible wavelength region[J]. Nature Photonics, 2009, 3(11): 641- 644.

[18] HARDIE R. The eye of the mantid shrimp[J]. Nature, 1988, 333(6173): 499-500.

[19] 王岩. 视觉注意模型的研究与应用[D]. 上海：上海交通大学, 2012.

[20] 田明辉，万寿红，岳丽华. 自然场景中的视觉显著对象检测[J]. 中国图象图形学报，2010, 15(11): 1650-1657.

[21] LEE T S. Computations in the early visual cortex [J]. Journal of Physiology-Paris, 2003, 97(2): 121-139.

[22] DESIMONE R, DUNCAN J. Neural mechanisms of selective visual attention[J]. Annual Review of Neuroscience, 1995, 18(1): 193-222.

[23] HUBEL D H. Eye, brain, and vision[M]. Scientific American Library,1995.

[24] ACHANTA R, HEMAMI S, ESTRADA F, et al. Frequency-tuned salient region detection[C]//Computer Vision and Pattern Recognition. 2009: 1597-1604.

[25] 田媚，罗四维，齐英剑，等. 基于视觉系统“What”和“Where”通路的图像显著区域检测[J]. 模式识别与人工智能，2006, 19(2): 155-160.

[26] 杨雄里. 视觉的神经机制 [M]. 上海：上海科学技术出版社，1996.

[27] LETTVIN J Y, MATURANA H R, MCCULLOCH W S, et al. What the frog’s eye tellsthe frog's brain[J]. University of Pennsylvania Law Review, 1968, 154(3): 233-258.

[28] MATURANA H R. Number of fibres in the optic nerve and the number of ganglion cells in the retina of anurans[J]. Nature, 1959, 138: 1406-1407.

[29] INGLE D. Disinhibition of tectal neurons by pretectal lesions in the frog[J]. Science, 1973, 180(4084): 422-424.

[30] 赵亮，王天珍，刘永红. 青蛙视觉行为与计算机模拟概述[J]. 武汉理工大学学报，2003, 25(4): 5-9.

[31] 谢春兰. 视觉注意计算模型及其在目标检测中的应用[D]. 重庆：重庆大学，2009.

[32] TREISMAN A M, GELADE G. A feature-integration theory of attention[J]. Cognitive Psychology, 1980, 12(1): 97-136.

[33] ITTI L, KOCH C, NIEBUR E. A model of saliency-based visual attention for rapid scene analysis[J]. IEEE Transactions on Pattern Analysis and Machine Intelligence, 1998, 20(11): 1254-1259.

[34] HOU X D, ZHANG L Q. Saliency detection: a spectral residual approach[C]//IEEE Conference on Computer Vision and Pattern Recognition (CVPR'07), Minneapolis. Minnesota, USA, 2007: 1-8.

[35] PARK S J, AN K H, LEE M. Saliency map model with adaptive masking based on independent component analysis[J]. Neurocomputing, 2002, 49: 417-422.

[36] HAREL J, KOCH C, PERONA P. Graph-based visual saliency[C]//Advances in Neural Information Processing Systems 19: Proceedings of the Conference on Neural Information Processing Systems(NIPS 2006). 2006: 545-552.

[37] SUN Y R, FISHER R. An object-based visual attention for computer vision[J]. Artificial Intelligence, 2003, 146(1): 77-123.

[38] 李敏学. 基于注意力机制的图像显著区域提取算法分析与比较[D]. 北京：北京交通大学，2011.

[39] 唐孝威，郭爱克. 选择性注意的统一模型[J]. 生物物理学报，2000, 16(1): 187-189.

[40] 郭爱克，刘正，冯春华. 蝇髓部细胞的运动敏感性[J]. 生物物理学报，1987, 3(3):298-305.

[41] 唐世明. 果蝇的视觉模式识别具有视网膜位置不变性[J]. 中国科学院院刊，2004, 19(6): 446-448.

[42] 李言俊，张科. 蝇复眼仿生技术在全方位成像制导中应用的探索研究[J]. 航空兵器, 1999,(2): 35-37.

[43] 王红梅，李言俊，张科. 生物视觉仿生在计算机视觉中的应用研究[J]. 计算机应用研究，2009, 26(3):1157.

[44] 张强. 仿生偏振导航传感器样机设计与实现[D]. 大连：大连理工大学，2008.

[45] 高丽娟. 仿沙蚁偏振感知机制的 APPO 导航方法研究[D]. 合肥：合肥工业大学，2013.

[46] 胡良梅，高丽娟，等. 仿沙蚁神经处理机制的偏振光导航方法研究[J]. 电子测量与仪器学报，2013, 27(8): 703-708.

[47] 范之国，高隽，魏靖敏，等. 仿沙蚁 POL-神经元的偏振信息检测方法的研究[J]. 仪器仪表学报，2008, 29(4): 745-749.

[48] 姚弘轶. 面向仿生微纳导航系统的天空偏振光研究[D]. 大连：大连理工大学，2006.

[49] 高付民，赵海盟，杨福兴，等. 仿生偏振导航光电测试系统的设计与实现[J]. 计算机工程与设计，2012, 33(8): 3230-3234.

[50] 罗建军，杜涛，杨健，等. 基于光电检测的偏振方位角计算方法研究[C]//第 33 届中国控制会议. 南京，2014: 936-941.

[51] SCHIFF H, BOARINO P C, CORSO D D, et al. A hardware implementation of a biological neural system for target localization[J]. IEEE Transactions on Neural Networks, 1994, 5(3): 354-362.

第 8 章

仿蛙眼视觉分层机制的强散射环境背景建模

8.1 引言

针对图像目标检测等对图像目标真实轮廓检测有较高要求的图像处理任务，强散射光学环境中的图像目标检测除了会面对图像目标特征衰减所造成的特征可分性低、图像目标运动状态多变、复杂背景干扰所造成的困难外，还会产生因强散射环境而导致的图像目标检测正确率下降的问题。

在强散射环境中，光照条件发生变化时，如水下辅助光源的开关、遮挡物干扰等，图像目标检测方法在区分背景和前景的速度上往往滞后于实际环境的变化，将导致大面积的背景点被当作目标点，而真实的目标则可能被淹没，影响检测结果。

复杂场景中常会出现由于虚假目标扰动等造成的非平稳背景的情况，这使在对运动图像目标的真实轮廓进行检测时，检测方法可能会误将部分非平稳背景当作目标。

在自然界生物的视觉中，青蛙的视觉系统具有较为快速的运动目标检测能力[1]。因此，针对上述两类强散射环境中影响运动图像目标检测正确率下降的问题，本章将借鉴蛙眼视觉感知的相关特性，仅利用图像序列中的灰度信息，结合仿生背景建模方法，介绍一种仿蛙眼式分层背景建模方法，用于强散射环境的背景建模及运动图像目标分割。

本章从蛙眼视觉感知方式、蛙眼视觉感知信息处理模式、仿蛙眼式分层背景建模的运动图像目标检测方法 3 个方面，并以水下光学环境为典型强散射环境，阐述如何利用蛙眼视觉感知的相关特性建立仿蛙眼分层背景模型，解决强散射环境中运动图像目标检测所存在的问题。

8.2 蛙眼视觉感知方式和信息处理模式设计

8.2.1 蛙眼视觉感知方式

青蛙主要依靠其视觉系统来捕获猎物、发现天敌，是一种将眼睛作为主要感

知器官的低等脊椎类动物。但与其他大多数生物不同的是，当青蛙静止不动时，视觉环境中几乎没有信息从其视网膜—顶盖通路投射至大脑，即青蛙“看不见”视野范围中的静止部分，即使是离青蛙很近的静止物体，青蛙对其也无法察觉。对于蛙眼视觉感知系统来说，目标物体的运动信息是青蛙能否对该目标物体进行捕捉的关键。

青蛙眼睛中的晶状体使青蛙的视野范围较大、聚焦位置在其眼睛前方 6 英寸处。基于此，青蛙视网膜上的图像呈现背景模糊、前景清晰的状态，这样青蛙就能够更加准确、快速地捕捉猎物、逃避天敌。但青蛙并不会像人类为了搜寻、追随感兴趣物体而进行眼睛的运动，青蛙的身体位置如果发生改变，其视觉场景都会发生翻转。此时，青蛙为了保持其视网膜上图像的稳定性，会进行补偿性的眼动。

蛙眼的视网膜上没有同心圆状的感受野，只有连续反差对比检测细胞、凸边检测细胞、运动边缘检测细胞、本质变暗检测细胞 4 种对视网膜上场景中某类特定的特征有反应的神经元细胞，透过神经元细胞来确定视觉场景里较为清晰的前景部分中的运动信息传递至连接大脑的视觉神经，由大脑发出行为反应指示指导青蛙的捕猎、避害等行动。

针对图像目标检测任务，本章着重考虑蛙眼视觉中的 3 种感知特性和神经生理特性。

1）蛙眼的有效分辨距离很短，可以使视觉场景中的背景部分变模糊，而前景部分变清晰，这样蛙眼就可以清晰地分辨出前景中的目标物体。

2）青蛙对视觉场景中的运动目标和背景具有一定的记忆能力，并且一旦对目标物体产生注意，注意不易被分散。

3）青蛙的视网膜及其纤维能够对视觉场景中亮暗区之间的局部对比以及运动区域中的亮暗边界起反应，且这种反应的记忆可以持续至少 1min。

8.2.2　仿蛙眼视觉信息处理模式设计

对于视网膜上呈现的场景信息，由于蛙眼很短的有效分辨距离，使其主要在清晰的前景信息中寻找运动目标，忽略模糊的背景信息。借鉴蛙眼这一特性，在机器视觉领域，首先对输入图像进行分块，以子块为处理单元粗糙地对图像的前景、背景进行区分，然后忽略背景区域，只在前景区域进行以单个像素为处理单元的目标检测。这种方法不仅可以简单地将前景部分提取出来，在前景区域对目标真实轮廓进行精细地检测，而且忽略背景部分的信息能够大大减少处理方法的计算量，另外，以子块为单元的处理方法还能够在一定程度上减小非平稳背景对目标检测准确性的影响。

青蛙对于视觉场景信息有一定的记忆能力，基于这一特性，在机器视觉领域可以对场景的某些特征信息进行记录、更新等操作。具体来说，对已经区分出的背景区域和前景区域分别进行建模，并对背景部分的特征参数信息进行实时的记录和更新，以便更好地实现对运动目标持续、准确的检测，同时还可以减小场景中光照等变化对目标检测的影响。

根据青蛙的视网膜及其纤维对视觉场景中亮暗信息较为敏感这一特性，可以选择亮度特征以及反映图像亮度分布情况的纹理特征作为运动目标真实轮廓检测过程中所需的图像信息。在机器视觉领域，有多种成熟的亮度特征、纹理特征提取方法，且方法的特征提取效果较好、计算复杂度较低。

8.3 仿蛙眼式分层背景建模的运动目标检测

基于蛙眼视觉感知信息的处理模式，本章提出一种基于分层背景建模的运动目标检测方法，分别采用基于子块和单个像素的背景建模方法根据亮度信息、纹理信息对运动目标的准确轮廓进行检测。本章以水下场景中的图像背景建模及图像目标检测为具体应用实例，论述仿蛙眼式分层背景建模及其基础上的运动图像目标检测方法。

8.3.1 水下运动图像目标检测方法总体设计

首先，根据亮度信息，采用基于子块的背景建模方法将不同的图像子块分为背景区域和粗糙的图像目标区域，在过滤掉背景提取出粗糙的前景的同时完成模型的背景更新操作；然后，对粗糙目标区域中的每一个像素点进行纹理特征分析、建立背景模型，得到准确的图像目标轮廓。运动图像目标检测方法流程如图 8.1 所示。

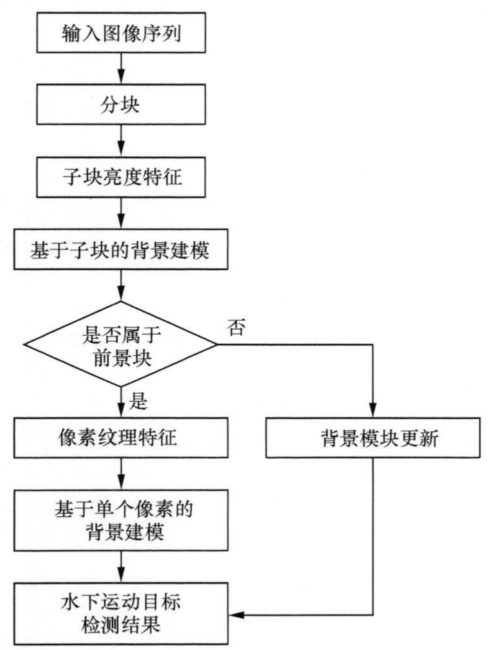

图 8.1　基于蛙眼视觉感知的水下运动图像目标检测流程

基于子块的背景建模方法考虑到了各像素点间的空间相关性，能够应对场景中的全局变化情况，并且对背景的局部运动不敏感，因此可以有效抑制水草摇动、水纹波动等非平稳背景的影响。但由于该方法是对每一个子块进行操作，得到的是块效应较为严重的粗糙目标区域，有可能造成目标变形，无法应用于对图像目标检测精度要求较高的场合。另外，在基于子块的方法中，当背景建模所使用的灰度特征无法有效区分背景与目标时，会造成目标缺失；图像目标边缘等细节可能会被划分至不同子块，当这些细节所占区域远小于子块尺寸时，其对子块的整体特征影响较小，也会造成目标缺失。

基于单个像素的背景建模方法能够提取到更为精细的目标信息。对于基于子块的方法所产生的块效应，利用基于像素的背景建模方法能够对已检测出的粗糙的图像目标区域进行更精确的检测，以消除块效应。对于可能产生的目标缺失问题，在采用基于单个像素的方法做进一步处理时，其作用域不单单只包含已检测出的粗糙的图像目标区域，还应包括图像目标周围的区域。但由于该方法在像素的周围非常小的邻域内进行操作，只考虑到了小范围的像素点间的空间相关性，在非平稳场景下会对结果产生误判。

由上可见，基于子块和单个像素的两种不同层次的背景建模方法是互补的，本章将这两种方法相结合，构成一种分层背景建模用于水下运动图像目标检测。为了降低算法的复杂度，在检测过程中遵循下述规则。

（1）基于子块的方法采用一组像素点来判别其为背景或目标，该方法对背景的判别结果较为可信，即基于子块的方法所检测出的背景区域内无需再采用基于单个像素的方法做进一步判决，只需以子块的灰度信息来更新背景模型使其能适应场景的缓慢变化。

（2）在基于子块的方法中被判别为目标的区域，其中所包含的大多为真实的目标点和不稳定的目标点，因此需要采用基于单个像素的方法对该区域的所有像素点做背景/目标点的判别，并且消除检测结果的块效应。

（3）由于粗糙的目标区域中包含的大多为目标信息，所以不需要更新该区域内的像素点的背景模型，而只需对基于子块的算法所检测出的背景区域内的所有像素点进行更新。

8.3.2 基于子块的背景建模及粗糙目标区域提取

（1）亮度特征向量提取

将待处理的水下视频中的某一帧图像划分为 $M\times N$ 个互不重叠的子块，分别提取每一个子块的亮度特征并对该特征建模。根据以 BTC 图像压缩方法为基础的子块特征向量描述方法[2]，本章根据该方法从每一个子块中提取亮度特征向量 $\boldsymbol{v}=\{\mu_{ht},\mu_{hb},\mu_{lt},\mu_{lb}\}$。

$$\mu=\frac{1}{MN}\sum_{m=1}^{M}\sum_{n=1}^{N}x_{m,n} \tag{8.1}$$

$$\mu_h=\frac{\sum_{m=1}^{M}\sum_{n=1}^{N}\left(x_{m,n}\mid x_{m,n}\geqslant\mu\right)}{\sum_{m=1}^{M}\sum_{n=1}^{N}\begin{cases}1, x_{m,n}\geqslant\mu\\0,其他\end{cases}} \tag{8.2}$$

$$\mu_l = \frac{\sum_{m=1}^{M}\sum_{n=1}^{N}\left(x_{m,n} \mid x_{m,n} < \mu\right)}{\sum_{m=1}^{M}\sum_{n=1}^{N}\begin{cases}1, x_{m,n} < \mu \\ 0, \text{其他}\end{cases}} \tag{8.3}$$

$$\mu_{ht} = \frac{\sum_{m=1}^{M}\sum_{n=1}^{N}\left(x_{m,n} \mid x_{m,n} \geqslant \mu_h\right)}{\sum_{m=1}^{M}\sum_{n=1}^{N}\begin{cases}1, x_{m,n} \geqslant \mu_h \\ 0, \text{其他}\end{cases}} \tag{8.4}$$

$$\mu_{hb} = \frac{\sum_{m=1}^{M}\sum_{n=1}^{N}\left(x_{m,n} \mid \mu \leqslant x_{m,n} < \mu_h\right)}{\sum_{m=1}^{M}\sum_{n=1}^{N}\begin{cases}1, \mu \leqslant x_{m,n} < \mu_h \\ 0, \text{其他}\end{cases}} \tag{8.5}$$

$$\mu_{lt} = \frac{\sum_{m=1}^{M}\sum_{n=1}^{N}\left(x_{m,n} \mid \mu_l \leqslant x_{m,n} < \mu\right)}{\sum_{m=1}^{M}\sum_{n=1}^{N}\begin{cases}1, \mu_l \leqslant x_{m,n} < \mu \\ 0, \text{其他}\end{cases}} \tag{8.6}$$

$$\mu_{lb} = \frac{\sum_{m=1}^{M}\sum_{n=1}^{N}\left(x_{m,n} \mid x_{m,n} < \mu_l\right)}{\sum_{m=1}^{M}\sum_{n=1}^{N}\begin{cases}1, x_{m,n} < \mu_l \\ 0, \text{其他}\end{cases}} \tag{8.7}$$

其中，$x_{m,n}$ 为子块中（m,n）处的像素点亮度值；μ 为子块中所有像素点的亮度平均值；μ_h 为子块中像素点亮度值大于 μ 的部分，即高亮度部分的像素点亮度平均值；μ_l 为子块中像素点亮度值小于等于 μ 的部分，即低亮度部分的像素点亮度平均值；μ_{ht} 、μ_{hb} 分别为高亮度部分中按照像素点亮度值是否大于 μ_h 所划分出的较亮和较暗部分的像素点亮度平均值；μ_{lt} 、μ_{lb} 分别为低亮度部分中按照像素点亮度值是否大于 μ_l 所划分出的较亮和较暗部分的像素点亮度平均值。若子块内所有像素点亮度值 $x_{m,n}$ 均相同，则将 μ_{ht} 、μ_{hb} 、μ_{lt} 、μ_{lb} 值均设为 μ ；若高亮度部分内所有像素点亮度值 $x_{m,n}$ 均相同，则将 μ_{ht} 、μ_{hb} 值均设为 μ_h ；若低亮度部分内所有像素点亮度值 $x_{m,n}$ 均相同，则将 μ_{lt} 、μ_{lb} 值均设为 μ_l 。

（2）特征向量建模

利用上述亮度特征向量进行建模，可以有效、快速地得到背景区域和粗糙的目标区域间的差异，由于水下场景可能受到水草、较大悬浮物晃动的影响而产生多峰分布的情况，借鉴混合高斯背景建模方法中模型更新的思想，在每个子块 i 的背景模型中引入一组 K 个带有权值的亮度特征向量 $\left\{v_0^i, v_1^i, \cdots, v_{K-1}^i\right\}$。其中，每个特征向量的权值为 ω_k^i，K 个权值的和为 1，特征向量按照其对应权值的大小进行降序排列。K 个特征向量与对应权值的初始化方法如下。

$$v_0^i = v^i \tag{8.8}$$

$$\omega_0^i = 1 \tag{8.9}$$

$$v_1^i = v_2^i = \cdots = v_{K-1}^i = 0 \tag{8.10}$$

$$\omega_1^i = \omega_2^i = \cdots = \omega_{K-1}^i = 0 \tag{8.11}$$

其中，v^i 为所处理的第一帧图像中子块 i 的亮度特征向量。

（3）粗糙目标区域判别

当开始处理新的一帧后，对于新帧中每一个子块 i，采用式（8.12）判别该子块中的背景成分和目标成分。

$$B_i = \arg\min(\sum_{k=1}^{b} \omega_{k,t}^i > T) \tag{8.12}$$

其中，$\omega_{k,t}^i$ 表示 t 时刻下子块 i 的第 k 个模型的权值，T 为设定的背景阈值。满足公式条件的前 B_i 个模型为背景成分，而后 $K-B_i$ 个模型为目标成分。

为了判定子块 i 属于背景区域还是目标区域，首先计算该子块的亮度特征向量，然后根据其与 K 个特征向量的欧式距离进行模型匹配，若成功匹配上前 B_i 个模型，则判定该子块为背景区域，若成功匹配上后 $K-B_i$ 个模型或未能匹配上任何模型，则判定该子块为图像目标区域。t 时刻下子块 i 的亮度特征向量 v_t^i 与第 k 个模型 $v_{k,t}^i$ 间的欧式距离为

$$D(v_t^i, v_{k,t}^i) = \sqrt{\sum_{j=1}^{4} (v_{tj}^i - v_{k,tj}^i)^2} \tag{8.13}$$

其中，v_{tj}^i 和 $v_{k,tj}^i$ 分别为 v_t^i 和 $v_{k,t}^i$ 中第 j 个向量元素。若 $D(v_t^i, v_{k,t}^i) < T_D$，$T_D$ 为距离阈值，则认为子块 i 的亮度特征与第 k 个模型相匹配。

由于水下光学成像受场景光照变化影响较大，在确定距离阈值 T_D 时，计算亮

度方差来自适应地调整T_D的取值大小。若当前子块的亮度方差与重建得到的背景图像中相同子块的亮度方差的差别较大，说明该子块很有可能属于运动区域。两子块的亮度方差相似度按下式进行计算。

$$S=\frac{|\boldsymbol{U}_A\boldsymbol{U}_B^{\mathrm{T}}|}{\|\boldsymbol{U}_A\|\|\boldsymbol{U}_B\|} \tag{8.14}$$

$$\boldsymbol{U}_A=\left\{|\mu_A-x_0^A|,|\mu_A-x_1^A|,\cdots,|\mu_A-x_{MN-1}^A|\right\} \tag{8.15}$$

$$\boldsymbol{U}_B=\left\{|\mu_B-x_0^B|,|\mu_B-x_1^B|,\cdots,|\mu_B-x_{MN-1}^B|\right\} \tag{8.16}$$

其中，μ_A、μ_B分别为两个子块中所有像素点的亮度均值，x_i^A、x_i^B分别为两个子块中第i个像素点的亮度值。S的值越大表明两子块在亮度上越相似，根据式(8.17)重新确定T_D取值。

$$T_D=T_D(\alpha+S) \tag{8.17}$$

其中，α为经验常数，一般取 0.7~0.8。因此，当前子块与背景越相似，认为该子块发生运动的可能性较小，T_D取较大值，使该子块被判定为背景部分的可能性增大；反之，T_D取较小值，使该子块更有可能被判定为背景部分。另外，为了减少子块中噪声点对匹配结果的影响，子块的尺寸越小，T_D的取值越大。

（4）模型更新

若子块 i 被判定为背景区域，采用该子块的亮度特征v_t^i更新最佳匹配模型，即与其距离值最小的模型的特征向量值$v_{o,t}^i$

$$v_{o,t+1}^i=(1-\alpha_b)v_{o,t}^i+\alpha_b v_t^i \tag{8.18}$$

其中，α_b为模型的学习因子。所有模型权值的更新公式如下

$$\omega_{k,t+1}^i=(1-\alpha_\omega)\omega_{k,t}^i+\alpha_\omega M_K \tag{8.19}$$

$$\omega_{k,t+1}^i=\frac{\omega_{k,t+1}^i}{\sum_{m=1}^{K}\omega_{m,t+1}^i} \tag{8.20}$$

其中，α_ω为权值的学习因子；M_K取 0 或 1，对于最佳匹配模型取 1，其余则取 0。若未能匹配上任何模型，则添加新模型或用新模型替换当前权值最小的模型，新模型按照下式进行初始化操作

$$\omega_{n,t+1}^{i}=\alpha_{\omega} \tag{8.21}$$

$$v_{n,t+1}^{i}=v_{t}^{i} \tag{8.22}$$

即新模型的权值设为权值的学习因子，新模型的特征向量赋值为子块 i 的亮度特征值。

8.3.3 基于像素的背景建模及准确目标轮廓提取

（1）纹理特征提取

根据得到的粗糙目标区域中每一个像素点的纹理特征差异来得到精确的图像目标区域，本章介绍一种有效且计算简单的纹理描述算子——局部二值模式（LBP，Local Binary Pattern）[3]。首先，设定一个像素点的灰度值为阈值；然后将以该像素点为中心的圆形邻域上的所有像素点灰度值与阈值进行比较，得到一组二进制数；最后，将该二进制数转化为十进制数值，即为该像素点的纹理特征。LBP 纹理特征不易受图像的亮度线性变化的影响，十分适合光照变化均匀的水下场景。

对于待处理的像素点 (x_c,y_c)，LBP 利用该像素点及以该像素点为中心、半径为 R 的圆形邻域上的 P 个等分像素点的联合分布来描述该像素点的局部纹理特征。

$$T=t(g_c,g_0,\cdots,g_{P-1}) \tag{8.23}$$

其中，g_c 表示像素点 (x_c,y_c) 的灰度值，即邻域中心的灰度值，$g_p\ (p=0,1,\cdots,P-1)$ 分别为以 R 为半径的圆形邻域上的 P 个像素点的灰度值。P 和 R 的取值不同，LBP 算子也不同，如图 8.2 所示。

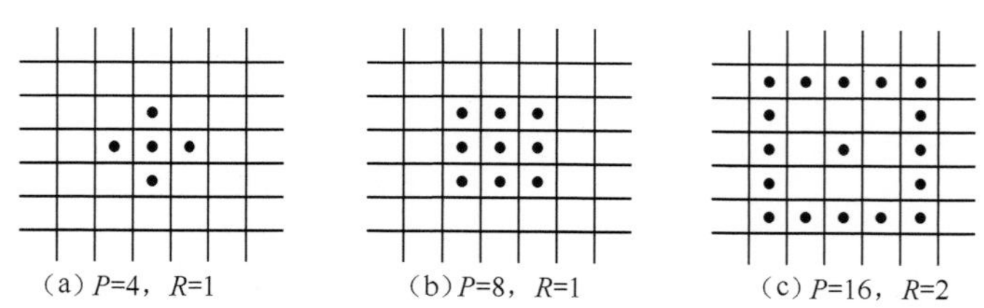

（a）P=4，R=1　　（b）P=8，R=1　　（c）P=16，R=2

图 8.2　不同（P，R）组成的邻域

将圆形邻域上 P 个像素点的灰度值 $g_p\ (p=0,1,\cdots,P-1)$ 与中心点的灰度值 g_c 相减，联合分布 T 转化为

$$T = t(g_c, g_0 - g_c, \cdots, g_{P-1} - g_c) \tag{8.24}$$

假设 g_c 和 g_p 相互独立，联合分布 T 可以近似分解为

$$T \approx t(g_c)t(g_0 - g_c, \cdots, g_{P-1} - g_c) \tag{8.25}$$

由于 $t(g_c)$ 描述的是整个图像区域的灰度分布，通过计算邻域像素点与中心点灰度的差值的联合分布来描述图像的纹理特征。

$$T \approx t(g_0 - g_c, \cdots, g_{P-1} - g_c) \tag{8.26}$$

当图像的光照发生线性变化时，$g_p - g_c$ 的值不受影响，因此，选用邻域与中心点像素灰度差值的符号函数替代具体数值来描述纹理特征。

$$T \approx t(s(g_0 - g_c), s(g_1 - g_c), \cdots, s(g_{p-1} - g_c)) \tag{8.27}$$

其中，$s(\cdot)$ 为符号函数

$$s(x) = \begin{cases} 1, x \geqslant 0 \\ 0, x < 0 \end{cases} \tag{8.28}$$

将联合分布 T 的结果按邻域上像素点的排列顺序，得到一个由二进制数值构成的序列。通过赋给每一项 $s(g_p - g_c)$ 一个二项式因子 2^p，可以用一个唯一的十进制数来表示中心点像素的局部空间纹理特征，该十进制数被称为 $LBP_{P,R}$ 数，$LBP_{P,R}$ 数可以通过式（8.29）计算。

$$LBP_{P,R} = \sum_{p=0}^{P-1} s(g_p - g_c) 2^p \tag{8.29}$$

由于本章针对的是水下光学环境，某些场景的背景为灰度变化较小的蓝色或蓝绿色水体，中心点与圆形邻域像素点的灰度值会非常相近，传统的 LBP 算子对这种灰度差异非常小的局部邻域的描述可能产生较大差别。例如，当 g_c 和 g_p 的值分别为 20 和 19 时，通过式（8.28）可以得到 $s(x)$ 的输出为 0；当 g_c 和 g_p 的值均为 20 时，$s(x)$ 的输出为 1。在实际操作中，这种很小的灰度差异基本可以忽略，为了解决这一问题，引入调整阈值 β，用 $s(g_p - g_c + \beta)$ 代替式（8.29）中的 $s(g_p - g_c)$ 项。$|\beta|$ 的值越大，越大的邻域灰度差异会被忽略，但根据 LBP 的机理，应选取相对较小的 β 值，本章中 β 取 3。

（2）特征建模

对粗糙目标区域中每个像素点 i 的背景模型中引入一组 K 个的 LBP 纹理特征向量 $\left\{h_0^i, h_1^i, \cdots, h_{K-1}^i\right\}$，按照图像序列的顺序进行排列。纹理特征向量初始化方法如下

$$h_0^i = h^i \tag{8.30}$$

$$h_1^i = h_2^i = \cdots = h_{K-1}^i = 0 \tag{8.31}$$

其中，h^i 为第一帧图像中像素点 i 的 LBP 纹理特征值。

（3）准确目标像素判别

随着场景的变化，计算当前时刻 t 像素点 i 的 LBP 纹理特征 h_t^i 与纹理特征向量 $\left\{h_0^i, h_1^i, \cdots, h_{K-1}^i\right\}$ 的欧氏距离作为相似度度量。

$$D(h_t^i, h_{t,j}^i) = \sqrt{\sum_{j=0}^{K-1} (h_t^i - h_{t,j}^i)^2} \tag{8.32}$$

其中，$h_{t,j}^i$ 表示纹理特征向量中第 j 个分量。设定的目标距离阈值 T_D，当 $D(h^i, h_{t,j}^i) < T_D$ 时，认为像素点 i 为目标像素；反之，认为像素点 i 属于背景。将 h_t^i 引入纹理特征向量如下

$$h_{t+1,j}^i = h_{t,j-1}^i \tag{8.33}$$

$$h_{t+1,0}^i = h_t^i \tag{8.34}$$

其中，$j = 1, 2, \cdots, K-1$。

8.4 实验与仿真

为了验证本章方法在水下运动图像目标检测上的准确性，在不同水下场景下，分别采用高斯背景建模方法和本章论述的分层背景建模方法对近距离单运动目标、远距离单运动目标和多运动目标进行检测，检测结果如图 8.3～图 8.5 所示。

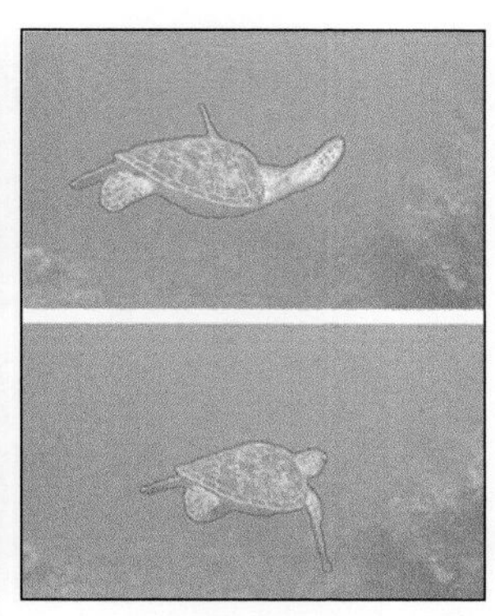

（a）原始图像　　（b）高斯背景建模方法检测结果　　（c）本章方法检测结果

图 8.3　水下近距离单运动图像目标检测

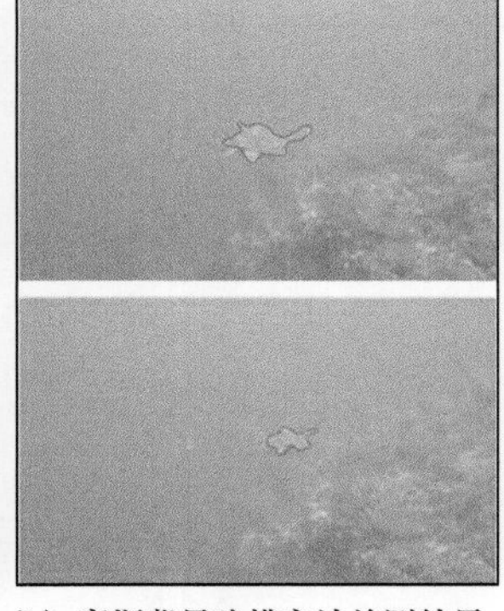

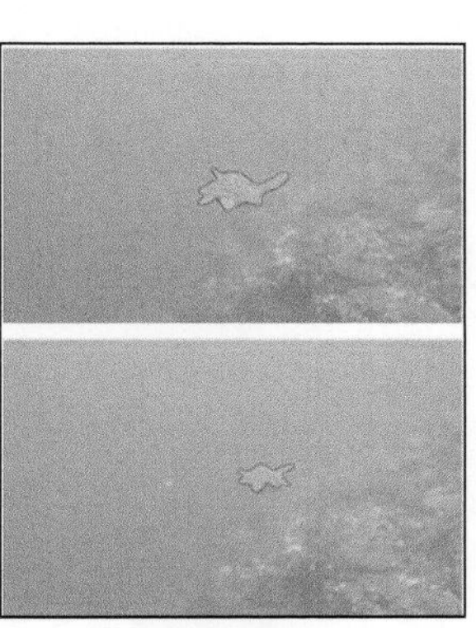

（a）原始图像　　（b）高斯背景建模方法检测结果　　（c）本章方法检测结果

图 8.4　水下远距离单运动图像目标检测

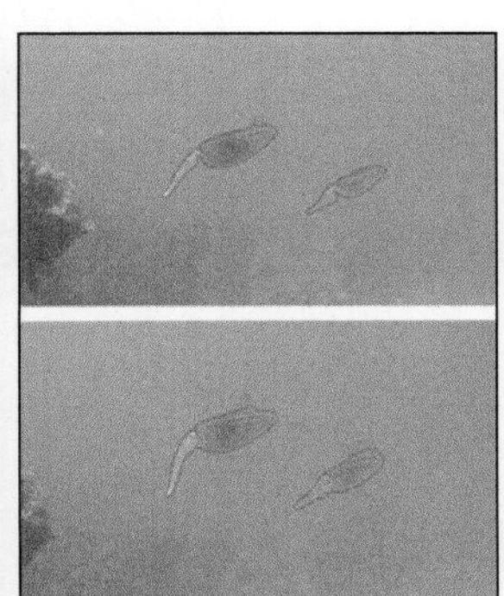

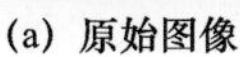

（a）原始图像　　（b）高斯背景建模方法检测结果　　（c）本章方法检测结果

图 8.5　水下多运动图像目标检测

从图 8.3～图 8.5 中可以看出，高斯背景建模方法的检测结果大致提取出了图像目标的粗糙轮廓，但并没有将目标的完整轮廓提取出来，尤其是与背景差异较小、面积较小的部分目标区域均未被检测到。本章方法检测出的图像目标轮廓完整性较高，而且提取出的图像目标轮廓也与真实的目标轮廓相近。

为了直观地比较水下运动图像目标检测的结果，采用两种评价指标 C_{good} 和 C_{false} 对图像目标检测结果的准确性进行评估和比较。取同一场景下两帧图像的评价指标的均值作为该场景下的目标检测情况，并计算 3 类不同场景下评价指标的平均值作为两种方法对水下运动图像目标检测准确性的度量，如表 8.1 所示。

表 8.1　两种方法的检测结果比较

方法	图 8.3		图 8.4		图 8.5		平均值	
	C_{good}	C_{false}	C_{good}	C_{false}	C_{good}	C_{false}	C_{good}	C_{false}
高斯背景建模方法	0.971 3	0.018 3	0.866 0	0.009 1	0.965 7	0.021 3	0.934 3	0.016 2
本章方法	0.990 6	0.009 2	0.958 9	0.008 2	0.988 1	0.010 7	0.979 2	0.009 4

从表 8.1 可以看出，本章方法对图像目标的检测完整度为 0.979 2，且检测结果中仅包含 0.94%的背景区域，与高斯背景建模方法相比，本章方法的水下运动图像目标检测结果更加准确。其中，对于图 8.3 和图 8.5，C_{good} 的值相对提高了约 0.02 且非常接近于 1，说明本章方法能够将完整的图像目标检测出来；C_{false} 的值相对减少了约 0.01 且数值很小，表明本章方法所检测出的图像目标区域所包含的背景非常少。对于图 8.4，当检测图像目标距离较远时，虽然 C_{good} 的值相对图 8.3、图 8.5 结果有所降低，但本章方法相对于高斯背景建模方法在检测准确度上提高了约 0.1，C_{false} 的值则是 3 类图像目标检测结果中最小的。结合两个评价指标，本章方法能够较为准确地检测出水下运动图像目标。

参考文献

[1] 赵亮. 青蛙视觉行为的初步研究与计算机模拟[D]. 武汉：武汉理工大学，2003.

[2] TU S F, HSU C S. A BTC-based watermarking scheme for digital images[J].

International Journal on Information & Security, 2004, 15(2): 216-228.

[3] GUO Z H, ZHANG D. A completed modeling of local binary pattern operator for texture classification[J]. IEEE Transactions on Image Processing, 2010, 19(6): 1657-1663.

第 9 章

仿螳螂虾视觉正交侧抑制的偏振图像特征提取

9.1 引言

偏振图像计算的目的是抑制背景信息，提取目标的特征信息，拉伸目标—背景间的对比度。为了充分发挥偏振信息的性能优势，必须在对偏振信息有效计算的基础上以提取偏振特征。本章受到螳螂虾复眼视觉机制的启发并利用所采集到的偏振信息设计仿虾视觉正交侧抑制的偏振计算方法以提取偏振特征。

在物理光学理论中，光线的偏振信息是指光波在某一振动方向上的光强信息，同目标的物理属性和表面性状密切相关。为了建立和增强偏振—目标间的对应关系，必须以偏振计算方式提取偏振特征。在目前的研究中，通常所采用的偏振计算及偏振特征提取多采用 Stokes 模型[1]，以提取关于偏振光学物理特性的偏振模式参数（如偏振度、偏振角等）为特征信息。Stokes 模型是一种经典的用于提取偏振模态信息的计算模型，主要用 I、Q、U 和 V 这 4 个参数来描述偏振特征。

$$\boldsymbol{S}=\begin{bmatrix} I \\ Q \\ U \\ V \end{bmatrix}=\begin{bmatrix} <E_x^2>+<E_y^2> \\ <E_x^2>-<E_y^2> \\ <2E_xE_y\cos\delta> \\ <2E_xE_y\sin\delta> \end{bmatrix} \tag{9.1}$$

其中，E_x、E_y 表示光矢量在所选坐标系中沿 x 轴、y 轴上的振幅分量，δ 为两振动分量的相位差，I 表示光线的总强度，Q 表示 0° 和 90° 线偏振分量的差值，U 表示 45° 和 135° 线偏振分量的差值，V 表示右旋与左旋圆偏振光分量之差，由于自然界中绝大多数物体反射光线中 V 分量都非常微小，因此可以近似认为 V=0。因此，在实际的 Stokes 矢量计算中只需计算出偏振参数 I、Q 和 U 来表征目标的偏振特征，无需计算出参数 V。在 Stokes 偏振参数计算的基础上还能得到另外几个重要的偏振光学参数，其中用于偏振度（DoP，Degree of Polarization）和偏振角（AoP，Angle of Polarization）计算的具体表达式为

$$DoP = \frac{\sqrt{Q^2 + U^2 + V^2}}{I} \tag{9.2}$$

由于 V 分量都非常微小，因此近似认为 $V=0$，则式（9.2）可写成

$$DoP = \frac{\sqrt{Q^2 + U^2}}{I} \tag{9.3}$$

对偏振椭圆方位角 AoP 计算的具体表达式如下

$$AoP = \frac{1}{2}\arctan(\frac{U}{Q}) \tag{9.4}$$

在 Stokes 模型中，自然背景和人造目标的光波偏振参数是与物体表观及固有特征直接相关的关键信息，因此偏振光学参数，如偏振度、偏振角可以作为一种偏振特征，描述场景中目标及背景。

但是，如前文所述，这些 Stokes 偏振参数图像之间具有较强冗余性且特征图像上具有较强噪声。因此，在偏振图像计算时，研究所面临的主要问题是如何建立偏振特征—目标特性间的对应关系同时抑制冗余信息及噪声的计算问题。针对这一问题，本章论述仿螳螂虾视觉正交侧抑制的偏振计算方法，以提取出用于检测的偏振特征。

9.2 仿螳螂虾视觉正交侧抑制机制模型的偏振信息计算

本节首先采用线性减法模型初步模拟这种正交侧抑制机制，建立线性减法正交侧抑制模型，初步探索仿虾视觉正交侧抑制机制模型在偏振计算及特征提取上的有效性和性能优势。在此基础上引入神经网络模型的设计策略，建立神经网络正交侧抑制模型，完善仿虾视觉正交侧抑制的偏振信息计算方法。

9.2.1 减法正交侧抑制模型计算

侧抑制是螳螂虾偏振视觉信息处理的主要计算机制，用于计算一对侧抑制信号间的响应差异。可以通过一个线性减法模型以模拟螳螂虾视觉相互正交偏

振信号的侧抑制过程。输入是一组偏振侧抑制信号，输出是侧抑制信号之间的差值，并在模型中设置调谐因子，对侧抑制信号的增强和抑制进行调控。其数学表达式为

$$S_{\theta_1-\theta_2}=k_iI(\theta_1)-k_jI(\theta_2) \tag{9.5}$$

其中，$I(\theta_1)$和$I(\theta_2)$表示偏振入射光线光强；θ_1和θ_2表示光的振动方向与偏振片主光轴之间的夹角，且满足$\theta_1-\theta_2=\pm 90°$，这一条件保证这两组信号为一组侧抑制信号；$k_i$和$k_j$为调谐因子，由于不同方向的偏振敏感度不同，故设置调谐因子控制每组侧抑制信号的增强或抑制，采用基于模板的机器学习方式对各调谐因子分别进行训练。先通过实验确定各调谐因子的取值区间和取值间隔，计算出相应的偏振侧抑制参数图像的信息熵并通过高斯拟合曲线得到它们的最优解,调谐因子的取值将决定侧抑制运算后的输出。

偏振侧抑制模型如图 9.1 所示，输入是偏振入射光线光强，分别为$I(30°)$、$I(120°)$、$I'(30°)$、$I'(120°)$、I_l、I_l'、I_r、I_r'、$I(75°)$、$I(165°)$、$I'(75°)$和$I'(165°)$的偏振光，并且，$I(30°)=I'(30°)$、$I(120°)=I'(120°)$、$I(75°)=I'(75°)$、$I(165°)=I'(165°)$、$I_l=I_l'$和$I_r=I_r'$，则偏振侧抑制模型的每组信号经过减法运算后的输出表示为

$$S_v=S_{30°-120°}=k_1I(30°)-k_2I(120°) \tag{9.6}$$

$$S_{-v}=S_{120°-30°}=k_3I'(120°)-k_4I'(30°)=k_3I(120°)-k_4I(30°) \tag{9.7}$$

$$S_l=k_5I_l-k_6I_r \tag{9.8}$$

$$S_r=k_7I_r'-k_8I_l'=k_7I_r-k_8I_l \tag{9.9}$$

$$S_d=S_{75°-165°}=k_9I(75°)-k_{10}I(165°) \tag{9.10}$$

$$S_{-d}=S_{165°-75°}=k_{11}I'(165°)-k_{12}I'(75°)=k_{11}I(165°)-k_{12}I(75°) \tag{9.11}$$

其中，S_v、S_{-v}、S_l、S_r、S_d和S_{-d}为偏振侧抑制特征，为模型的输出；k_1、k_2、…、k_{12}为调谐因子，表示对不同方向偏振光幅度值的增强或抑制。通过采集的各方向的偏振光光强便可计算出表征目标各类信息的偏振侧抑制特征。

由此，得到用于表征目标偏振信息的 6 个偏振侧抑制参数S_v、S_{-v}、S_l、S_r、

S_d 和 S_{-d}。

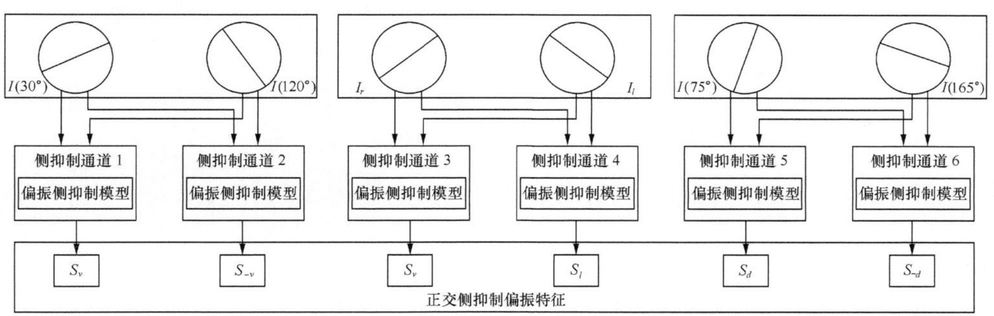

图 9.1　“减法”正交侧抑制偏振模型

9.2.2　神经网络正交侧抑制模型计算

为了仿真模拟螳螂虾对偏振视觉信息处理的正交侧抑制机制，采用线性减法模型仅能从功能上初步模拟两个偏振信道间的差异计算，无法完整准确地仿真实现视觉神经网络中的正交侧抑制机制。在对螳螂虾复眼及神经网络结构研究的基础上，首先以螳螂虾视觉神经元及神经信道为对象，解析表达视觉神经元及视觉神经信道的工作模式。以此为基础，构造仿虾视觉的神经网络模型，以神经网络为基础实现仿虾视觉正交侧抑制机制的偏振信息处理。

（1）螳螂虾视觉神经元模型

视觉神经元即神经细胞是螳螂虾视觉神经系统信息处理及传递的基本单元，它能感受外界的刺激、传导冲动。如图 9.2 所示，视觉神经元主要由树突、轴突和突触组成，是基本信息的处理单元。

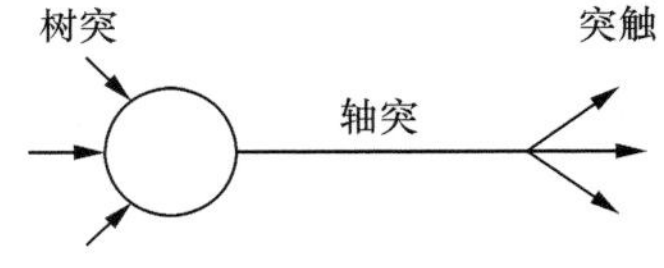

图 9.2　视觉神经元模型

其中，树突为信号的输入端，用于接受外界的神经刺激。轴突为神经信号的传输通道，用于传递神经刺激。从树突到突触之间通过轴突连接，在轴突中传输的过程中，其功能是把轴突末梢输出的电脉冲信号转化成化学信号，再将化学信号转化成电信号，通过这一过程完成神经神经元之间生物电信号的传送。

视觉神经元的响应过程要经历类似物理学中惯性的一个不应期过程，当神经元处于兴奋状态之中并输出神经脉冲电脉冲并输出神经电脉冲约 1 ms 的时间间隔内，神经元不再接受外界的神经刺激，响应的神经元也不会立刻再次产生兴奋，这一间隔称为神经元绝对不应期。此外，在该绝对不应期后的数毫秒时间间隔内，该神经元的响应阈值也会相应的提高。为了使其达到再次兴奋需要更大幅度的刺激信号的电脉冲输入，称之为相对不应期。上述现象可以形式化建模为

$$Y_k[n]=\begin{cases}1, & U_k[n]>E_k[n-1]+E_0\\ 0, & \text{其他}\end{cases} \tag{9.12}$$

其中，$E_k[n-1]+E_0$ 为动态阈值门限，E_0 为该神经元的响应阈值，$E_k[n-1]$ 为上一时刻神经元响应对当前时刻阈值的增量。$U_k[n]$ 为对神经元的刺激。

（2）偏振视觉信道模型

螳螂虾具有典型的并行分级神经网络。在第一级神经网络层，当一对方向正交的偏振信息输入复眼的视觉信道中，该信道的视觉神经元不仅受到当前时刻外部刺激的影响还受到上一时刻该神经元响应反馈及周边神经元响应的影响。对于这种偏振视觉神经元的响应机制，可采用优化后的 Eckhorn 模型[2]进行模拟。由于考虑到不同偏振视觉信道之间并不发生串扰，所以将经典的 Eckhorn 神经元模型修改为单输入及单反馈的网络模型，如图 9.3 所示。

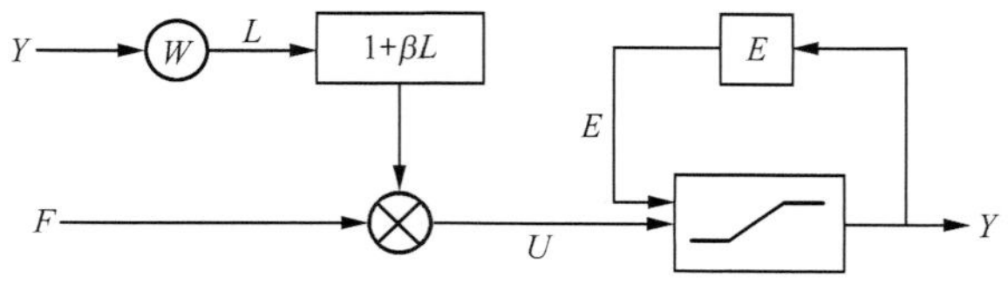

图 9.3 偏振视觉神经模型

其中，F 为对当前神经元的刺激，Y 为当前神经元上一时刻响应，W 为反馈的权重，β 为链接系数，U 为对当前神经元的综合刺激，E 为上一时刻响应对当前阈值的影响权重。根据该模型所得的迭代方程如下

$$F(n)=\mathrm{e}^{-\alpha_F}F(n-1)+V_FY(n-1)+S \tag{9.13}$$

$$L(n)=\mathrm{e}^{-\alpha_L}L(n-1)+V_LY(n-1) \tag{9.14}$$

$$U(n) = F(n)(1+\beta L(n)) \tag{9.15}$$

$$Y(n) = \begin{cases} 1, & U(n) > E(n-1) \\ 0, & 其他 \end{cases} \tag{9.16}$$

$$E(n) = \mathrm{e}^{-\alpha_E} E(n-1) + V_E Y(n) \tag{9.17}$$

对该神经元的外部刺激 S 为偏振光学信息，反馈输入的放大系数和衰减时间常数分别为 V_F 和 α_F，耦合链接 L 的放大系数和衰减时间常数分别为 V_L 和 α_L，动态门限 E 的放大系数和衰减时间常数分别为 V_E 和 α_E。根据该迭代方程，可以看到该模型可以完整描述单一偏振视觉敏感神经信道对偏振光学信息的响应及反馈机制。同时，视觉神经元从不应期到相对不应期到兴奋期之间状态的循环转换由阈值的增益系数控制。

对应于偏振信息的处理，该模型的输入由单一方向的偏振图像组成。其中每个像素点输入到一个视觉响应信道模型中，每个神经元与每个像素点一一对应，神经元之间不发生串扰。这样第一级的神经网络模型由同图像大小一致的并行偏振视觉神经元模型组成，其输出 Y 作为输入送入到下一层的神经元中进行更高级的神经信息融合。

（3）视觉神经网络模型

总体上螳螂虾复眼具有并行分级的视觉神经网络。在第一级的信道中，两对偏振视觉信息并行传输，信道间并不发生串扰。在第二级神经网络中，正交的偏振视觉信息信道共同输入到中央髓质中，在该器官中实现对该偏振信息的正交侧抑制融合计算。

综合螳螂虾视神经系统的总体结构、各级神经元的信息处理方式及视觉神经系统的功能，本章设计了一个双输入单输出的神经网络模型用于模拟这种偏振视觉正交侧抑制信息处理机制，它能够将低阶层神经元传递来的不同性质的数据流进行并行处理且能融合各种信息处理的结果。该中央髓质模型的输入由两个并行的偏振视觉信道构成，每个信道独立的产生神经响应。在中央髓质中，神经元采用正交侧抑制的神经信息融合方式，如图 9.4 所示。

神经元 j 内部结构主要分为输入部分、脉冲产生部分以及融合 3 个部分，各部分具体描述如下。

① 输入部分

神经元 j 内部分为两个通道，各个通道的内部总体刺激分别为 $U_j^I[n]$ 和 $U_j^D[n]$，其数学表达式如下

$$U_j^I[n]=F_j^I[n](1+\beta L_j[n]),U_j^D[n]=F_j^D[n](1+\beta L_j[n]) \tag{9.18}$$

其中，$F_j^I[n]$ 和 $F_j^D[n]$ 为当前时刻神经元 j 的外部刺激；β 为链接强度，表示邻域内神经元总反馈对当前时刻输入的影响因子；n 为时间，为了便于仿真将时间离散化，也称之为循环次数或迭代次数；$L_j[n]$ 表示邻域内神经元的总反馈，其表达式如下

$$L_j[n]=\sum W_{kj}Y_k[n-1] \tag{9.19}$$

其中，W_{kj} 表示神经元 j 与其邻域内神经元 k 的突触链接权值，$Y_k[n-1]$ 表示邻域内神经元 k 上一时刻的输出。

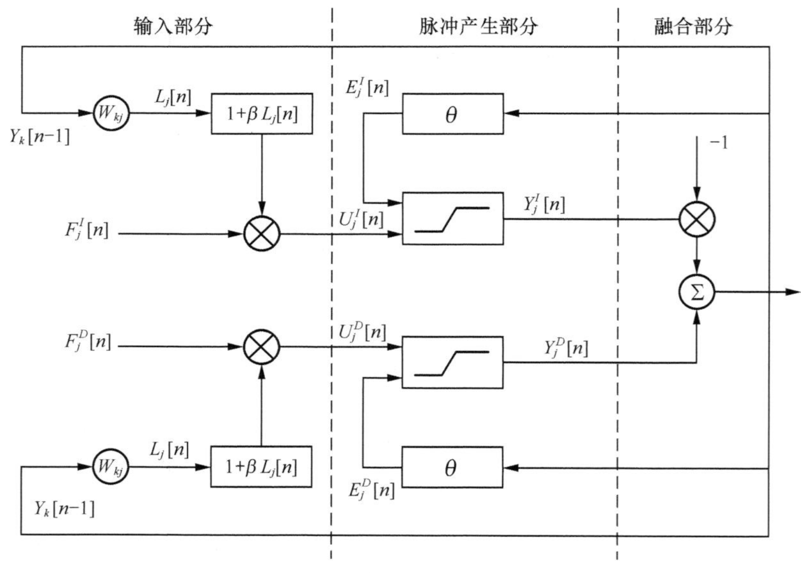

图 9.4　神经元 j 内部结构

② 脉冲产生部分

根据上文分析可知，当刺激达到各自的阈值后，神经元便会点火，输出脉冲；

否则，神经元便会处于休眠状态。因此，各通道的输出可表示为

$$Y_j^I[n]=\begin{cases}1, & U_j^I[n]\geqslant E_j^I[n]\\0, & U_j^I[n]<E_j^I[n]\end{cases},\quad Y_j^D[n]=\begin{cases}1, & U_j^D[n]\geqslant E_j^D[n]\\0, & U_j^D[n]<E_j^D[n]\end{cases} \tag{9.20}$$

其中，$E_j^I[n]$和$E_j^D[n]$为各自通道当前时刻的阈值，其数学表达式为

$$E_j^I[n]=\mathrm{e}^{-\alpha_1}E_j^I[n-1]+V_E Y_j[n-1],\quad E_j^D[n]=\mathrm{e}^{-\alpha_2}E_j^D[n-1]+V_E Y_j[n-1] \tag{9.21}$$

其中，α_1和α_2为时间常数，代表了阈值变化的快慢；$E_j^I[n-1]$和$E_j^D[n-1]$为各个通道上一时刻的阈值；V_E为阈值调节器的幅度系数，代表了阈值的初始幅度；$Y_j[n-1]$表示神经元j上一时刻的输出。

③ 融合部分

根据上文分析知，神经元是一个求和神经元，本模型采用线性加权的方式表示求和来融合不同通道的处理结果，则最终的融合结果为

$$Y_j[n]=\begin{cases}1, & Y_j^I[n]-Y_j^D[n]>E\\0, & Y_j^I[n]-Y_j^D[n]\leqslant E\end{cases} \tag{9.22}$$

上述模型仅是单个神经元j处理信息的模型，当所有的神经元连接在一起时，便形成了一个二维的反馈型神经网络。

9.3 基于模板及机器学习的偏振正交侧抑制模型参数优化

由于没有先验知识和专家经验的指导，在所设计的两种偏振正交侧抑制模型中，均设置了可调节的参数，使模型能够适应不同条件的水下光学环境。在实际的应用中，这些调谐参数的取值直接影响到正交侧抑制偏振特征的性能。在本研究中，采用基于模板机器学习的策略配合信息熵函数量化参数误差，对各调谐因子分别进行训练和优化。

在线性减法模型中，需要进行优化的调谐参数包括 3 组正交偏振信号所对应的 6 个加权参数k_{θ_1} $\left(k_{\theta_1}\geqslant 1\right)$。在神经网络模型中，需要进行优化的调谐参数包括神经元输入所对应的权重w，神经元的连接权重β以及上一时刻响应对当前阈值的影响权

重 E 。综合考虑调谐因子较为有限的取值范围以及对这些参数的精度需求，采用穷举搜索法的优化过程以实现参数的最优化过程，获得参数相应的最优代表点的值。

首先设置较为宽泛的初始化参数取值区间，其中，对于 6 组参数 k_{θ_1} 其取值范围设置为[1,15]，采样间隔为 0.1。因此对于每个参数，最多经过 140 遍历循环可得到其所对应的最优值。对于神经网络模型中的参数 w ，考虑到上一时刻响应对当前时刻刺激的影响权重应小于当前时刻神经元所接受到的外部刺激，因此设置 w 的初始值为 0.1，取值范围为[0.1,0.8]，采样间隔为 0.01。同理，对于参数 β ，设置其初始值为 0.1，取值范围为[0.1,0.8]，采样间隔为 0.01。对于参数 E ，根据生物学中相关电生理学的研究成果，上一时刻对当前时刻神经响应的阈值影响较大，因此设置 E 的初始值为 0.5，取值范围为[0.5,3]，采样间隔为 0.01。

为了对偏振特征提取模型的参数进行优化，首先将所获得的偏振特征表征为特征图的形式，图中每一像素点上的值对应于该点的特征。采用所设定模型参数的初始值，计算得到每幅偏振特征图像所对应的信息熵参数 E 。由于信息熵是能够衡量图像中所包含场景信息量的量化指标。信息熵 E_a 的值越大表示图像包含的信息量越丰富，证明图像质量越好。

$$E_a = -\sum_{i=0}^{L-1} P(i)\mathrm{lb}(P(i)) \tag{9.23}$$

其中，0，1，…，$L-1$ 代表的是图像的灰度等级， $P(i)$ 是灰度值为 i 的像素个数占图像总的像素个数的比例。

当图像的信息熵 E_a 取最大值时，说明此时图像包含有最丰富的场景信息，相应条件下的调谐参数的值便是最优解。

本方案设计了 36 幅标定图作为训练数据，如图 9.5 所示。该训练图像中目标均具有不同的典型轮廓特征，包括三角形、矩形、圆形和高斯形，用于代表圆滑和生硬的轮廓。这些目标分别被染成 8 种不同的色彩以及混合色，其色彩波段分别为红色 682 nm、橙色 607 nm、黄色 577 nm、绿色 542 nm、蓝色 492 nm、靛蓝色 462 nm、紫色 410 nm、混合色及黑色。通过对这些标定图水下成像所获得的训练数据被认为能够适合描述各种不同轮廓和不同色彩外貌目标的训练数据。

通过上述调谐因子优化过程可求解出 36 个适合于每个模板的调谐因子。建立每个调谐参数的直方图，以统计其最优解的分布规律。在此基础上，利用高斯曲

线拟合的方式对该直方图进行拟合得到该直方图的对称中心，作为该调谐因子参数的最优代表点。尽管每组权重在数值上存在微弱差异，但是通过聚类后可以发现每种特征所对应的权重均存在一个明显的聚类中心。这种现象说明权重值的大小仅仅同其所对应特定环境中的光学特性相关，不随目标或标定图的变化而变化。因此可以用聚类高斯中心点来代表该参数值。

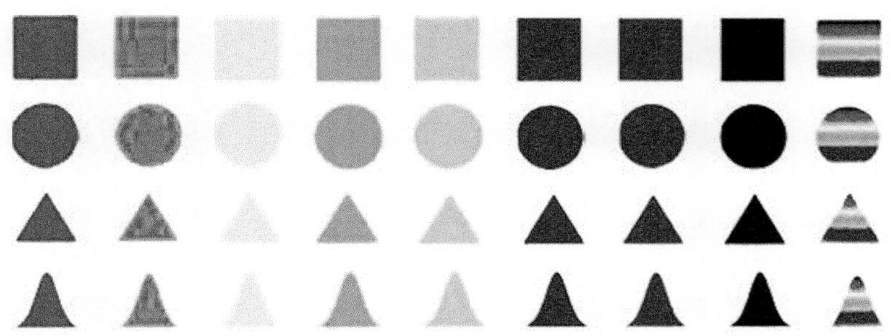

图 9.5　训练模板（附彩图）

9.4　实验与讨论

水下偏振成像实验开始于 2014 年 5 月 4 日 14 时，气象条件晴朗，实验过程历时 1 h。水下偏振成像实验位于江苏省南京市本校江宁东湖。由于藻类的大量繁殖及悬浮颗粒物的浓度过高，水体的背景呈黄绿色，水下可视能见度小于 80 cm。

9.4.1　实验数据采集及调谐因子优化结果

实验首先验证仿虾视觉正交侧抑制机制模型中的参数优化方法，以获得最优的模型参数值。该实验需要对同一个模板采集 30°、120°和 75°、165°这 4 个不同偏振方向的线偏振图像以及左旋、右旋圆偏振图像。

根据 9.2 节调谐因子优化方法，可以得到适合于每个模板的最优调谐因子，如图 9.6 所示。

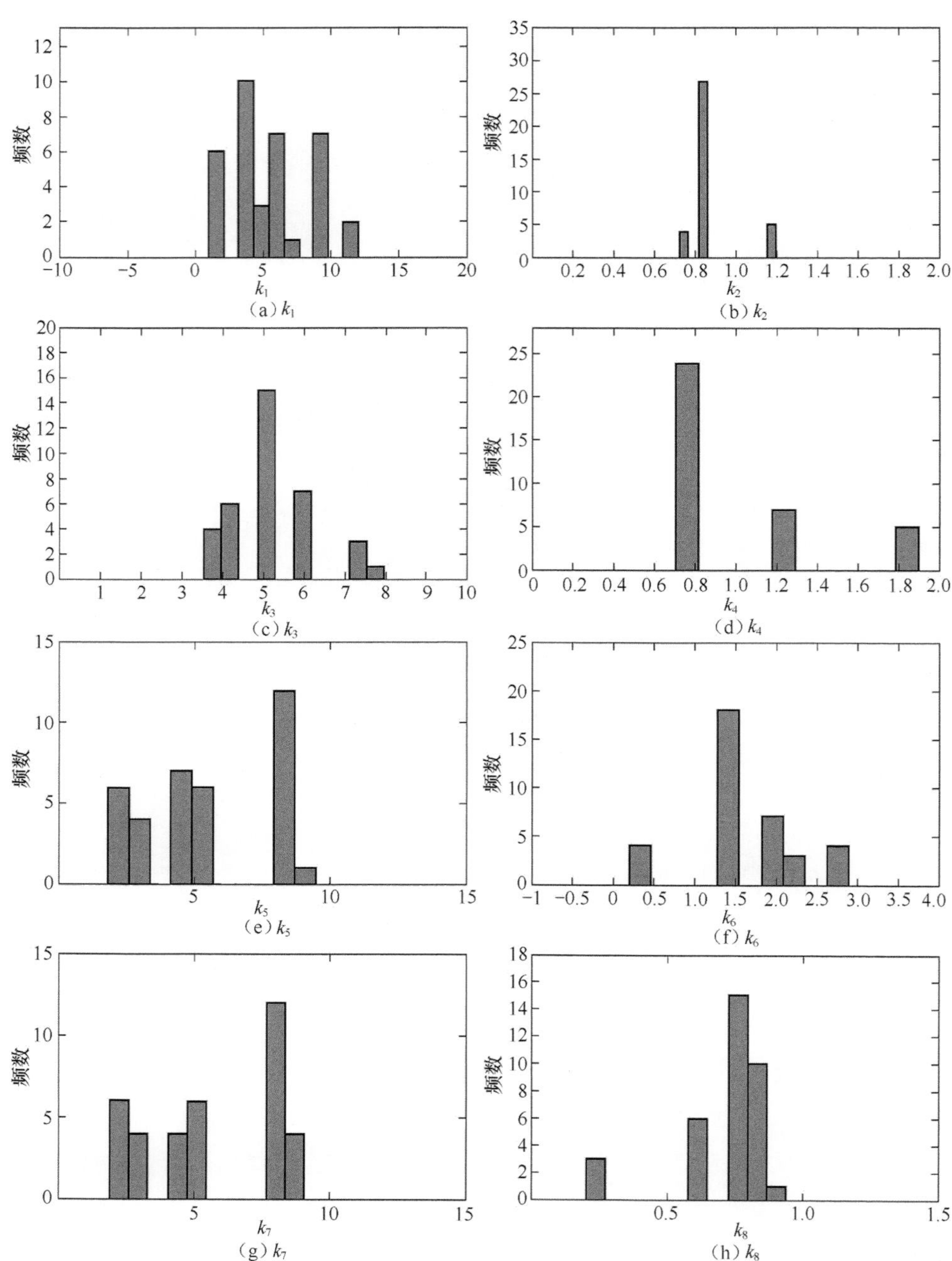

图 9.6　调谐因子分布区间

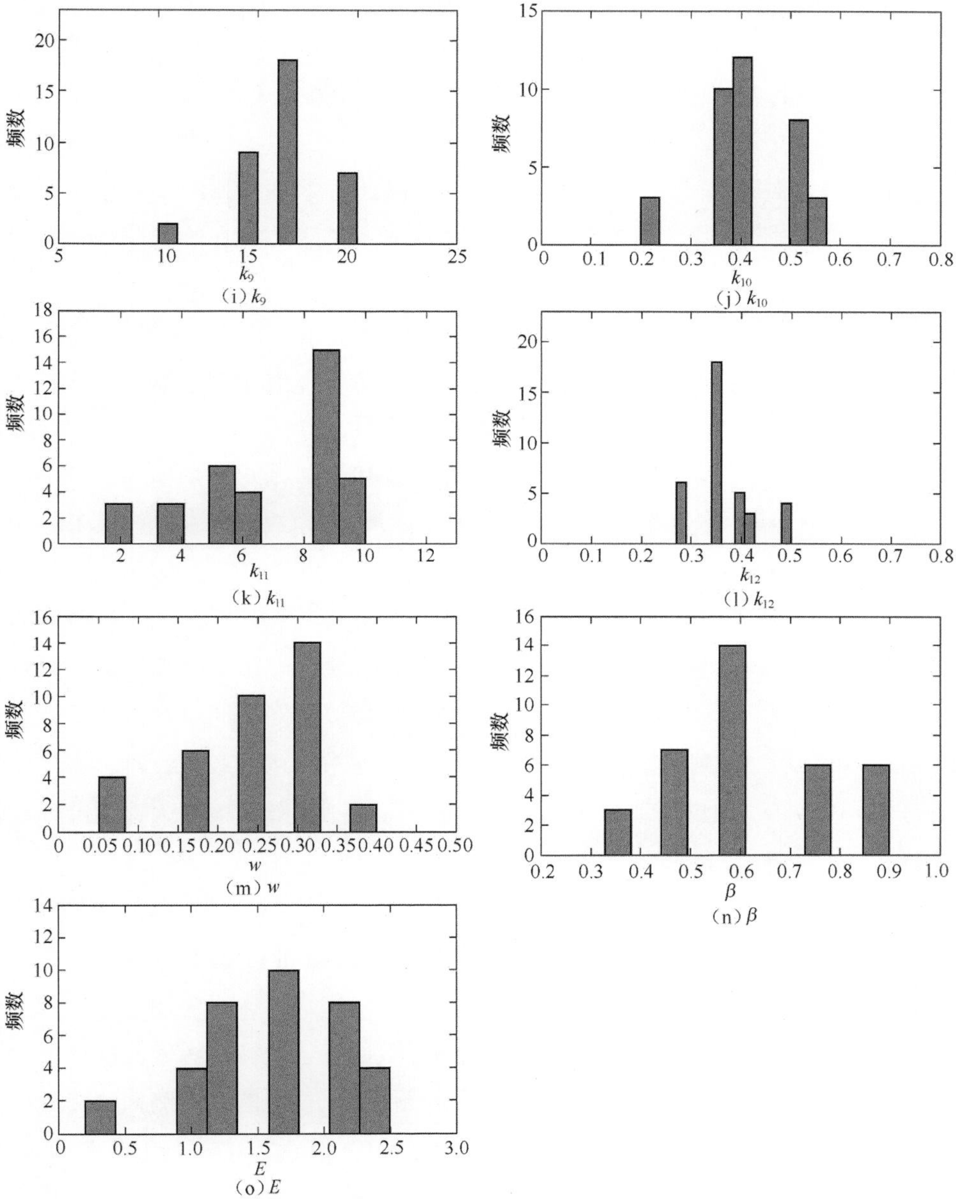

（i）k_9

（j）k_{10}

（k）k_{11}

（l）k_{12}

（m）w

（n）β

（o）E

图 9.6　调谐因子分布区间（续）

从图 9.6 可看出，不同的调谐因子分布的区间有所不同。调谐参数 k_1 分布区间为 2~12，通过高斯曲线拟合后，得到高斯中心点 5.45 作为该调谐参数的代表值；

调谐参数 k_2 分布区间为 0.7~1.3，通过高斯曲线拟合后，得到高斯中心点 0.93 作为该调谐参数的代表值；调谐参数 k_3 分布区间为 3.5~8，通过高斯曲线拟合后，得到高斯中心点 5.8 作为该调谐参数的代表值；调谐参数 k_4 分布区间为 0.7~1.9，通过高斯曲线拟合后，得到高斯中心点 0.91 作为该调谐参数的代表值；调谐参数 k_5 分布区间为 2.2~9，通过高斯曲线拟合后，得到高斯中心点 8.13 作为该调谐参数的代表值；调谐参数 k_6 分布区间为 0.2~2.8，通过高斯曲线拟合后，得到高斯中心点 1.52 作为该调谐参数的代表值；调谐参数 k_7 分布区间为 2~9，通过高斯曲线拟合后，得到高斯中心点 8.78 作为该调谐参数的代表值；调谐参数 k_8 分布区间为 0.2~1，通过高斯曲线拟合后，得到高斯中心点 0.97 作为该调谐参数的代表值；调谐参数 k_9 分布区间为 10~20，通过高斯曲线拟合后，得到高斯中心点 13.4 作为该调谐参数的代表值；调谐参数 k_{10} 分布区间为 0.2~0.59，通过高斯曲线拟合后，得到高斯中心点 0.43 作为该调谐参数的代表值；调谐参数 k_{11} 分布区间为 1.8~10，通过高斯曲线拟合后，得到高斯中心点 9.97 作为该调谐参数的代表值；调谐参数 k_{12} 分布区间为 0.25~0.5，通过高斯曲线拟合后，得到高斯中心点 0.31 作为该调谐参数的代表值；调谐参数 w 分布区间为 0.05~0.4，通过高斯曲线拟合后，得到高斯中心点 0.34 作为该调谐参数的代表值；调谐参数 β 分布区间为 0.31~0.89，通过高斯曲线拟合后，得到高斯中心点 0.62 作为该调谐参数的代表值；调谐参数 E 分布区间为 0.2~2.5，通过高斯曲线拟合后，得到高斯中心点 1.78 作为该调谐参数的代表值。

9.4.2 基于线性减法正交侧抑制模型的偏振特征计算

为了验证本章所提出的正交侧抑制偏振参数图像在表征目标偏振信息及拉伸目标—背景间对比度的优越性，首先将基于线性减法模型的正交侧抑制偏振特征计算方法同基于 Stokes 模型的偏振参数特征计算方法进行比较。所获取的 30°、120°和 75°、165°和左旋偏振及右旋偏振 3 组水下偏振图像如图 9.7 所示。从图中可以看到，在相同的光照及水下成像条件下，在不同的偏振角度下，偏振图像的强度、对比度及色彩特性发生显著变化。此外，在不同的偏振角度下，目标—背景间的对比度会发生变化，例如左旋圆偏振光所成的场景图像中目标—背景间的

对比度同其他偏振角度下所成偏振图像相比，目标同背景间的差异最大，最有利于水下偏振检测任务。

(a) I（30°） 　　(b) I（120°）

(c) I（75°） 　　(d) I（165°）

(e) I_r 　　(f) I_l

图 9.7　水下偏振图像原图（附彩图）

将各角度线偏振图像及圆偏振图像统一归一化为灰度图像后采用线性

减法模型并引入优化后的模型参数对其进行融合计算后所得结果如图 9.8 所示。从所提取到的偏振正交侧抑制特征图中可以看到：偏振特征图像能够在一定程度上反映出目标的物理属性信息；偏振特征图像中包含有丰富的边缘轮廓及纹理信息；在偏振特征图像中，目标同场景背景间的对比度较为明显；偏振特征图像中包含有不同程度的斑点噪声。上述特性证明偏振特征图像有利于水下目标检测任务，但是需要采用对偏振特征图像噪声进行抑制的处理策略。

Stokes 模型是大气环境中偏振成像及遥感偏振成像中所常用的偏振特征参数计算方法，用于兴趣目标检测、识别等图像智能分析处理任务。对了验证本研究所提出的基于线性减法模型的正交侧抑制偏振特征的性能，对于该组数据，采用 Stokes 模型计算偏振特征图像，所得结果如图 9.9 所示。

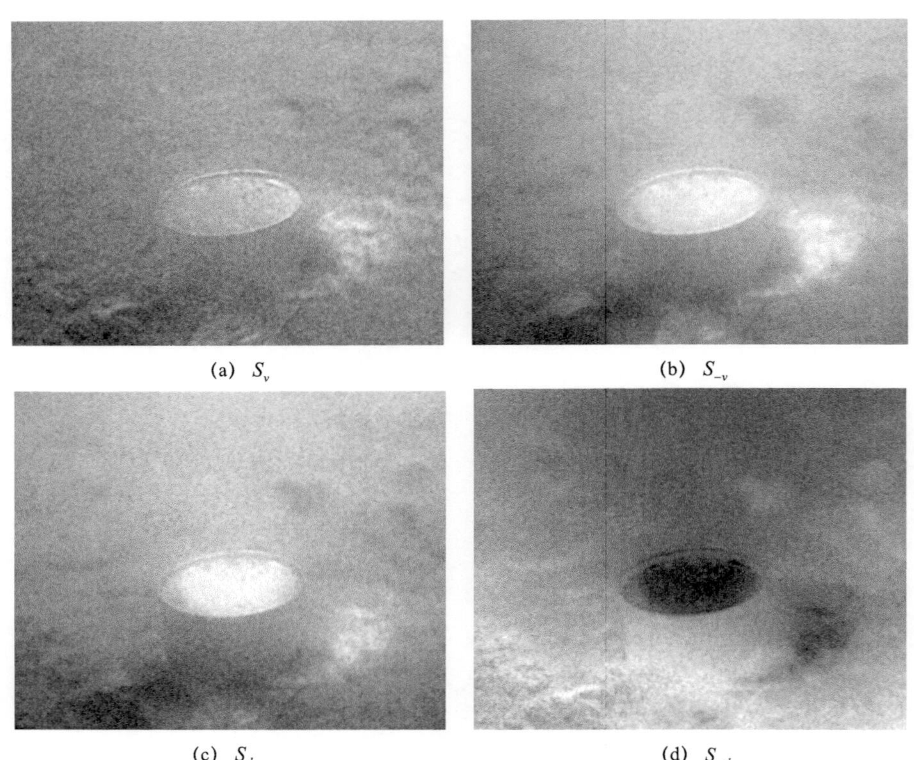

(a) S_v　(b) S_{-v}

(c) S_d　(d) S_{-d}

图 9.8　基于线性减法模型的正交侧抑制偏振特征

(e) S_l

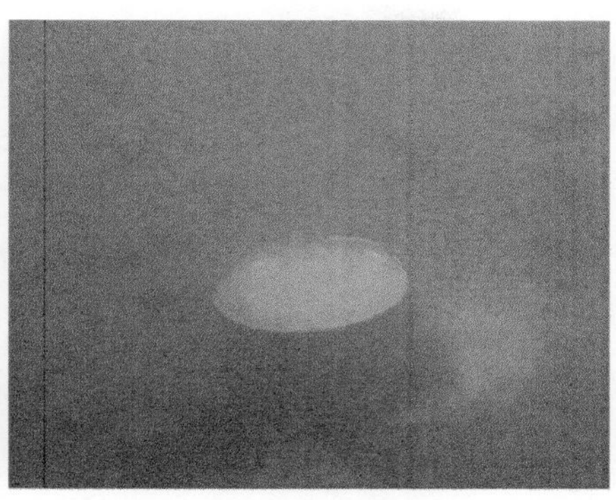
(f) S_r

图 9.8　基于线性减法模型的正交侧抑制偏振特征（续）

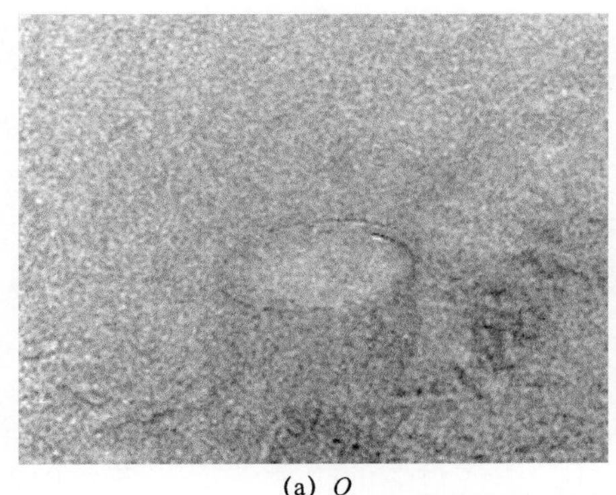
(a) Q

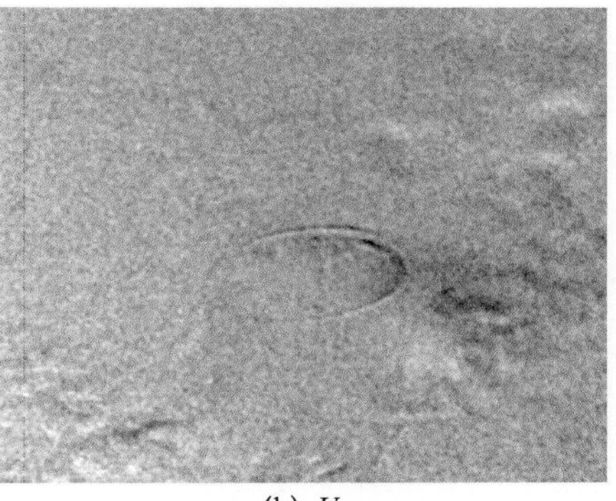
(b) U

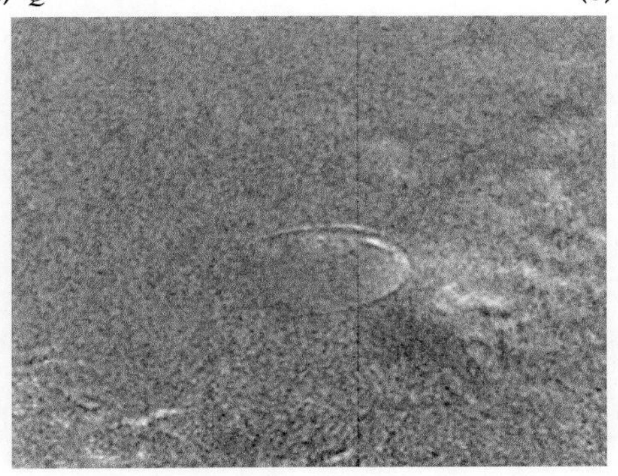
(c) DoP

图 9.9　Stokes 参数特征

通过同图 9.9 直观的对比后，可以发现基于 Stokes 的偏振特征参数提取方法并不适用于水下偏振图像处理，主要表现在所提取的偏振特征图像中目标同背景间的对比度不仅没有被明显拉伸反而有所降低，甚至无法通过人眼视觉实现有效分辨，同本研究所提出的偏振特征提取方法相比，其性能明显下降。通过对水下光学环境的物理光学研究后发现 Stokes 模型无法适应于水下场景的主要原因在于水体及悬浮颗粒物所形成的水下光幕光噪声过强，在此情况下由于没有先验知识的指导也没有经过参数的学习和优化，Stokes 模型很难适应当前场景中的水下光学环境。

9.4.3 基于神经网络正交侧抑制模型的偏振特征计算

对采集到的水下线偏振图像及圆偏振图像继续采用基于神经网络正交侧抑制模型的偏振特征计算方法进行实验验证。该模型的输入为分别为 30°–120°、75°–165°、左旋—右旋 3 组方向正交的偏振图像，每组输入的偏振图像对应一个输出偏振特征图像。采用神经网络并引入经过训练优化后的模型参数 w、β 和 E 对其进行融合计算后所得到的偏振特征图如图 9.10 所示。

从所获得的结果中可以看到基于神经网络模型的正交侧抑制偏振特征同基于线性减法模型及 Stokes 模型相比，能够更好地抑制背景信息，显著化目标信息。但是，研究也发现在特征图像中，目标周围具有明显的“光晕”状区域。这主要是由于神经网络模型并不是孤立地处理图像中的单一像素点，而且考虑图像像素点邻域对该点的影响，所以目标区域周围具有明显的平滑效应。综合图像中目标—背景间的对比度及噪声对目标检测任务的影响，可以发现基于神经网络模型的正交侧抑制偏振特征最有利于目标检测任务，采用该特征进行目标检测应能够实现高质量的目标检测效果。对于这一点将在后续的章节中进行讨论并证明。

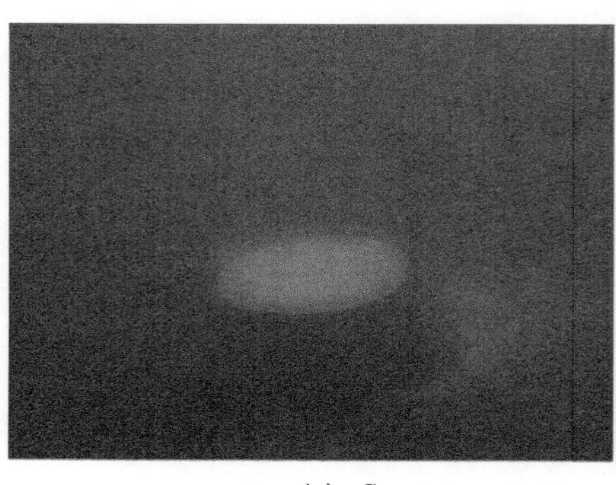

(a) S_t

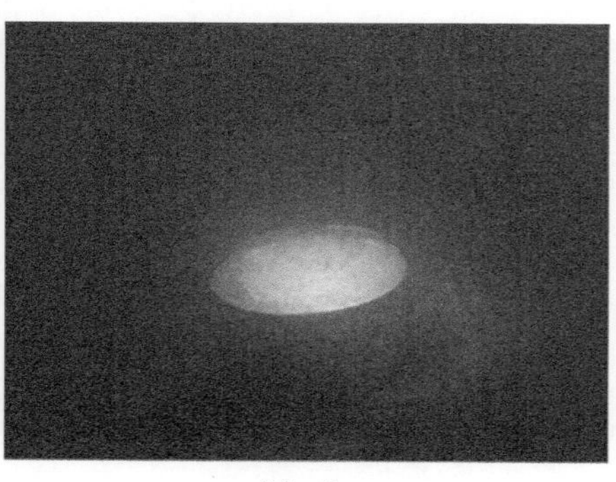

(b) S_k

图 9.10 神经网络正交侧抑制模型特征图像

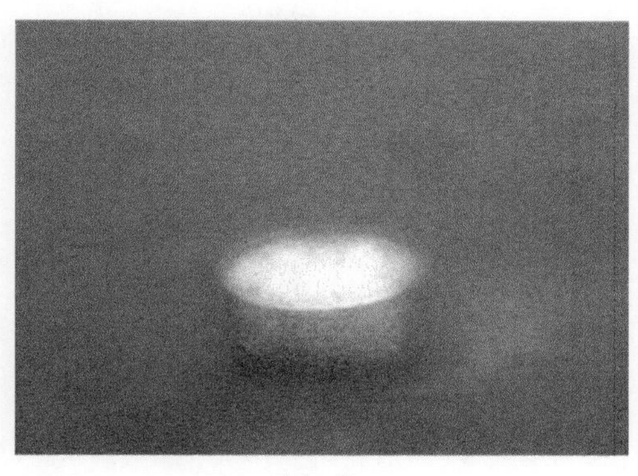

(c) S_c

图 9.10　神经网络正交侧抑制模型特征图像（续）

9.4.4　量化评测比较

为了更直观地比较本章基于线性减法模型及基于神经网络模型的正交侧抑制偏振特征图像在目标信息表征及目标—背景间对比度拉伸上的性能，本研究采用量化的评测指标客观地比较所获得特征图像对图像目标检测的性能。

不同于用于评测图像视觉质量的评测标准如峰值信噪比、平均梯度等，本研究所提取的偏振特征图像主要用于对水下图像目标检测任务。因此，在本研究中设计图像标准差及目标区域和背景区域间的对比度为评测标准比较 Stokes 模型及偏振正交侧抑制模型在偏振提取上的性能。

（1）标准差

标准差反映图像中图像目标与背景反差的大小。它的定义为

$$D = \sqrt{\frac{\sum_{i=1}^{M}\sum_{j=1}^{N}(F(i,j)-\mu)^2}{MN}} \tag{9.24}$$

其中，$F(i,j)$ 是图像中第 i 行，第 j 列像素的灰度值，μ 是图像的平均灰度值，MN 表示图像的大小。标准差 D 越大，图像的灰度值越离散，目标背景间的可分性越高。

（2）目标—背景间差异

目标—背景间差异能够最直接反映特征图像中目标和背景间信息的可分性。

由于在本实验中已知目标的图像区域，因此可随机选择目标区域中的样本及背景中的样本，计算样本区域中图像信息间差异的绝对值，以作为二者间差异的度量。

$$C = \frac{\sum_{i=1}^{N} \left\| I_i^{\mathrm{o}} - I_i^{\mathrm{b}} \right\|}{255N} \tag{9.25}$$

其中，N 为采样图像样本数量，I_i^{o} 为目标区域采样样本的平均灰度，I_i^{b} 为背景区域采样样本的平均灰度。255 用于参数的归一化，保证 C 的取值区间为[0,1]。参数 C 的值越大说明图像背景—目标间的灰度差异越大，可分性越好，越有利于图像目标检测任务。

综合表 9.1～表 9.4 量化评测结果，可以清楚地看到基于神经网络模型正交侧抑制偏振模型的偏振特征图像在各项指标上均显著优于其他 3 种比测对象，尤其是在目标—背景差异参数 C 上，其值高于 0.7，非常有利于图像目标检测任务。基于线性减法正交侧抑制偏振模型的偏振特征图像在指标 D 及 C 上的值均较小，且波动较为显著，如 S_v 的指标同 S_d 及 S_r 的指标相比其大小要显著小于后两者。综合，基于神经网络模型正交侧抑制偏振模型及基于线性减法正交侧抑制偏振模型的偏振特征图像及原始偏振图像所对应的参数值，可以看到正交侧抑制偏振模型能够有效提取偏振特征信息且偏振特征信息显著有助于后期的图像目标检测任务。但是，将基于 Stokes 模型所提取的偏振特征图像同原始水下偏振图像相比较，Stokes 模型所提取得到的偏振特征图像的质量较差，在图像平均梯度及目标—背景间对比度上甚至低于原始偏振图像。这一现象说明基于 Stokes 模型的水下偏振特征提取方法失败，Stokes 模型并不适用于水下场景。

表 9.1　原始偏振图像

指标	30°	120°	75°	165°	I_r	I_l
D	2.350 9	2.974 3	3.304 2	3.415 3	3.751 7	3.710 2
C	0.192	0.187	0.242	0.275	0.241	0.290

表 9.2　基于线性减法模型的偏振特征图像

指标	S_v	S_{-v}	S_d	S_{-d}	S_r	S_l
D	1.912 7	4.278 1	5.292 3	4.321 4	4.527 3	3.343 2
C	0.093	0.372 8	0.389 3	0.354 2	0.434 0	0.575 2

表 9.3　基于 Stokes 的偏振特征图像

指标	Q	U	DoP
D	1.725	1.342	1.704
C	0.012	0.007	0.004

表 9.4　基于神经网络模型的偏振特征图像

指标	R_1	R_2	R_3
D	2.741 2	2.310 5	2.198 1
C	0.723	0.811	0.765

参考文献

[1] SCHAEFER B, et al. Measuring the Stokes polarization parameters[J]. American Journal of Physics, 2007, 75(2): 163-168.

[2] ECKHORN R, et al. Feature linking via synchronization among distributed assemblies: simulations of results from cat visual cortex[J]. Neural Computation, 1990, 2(3): 293-307.

第 10 章

仿螳螂虾视觉适应机制的图像目标分割

10.1 引言

面向复杂场景的图像分割是目前研究中的热点。本章以水下图像目标分割过程为例，阐述在复杂场景中基于仿生视觉适应机制的图像目标分割方法。

基于仿生视觉适应机制的水下图像目标分割主要通过 3 步实现，首先对水下图像提取视觉显著性区域，并建立基于加权求和的仿生适应性融合模型。随后的任务包括离线融合权重训练和在线目标提取两个步骤。在离线权重训练时，本章设计了一种基于标定图校准成像的水下光学特性学习方法。不同于对物理光学模型中的衰减参数、折射率参数等的估计，水下光学特性被以融合权重的形式表示出来，即为当前水下场景中置信度较高的图像特征分配较高的权重，以增加提取任务对该特征的依赖度。而对于置信度较低的特征则需要抑制其权重的大小，以避免对图像目标提取结果的干扰。在线图像目标提取时，针对当前水下场景，训练好的权重被注入到图像目标分割模型中，实现对视觉显著性区域的适应性加权融合，并最终完成对水下图像目标的分割。在水下图像特征提取中，分别采用两组图像特征进行融合计算。首先采用基于光谱—光强—纹理方向特征融合的水下图像目标分割。随后进一步考虑到水下散射光学环境中的光线偏振效应采用水下偏振成像技术将水下偏振光学特征引入到本研究所提出的模型中，实现基于光谱—光强—偏振特征融合的水下图像目标分割。

10.2 水下生物视觉的适应机制

从现有的水下图像目标分割研究中可以看到，主要手段要么采用大气环境中较为成熟的图像目标分割技术要么采用基于图像预处理的图像目标分割方法[1,2]。总体上，由于缺少对水下光学环境的建模，目前水下图像目标提取方法并不能很好地处理所获得的水下图像，过多的背景区域被误认为是目标，而部分的目标区域又被漏检。

因此一种能够适应水下光学环境且较为便捷的水下图像目标分割方法对于科学研究和实际应用均是十分必要的。对于这一问题，水下生物的视觉机制给予我们一个有效的启发和可以借鉴的原型。在长期进化过程中，水下生物从一个共同的祖先发展为多样性的物种，分布于不同的水下环境中。在进化的过程中，它们的视觉系统必须主动适应其栖息地特殊的光学环境。这一适应过程使不同水下环境中生物的视觉机制间产生明显差异[3, 4]。此外，生物学家还发现生物个体的视觉系统也存在有自适应机制，该机制使生物的视觉系统能够主动适应不同的场景光线以及自然昼夜光照变化[5]。现代的生物学研究发现，不同于繁琐的图像恢复算法借助于水下光学成像模型反变换实现对水下图像的恢复，生物敏锐的视觉不仅归因于其精密的视觉器官，更依赖于其完善的视觉适应性调节机制。该调节机制能够在不同的和变化的光学环境中保持视觉系统的光敏感特性始终同当前场景光线中最显著最可靠的光学信息匹配。采用这种策略，仅有那种最能够清晰分辨目标的光学信息被加强，而其他有可能干扰目标辨识的信息则被抑制甚至完全忽略[6]。受到这种生物视觉适应机制的启发，本章论述了一种新的水下图像目标分割策略，即在水下图像目标分割时考虑多种图像特征以多角度全面描述目标，并试图适应性选择当前水下场景中最显著最可靠的图像目标特征。为了实现这一想法并形式化模拟生物视觉适应机制，本研究采用机器学习方法提出了一种基于先验知识的水下图像目标分割方法，成功用于水下图像目标分割。在本研究中，基于多特征加权融合的视觉适应机制建模及基于机器学习的水下场景光学先验知识学习和参数估计是其中的两个关键环节。后续的章节将围绕这两个关键问题进行研究。

以螳螂虾为例，螳螂虾栖息范围几乎覆盖所有水深的海洋，从明亮的海洋表面到昏暗的深层海底，并跨越所有的纬度。对于该生物解剖学、行为学和电生理学研究发现螳螂虾的视觉系统不仅包含复杂的组织结构，更包含主动的视觉适应机制。

10.2.1　进化适应机制

随着研究的深入，研究人员发现螳螂虾敏锐的视觉不仅源于其复眼复杂的组织结构还受益于对其栖息环境的适应能力。这种适应能力使螳螂虾的视觉敏感性同环境光照的光学特性完全匹配。为了描述这种进化适应机制，研究人员选择了6个螳螂虾亚种作对比，分别为 Bathysquilla Crassispinosa、Echinosquilla Guerini、Squilla Mantis、Hemisquilla Mantis、Gonodactylus Spp 和 Pesudosquilla Ciliate。这些甲壳纲昆虫分别栖息在海洋水深大于 500 m、100 m、100 m、20 m、浅海和海洋表面的栖息环境中。诺里托大学的一个研究团队从 1986 年至今一直在陆续发表该物种的生物学研究成果。从已发表的成果可以看出，复眼中小眼结构、小眼视角、小眼间视域重叠模式及小眼数量等几种复眼的生理结构均因不同栖息环境中光照差异而不同。相比较，栖息在相似水下光照环境中螳螂虾的视觉系统结构大致相同[4, 5]。目前，生物学家业已证明螳螂虾复眼的内部外部结构同其栖息地的光学环境紧密相关。通常，浅水拥有强度更高、谱带更宽的光照环境，其中所栖息螳螂虾的复眼视觉通常具有更加复杂的中央带小眼，较小的视域，较多数量的小眼以及较小的视域重叠。与此相反的情况出现在较深水域环境中。利用计算机视觉理论对该生物视觉结构进行对比，揭示了这种调节机制同视觉敏感性和视觉成像间的密切关系。总体上，螳螂虾视觉分辨率和光谱敏感性随着水深的增加而降低，但是其光强的敏感性以及对偏振光的敏感性随之提高。结合本课题组前期对水下场景光学特性的研究后发现，这种趋势同水下显著光学特征的转换密切相关。例如，在深水环境中目标色彩特征几乎消失殆尽，且光强特征极其微弱，但更显著于其他光学特征。此外，在这种弱光条件下偏振光视觉敏感更加有利于对于目标的准确感知。相应地，负责色彩敏感的中央带小眼极度萎缩，而上下两半球小眼的视域扩张。根据这种机制，在深海中复眼以牺牲视觉分辨率和色彩敏感性为代价换取对光强信息及偏振信息的敏感，并且光强及偏振信息被视为关键信息来感知水下场景。与此相反的情况出现在浅水环境中。

10.2.2 明暗自适应机制

除了不同生物亚种间视觉系统的差异外，在独立生物个体中也发现了其所特有的基于自适应机制的视觉调节。在整个螳螂虾的生命周期内，它必然面对多种不同的光照环境。在复眼系统和相应视觉神经系统中所存在的自适应调节机制能

够使其适应极端的光学环境。这种机制也给予生物视觉一种能够适应日夜明暗变化的能力[6]。解剖学研究结果发现，这种能力是通过肌原纤维收缩而实现的，通过肌原纤维的收缩能够使小眼的孔径和视角增大，使更多的光线射入到视锥体中并传输到更长的感杆束中。但是随着小眼视角的增加，小眼的视域重叠度增加，视觉的空间分辨率相应降低，相反的情况出现在明亮的环境中。

10.3　仿生物适应机制建模及参数估计

10.3.1　适应性融合模型

本质上，水下生物视觉调节的过程对应着视觉信息的优化融合。对比水下光学成像和机器视觉理论，可以推导出视觉适应机制对水下场景视觉感知的影响，如表 10.1 所示。考虑采用 4 种光学特征，分别为光强、光谱、偏振及空间分辨率来评价视觉敏感性。相应视觉敏感信息考虑光强、色彩、偏振和空间分辨率 4 种特征。目标信息考虑光强、色彩、偏振、空间特征。符号√和×表示对应的信息被增强或抑制。

表 10.1　视觉敏感同水下光学显著信息的联系

机制	特征	浅水光学环境	深水光学环境
视觉敏感性	光强	×	√
	光谱	√	×
	偏振	×	√
	空间分辨率	√	×
视觉信息获取	光强特征	×	√
	色彩特征	√	×
	偏振特征	×	√
	空间特征	√	×
目标信息	光强特征	×	√
	色彩特征	√	×
	偏振特征	×	√
	空间特征	√	×

可以看到感知所主要依赖的视觉特征随光学环境的变化而变化，并且同水下图像目标的显著特征严格匹配。根据信息融合理论，这种适应机制可以采用线性加权函数进行模拟。

$$R = w_1 r_1 + w_2 r_2 + w_3 r_3 \tag{10.1}$$

其中，w_1、w_2和w_3分别为对兴趣图像目标 3 种图像特征视觉响应r_1、r_2和r_3的权重。R为最终的神经元响应，当响应超过一定阈值时会激发相应的行为动作，如捕猎和躲避。显然，若为w_1、w_2和w_3分配尺度一致的权重值，权重值越大则相应的信息越被加重。同螳螂虾神经解剖学的研究对照，发现这种数学模型可利用视觉神经网络的结构、信息传输及处理模式进行解释。螳螂虾拥有典型的平行分层神经网络[6, 7]。色彩信息和光强信息分别被不同的小眼所接收，信息间并不发生串扰，这种对兴趣图像目标的视觉响应平行传输到中央髓质中，通过极化和去极化放电模式对多种信息进行融合，这种融合方式可以采用线性加权模型进行模拟。因此有充分的理由相信采用线性加权模型模拟螳螂虾复眼的视觉适应机制是合理的。通过同一般水下图像目标提取方法对照后，可以得到更深层次的启发。对于水下图像目标提取任务，获取人眼感知的“清晰”图像或许不是必需的。相反，水下图像目标提取的关键是最大化的拉伸目标同背景间的对比度。假设对于任何特征的视觉响应均是由目标同背景间的对比所激发的，可以看到对于式（10.1）的优化实际上等价于兴趣目标—背景间视觉对比度的最大化。这种策略显著区别于基于图像预处理的水下图像目标分割方法，摆脱了繁琐的图像预处理环节，并形成了本方法的基础。

如式（10.1）所示，对于视觉适应机制模型，其中的权重w和响应r的计算是本方法的关键。对于水下图像目标提取任务，r为在某种光学信息基础上所提取的高级特征或初步提取结果，w为尺度归一化的用于特征融合的权重。

10.3.2　基于机器学习的融合权重w优化估计

为了模拟螳螂虾视觉系统的适应机制，本研究选用线性加权模型进行多特征融合。为了获取水下光学先验知识，估计特定水下环境中不同特征所对应的权重值，本研究引入机器学习技术。根据机器学习理论，知识是通过循环训练学习得到的。因此，训练数据、损失函数以及优化方法的设计是其中的关键。

根据机器学习理论[8]，理想的训练数据必须能够完备地描写类别模式的数据分布且冗余性较低。根据这一原则，设计了 36 幅标定图，如图 10.1 所示，作为训练数据。该训练图像中目标均具有不同的典型轮廓特征，包括三角形、矩形，圆形和高斯形，用于代表圆滑和生硬的轮廓。这些目标分别被染成 8 种不同的色彩以及混合色，其色彩波段分别为红色 682 nm、橙色 607 nm、黄色 577 nm、绿色 542 nm、蓝色 492 nm、靛蓝色 462 nm、紫色 410 nm、混合色和黑色。通过对这些标定图水下成像所获得的训练数据被认为能够适合描述各种不同轮廓和不同色彩外貌目标的训练数据。

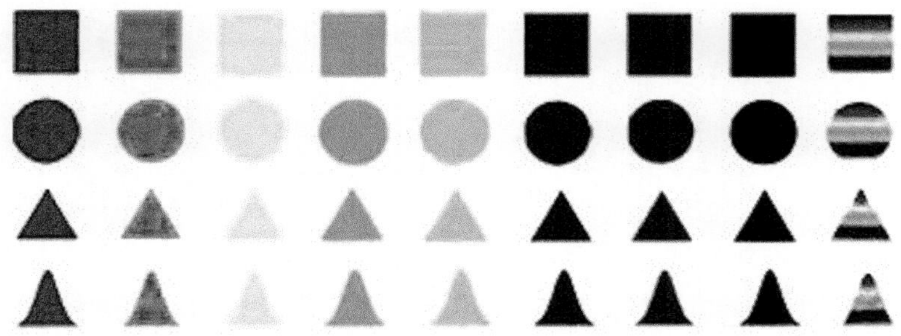

图 10.1　标定图（附彩图）

在本研究中，损失函数被用于量化计算提取所得到的目标区域同真实目标区域间的差异。对于水下图像目标提取任务，真实目标区域表征为包络目标区域的轮廓。这种样本可以通过训练图像所对应的掩膜图像而获得，在二值化的掩膜图像中黑色区域代表背景而白色区域代表目标。因此，若计算得到的图像目标提取结果同样也能够表征为二值图的形式，误差可以通过幅图像像素点间的一对一方差计算而获得。

$$E=\sum_{i,j}\left[S(i,j)-S_{\text{mask}}(i,j)\right]^2 \tag{10.2}$$

其中，E 为估计得到的误差，$S(i,j)$ 为图像目标提取结果图像中像素 (i,j) 位置上的像素值，$S_{\text{mask}}(i,j)$ 为相应掩膜图像中对应点上的像素值。根据式（10.1），可以看到 $S(i,j)$ 为关于权重 w 的函数，可通过最小化误差函数实现权重 w 的优化。

$$\min E=\min_{w_1,w_2,w_3}\sum_{i,j}\left[w_1S_1(i,j)+w_2S_2(i,j)+w_3S_3(i,j)-S_{\text{mask}}(i,j)\right]^2 \tag{10.3}$$

由于融合权重 w 必须为尺度归一化的正值，它必须满足下面的约束条件。

$$w_1+w_2+w_3=1,\quad 0\leqslant w_1,w_2,w_3\leqslant 1 \tag{10.4}$$

由于权重在数值上具有较低的自由度和明确的上下限，可以采用多种寻优方法甚至遍历算法来寻找最优的权重值 w_1、w_2 和 w_3，且计算复杂度仍能够保持在可容忍的范围内。优化后获得 39 组能够最优包络真实目标区域的权重值，尽管每组权重在数值上存在微弱差异，通过聚类后可以发现每种特征所对应的权重均存在一个明显的聚类中心。这种现象说明权重值的大小仅仅同其所对应特定环境中光学特征的选择相关，能够量化表征其显著程度及对图像目标分割的可靠程度，不随目标或标定图的变化而变化。因此可以用聚类中心点的数值来衡量不同特征在水下图像目标分割中的重要性和置信度。

10.4 基于视觉注意机制模型的特征提取及参数 *r* 估计

水下图像目标特征提取的目的是基于不同图像信息初步计算出水下图像目标区域。根据融合模型并考虑到不同方法的性能优势，在本研究中采用视觉注意机制模型提取图像的视觉显著特征[9]，进而设定阈值以输出二值化特征图。尽管视觉注意机制模型发现于灵长类动物的视觉系统而非水生动物，但是将其应用于水下环境中仍然是合理的。首先，基于显著性的视觉注意机制模型已被广泛地被证明为是一种性能较为优越且能够用于显著特征提取和场景分析的仿生模型[10]。其次，虽然该模型是模拟灵长类动物的视觉系统而建立，但是通过对解剖学和电生理学研究对比后，我们也有足够的理由相信某些水生高级动物（如海豚、鲸类）也有类似的视觉机制。

由于在本研究中考察水下场景中的光谱、光强、偏振及目标的空间特性，因此在初级图像特征的选择上分别提取图像的光谱、光强、偏振及纹理方向特征。将输入图像的红色、绿色及蓝色信道简化为参数 r、g 和 b。则光强特征 I 在 RGB 色彩空间中可以表示为 $I=\dfrac{r+g+b}{3}$。对于颜色，选择 4 种调制色彩信道作为颜色

特征，分别为 $R=r-\frac{b+g}{2}$，$G=g-\frac{r+b}{2}$，$B=b-\frac{r+g}{2}$ 以及 $Y=\frac{r+g}{2}-\frac{|r-g|}{2}-b$。对于局部纹理方向特征，采用方向性 Gabor 金字塔模型进行提取，获取 0°、45°、90°和 135°这 4 个方向特征。其中偏振特征的采集采用偏振片转动校准水下成像的方式分别获取偏振角 $\alpha=0°$、45°、90°方向上的目标灰度图像。然后，根据 Stokes 方程 $I=A\sin[2(\varphi-\alpha)+\frac{\pi}{4}]+B$ 解得偏振度 $\delta=\frac{A}{B}$ 并归一化表征为灰度特征图。考虑到目标同背景间的纹理差异以及偏振度图像在纹理表征上的优势，对于该特征图采用二维 Gabor 滤波器来提取 0°、45°、90°和 135°这 4 个方向上的纹理特征，最终形成偏振—纹理方向特征。对于上述 4 种特征，形成光谱—光强—纹理方向特征和光谱—光强—偏振特征两套适应性融合方法，分别输入到基于显著性的视觉注意机制模型中，提取显著图以表征图像显著特征。模型框架及计算流程如图 10.2 和图 10.3 所示。

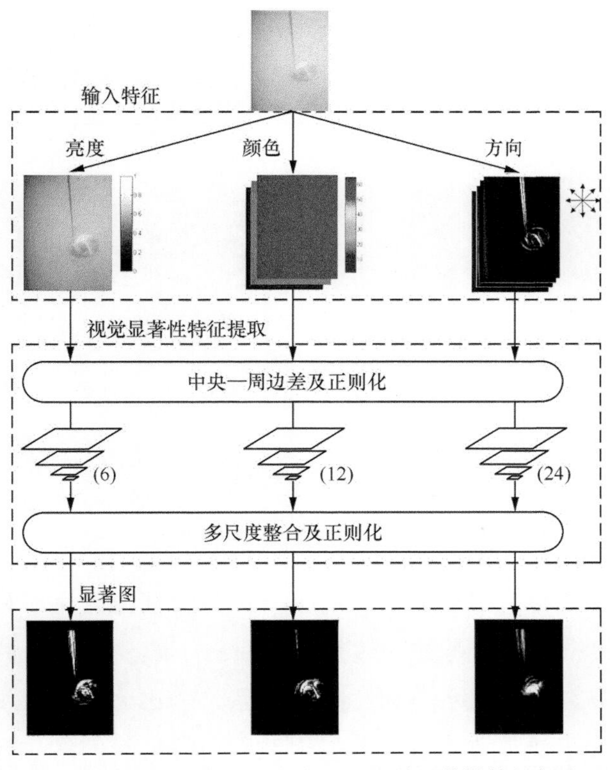

图 10.2　基于光谱—光强—纹理方向特征的视觉显著性特征提取（附彩图）

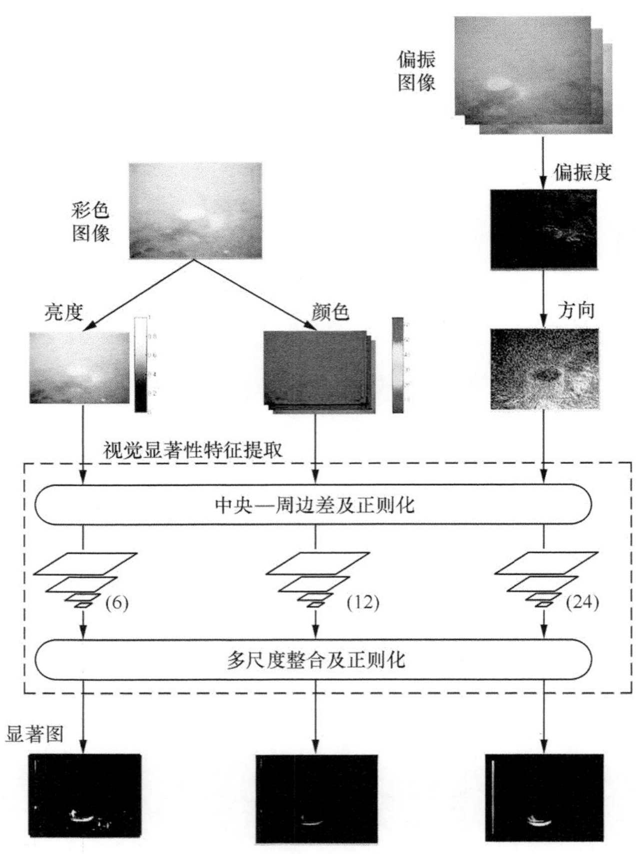

图 10.3　基于光谱—光强—偏振特征的视觉显著性特征提取（附彩图）

10.5　水下图像目标分割

本节所述算法将基于机器学习的水下图像特征融合用于模拟生物视觉适应机制，主要包括离线训练和在线目标提取两个部分，如图 10.4 所示。在训练阶段，输入数据为一组水下训练标定图像，输出为最优权重。在图像目标提取阶段，首先在视觉适应机制模型中输入训练所得的最优权重，随后将模型应用到图像目标提取的测试图像。对于测试图像首先利用视觉注意机制模型提取视觉显著特征生成初步的水下图像目标分割结果。在此基础上，采用线性加权融合策略对这种基于单一特征的水下图像目标分割结果进行适应性融合，形成基于多特征适应性融合的水下图像。最后采用区域增长算法[11]对水下图像目标分割结果进行修正，输出最终结果，算法的流程如下。

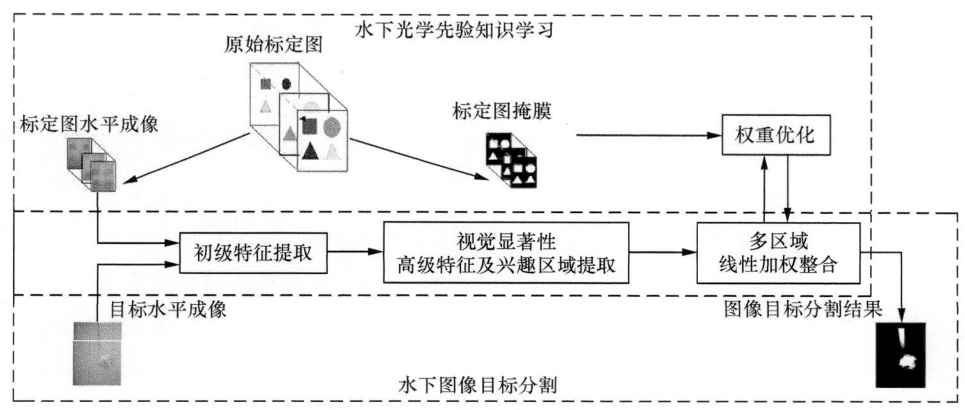

图 10.4　水下图像目标分割框架

（1）离线训练

Step1 训练图像特征提取

Step2 基于单一图像特征视觉显著特征提取

Step3 初始化多特征线性加权融合

Step4 基于误差函数的权重优化

Step5 权重聚类及代表点选择

（2）图像目标分割

Step1 测试图像特征提取

Step2 基于单一图像特征视觉显著特征提取

Step3 基于最优权重的特征优化融合

Step4 基于区域增长算法的目标区域优化

10.6 实验与分析

10.6.1 光谱—光强—纹理方向特征融合

水下实验开始于 2011 年 12 月 12 日 13:00（冬令时，UTC + 8），实验环境为中国江苏省南京市河海大学池塘（118° 74' E，31° 9' N）。由于藻类的大量繁殖，水下能见度小于 50 cm，有效成像距离≤40 cm，自然光照情况下水下背景光成黄绿色。对于成像器件，实验中选用 Nikon Coolpix 5100 CMOS 数码相机，外置防水罩。为了真实验证本研究所提出方法对水下图像目标提取的性能，水下图像目标选用两个塑料材质的玩偶，其中一个着色为黄色并带有白色条纹和黑色斑点，另一个为白色带有红色条纹和黑色斑点。其中黄色目标区由于同背景色较为接近，目标同背景间仅有微弱的对比，而红色区域由于该谱段光线的衰减较为严重，光学信息较为微弱。成像深度为 40 cm，在该场景中的光学环境较为恶劣，如图 10.5 所示。算法模拟采用 MATLAB 平台，计算硬件设备为个人电脑（2.7 GHz，2 GB）。采集到图像的尺寸为 640×480。水下测试图像样本和训练水下图像样本如图 10.5 和图 10.6（a）所示。在训练阶段，首先选用 3 种初级图像特征实现基于 Itti 模型的显著特征提取（图 10.6（b）～图 10.6（d））。初始权重值设置为：$w_C = w_I = w_S = 0.33$，其中 w_C、w_I 及 w_S 分别为光谱、光强及纹理方向特征所对应的权重。优化后所得的权重分布直方图如图 10.7 所示。随后采用高斯曲线对该直方图进行拟合，如图 10.8 所示。从结果中可以清晰看到，颜色特征所对应的权重分布于 0.4～0.6 之间，光强特征所对应的权重分布于 0～0.2 之间，纹理方向特征所对应的权重分布于 0.3～0.5 之间。本实验选用高斯中心点（w_C=0.494 4，w_I=0.095 7 和 w_S=0.387 7）作为每种特征的最优权重值。为了真实评价所提出算法的性能，设计了两组真实场景下的对比实验，首先将所提出的算法同非适应机制指导单纯基于视觉显著模型的水下图像目标分割算法相比较，以证明视觉适应机制模型在水下图像目标分割中的作用。第二组对比实验选择基于图像预处理的水下图像目标分割算法作为比测对象。评价水下图像目标分割结果的质量采用以下的准则，如式（10.5）所示。

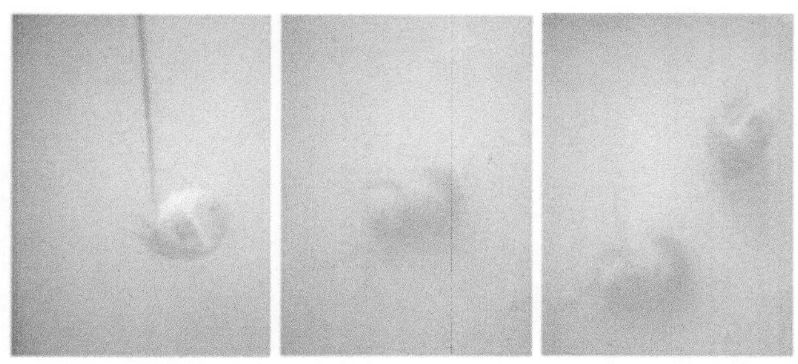

(a) 目标 1　　(b) 目标 2　　(c) 目标 1 和目标 2

图 10.5　水下图像（附彩图）

$$C_{\text{good}} = \frac{\text{card}\{\Omega_{\text{in}} \cap \Omega_{\text{o}}\}}{\text{card}\{\Omega_{\text{o}}\}}，\quad C_{\text{false}} = \frac{\text{card}\{\Omega_{\text{in}} \cap \Omega_{\text{b}}\}}{\text{card}\{\Omega_{\text{b}}\}} \tag{10.5}$$

其中，Ω_{in} 为所分割出的图像目标内部区域，Ω_{o} 为真实图像目标区域，Ω_{b} 为背景区域。C_{good} 为正确分割图像目标区域占真实图像目标区域的比率，C_{false} 为错误分割的区域占背景区域的比率。显然，C_{good} 越大，C_{false} 越小，说明算法的顽健性越好。

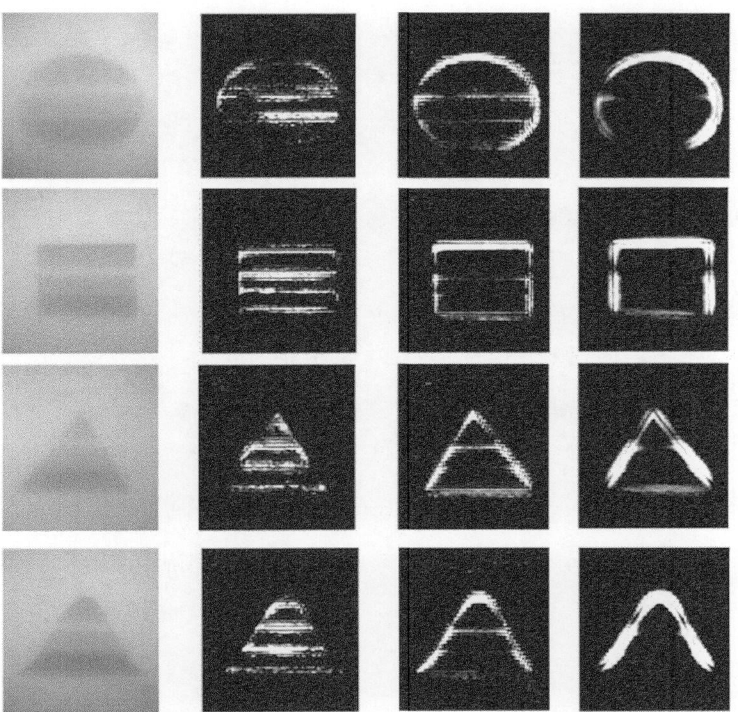

(a) 水下标定图　(b) 色彩特征显著图　(c) 光强特征显著图　(d) 纹理特征显著图

图 10.6　训练水下图像样本以及特征提取（附彩图）

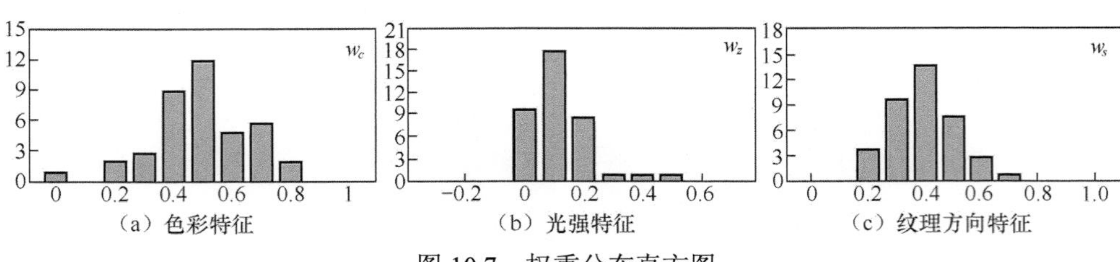

（a）色彩特征　（b）光强特征　（c）纹理方向特征

图 10.7　权重分布直方图

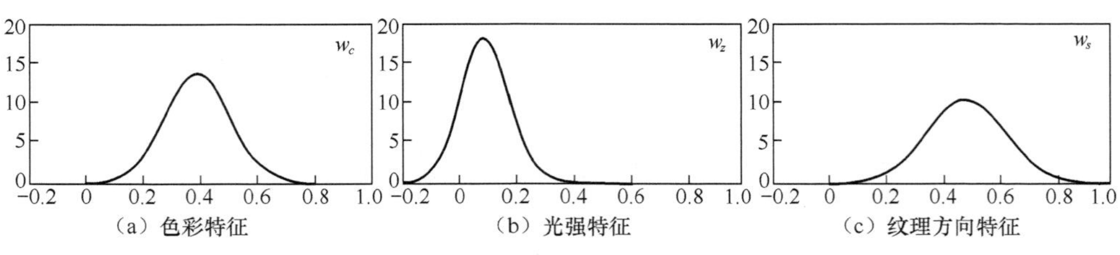

（a）色彩特征　（b）光强特征　（c）纹理方向特征

图 10.8　直方图高斯拟合

（1）同基于视觉注意机制模型比较

真实水下场景中所获得的实验结果证明通过对水下生物视觉适应机制的模拟并用于水下图像处理能够获得较为出色的水下图像目标提取结果，如图 10.9 所示。同视觉注意机制模型比较后，可以看到所提出的算法获得了最优的结果，如表 10.2 所示，符号√和×分别表示是否引入了视觉适应机制模型。对于单一水下图像目标分割任务，对于目标 1、目标 2，本算法分别获得了 $C_{\text{good}} = 0.810\,5$ 和 $C_{\text{good}} = 0.888$ 。

对于多水下图像目标分割任务，本算法获得了 $C_{\text{good}} = 0.854\,4$ 的性能指标。同忽略水下场景光学特性，单纯基于视觉注意机制模型的水下图像目标分割结果比较后，可通过 C_{good} 参数的提高证明本算法的性能优势。但是，本算法在 C_{false} 指标上也有微弱的上升，但也在可容忍的范围内，总体上对水下图像目标分割结果的影响较小，并不能削弱本算法在图像目标提取上的性能优势。综合上述的实验结果，可以证明视觉适应机制模型有助于提高图像目标分割精度。

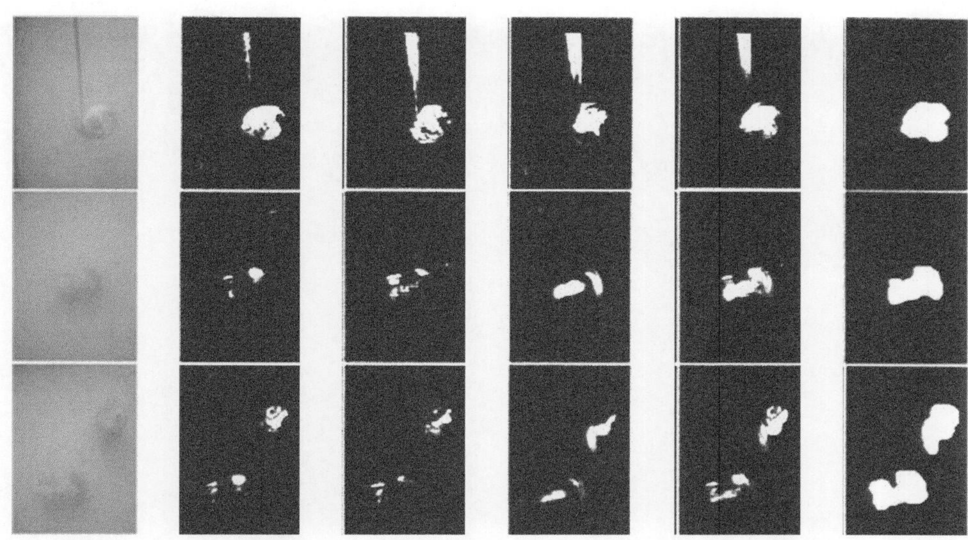

(a) 水下目标图像　(b) 色彩特征显著图　(c) 光强特征显著图　(d) 纹理方向特征显著图　(e) 融合显著图　(f) 分割结果

图 10.9　水下图像目标分割视觉适应机制（附彩图）

表 10.2　　水下图像目标分割结果比较

目标	视觉适应机制模型	C_{good}	C_{false}
目标 1	√	0.810 5	0.002 8
	×	0.549 7	0.000 6
目标 2	√	0.888 0	0.009 7
	×	0.650 8	0.005 7
多目标	√	0.854 4	0.037 2
	×	0.666 9	0.024 5

（2）同基于图像预处理的水下图像目标分割方法比较

常用的水下图像目标分割方法通常采用图像预处理策略以提高图像数据的质量。为了验证本方法的性能优势，分别采用图像恢复和直方图均值化的处理方法对所采集到的水下图像进行预处理。图像目标分割依旧采用基于显著性的视觉注意机制模型。图像恢复后的结果如图 10.10（a）所示。从中可以看到虽然原始图像的对比度得到了一定程度的拉伸且细节更加清晰，但更为不利的是一部分的背景噪声也同时被加强。进而，由于在图像目标分割过程中模型并没有视觉适应机制的指导，为每个特征分配了一致的权重值来实现信息融合，那些置信度较高的可靠特征（光强特征和纹理方向特征，如图 10.10（c）、图 10.10（d）所示）对图像目标提取的贡献被削弱，而那些置信度较低的特征（色彩特征，如图 10.10（b）所示）会较为严重地影响图像目标分割结果。

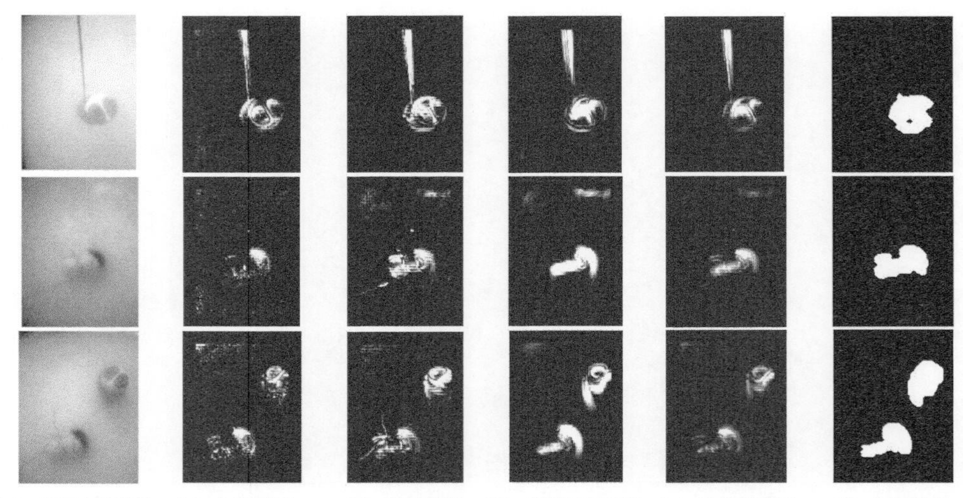

(a) 水下目标图像恢复　(b) 色彩特征显著图　(c) 光强特征显著图　(d) 纹理方向特征显著图　(e) 融合显著图　(f) 分割结果

图 10.10　水下图像目标分割图像恢复（附彩图）

通过直方图均值化的图像增强结果如图 10.11（a）所示，从中可以看到由于大量噪声存在，直方图均值化的结果非但没有增强图像的质量，图像处理结果反而产生严重的扰动。导致水下图像目标分割质量（如图 10.11（f）所示）相应降低，大量的背景区域存在于提取结果中。进一步，分别选择算法运行时间和提取精度两个方面的指标评价本算法。从表 10.3 中可以看到，总体上基于视觉适应机制的水下图像目标分割方法在提取精度方面显著优于非适应性的和基于图像预处理的水下图像目标分割方法。同时，由于图像预处理方法需要消耗大量的计算复杂度，从表 10.3 中可以看到，基于图像恢复预处理的水下图像目标提取的计算时间达到或超过本算法所需计算时间的两倍。但是将表 10.3 同表 10.2 的结果比较后，可以看到图像预处理算法在一定程度上仍有助于水下图像目标分割精度的提高。

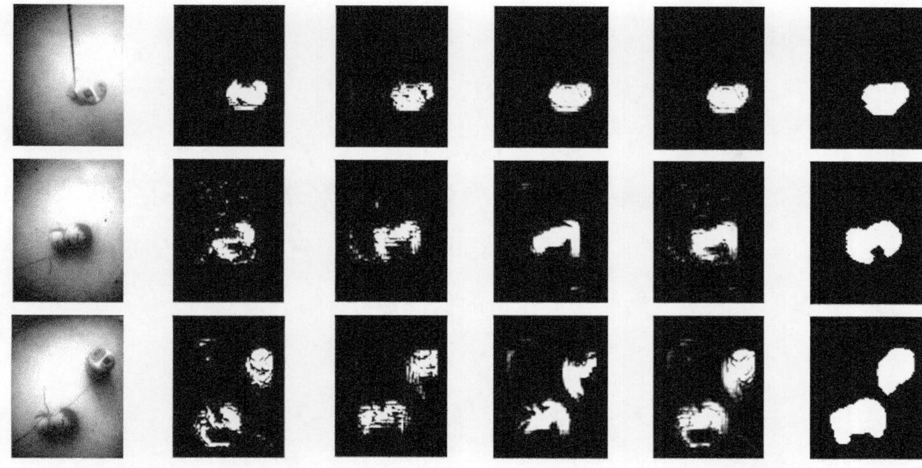
(a) 水下图像恢复　(b) 色彩特征显著图　(c) 光强特征显著图　(d) 纹理方向特征显著图　(e) 融合显著图　(f) 分割结果

图 10.11　水下图像目标分割图像增强（附彩图）

表 10.3　水下图像目标分割结果比较

目标	方法	C_{good}	C_{false}	运算时间/s
目标 1	图像恢复	0.810 7	0.007 1	2.369
	图像增强	0.793 4	0.009 3	1.820
	视觉适应机制	0.810 5	0.002 8	1.001
目标 2	图像恢复	0.701 4	0.013 6	2.442
	图像增强	0.795 1	0.047 2	1.926
	视觉适应机制	0.888 0	0.009 7	0.973
多目标	图像恢复	0.677 2	0.020 6	2.873
	图像增强	0.740 3	0.068 0	2.157
	视觉适应机制	0.854 4	0.037 2	1.505

10.6.2　光谱-光强-偏振特征融合

水下实验开始于 2012 年 7 月 14 日 10:00（夏令时，UTC/GMT+ 8.00），地点位于中国江苏省南京市河海大学池塘（118° 74’ E，31° 9’ N），气象条件阴，水下能见度小于 85 cm，水下背景颜色为浅黄色。选用 Nikon Coolpix 5100 CMOS 数码相机相机并外置防水罩进行水下成像实验，有效像素为 510 万，选择 B+W 线偏振片。待测目标选择铁质罐状人造目标。水下标定图像及待测目标的成像距离为

40 cm，成像水深 40 cm。

通过36幅水下标定图像学习得到的3种特征所对应的最优权重的统计直方图如图 10.12 所示。从图中可以看到 3 类特征所对应的权重具有明显的聚类效果，其中颜色特征的权重主要集中在[0.05，0.25]，亮度特征主要分布在[0.1，0.45]，偏振—纹理方向特征则分布在[0.4，0.85]区间内。通过高斯曲线的拟合，以高斯均值为该权重的代表点。据此，所获得的代表点分别为 w_C =0.079 4、w_I =0.303 8、w_P =0.616 8，对应颜色、光强及偏振—纹理方向特征的融合权重值。从中可以看出，在当前水下环境中图像目标提取对色彩特征的依赖程度较低，更大程度地依赖于光强及偏振—纹理方向特征。

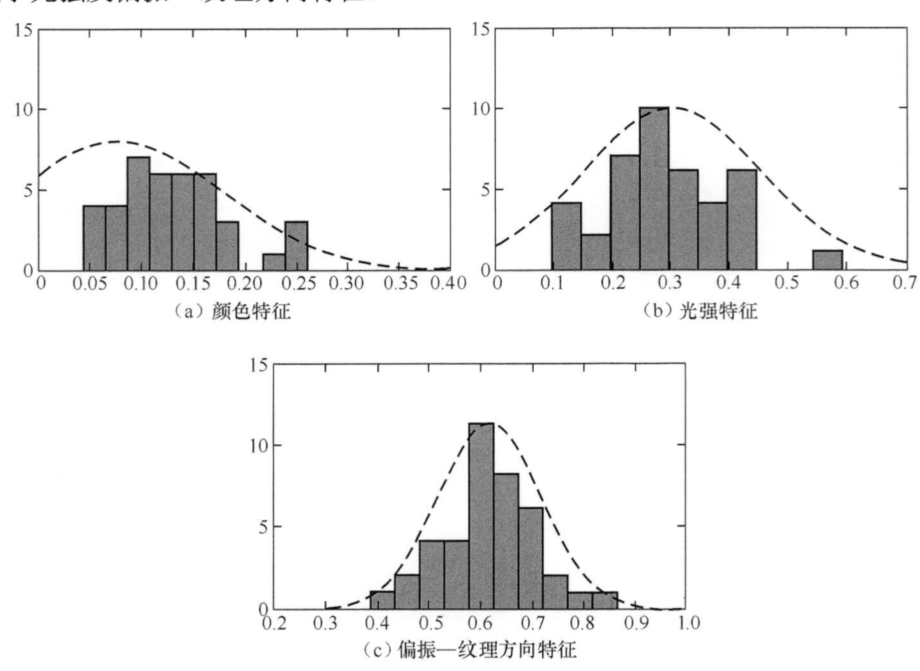

图 10.12　权重分布直方图

对于待测图像目标，所获得的彩色图像、三方向偏振图像及计算所得偏振度图像如图 10.13 所示。从偏振度图像中可以看到，由于视距较短，目标同背景间仅能产生较为微弱的偏振差异。尽管如此，偏振度图像仍然能够很好地抑制背景噪声，在水下实验中，设计两组对比实验。第一组对比实验比较有/无视觉适应机

制指导下的水下图像目标提取结果。第二组实验从图像目标提取精度及运算时间两个方面与基于图像预处理的图像目标提取算法相比较。

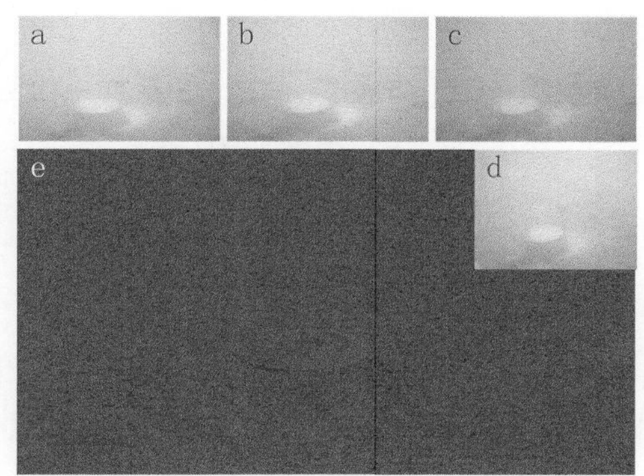

图 10.13　水下偏振信息（a～c：0°、45°、90°偏振图像；d：彩色图像；e：偏振度图像）（附彩图）

（1）同基于视觉注意机制模型比较

本实验主要通过比较有/无视觉适应机制指导的图像特征融合，分析视觉适应机制对水下多特征融合的指导及对水下图像目标分割的影响。由于没有视觉适应机制的指导，均匀分配融合权重（$w_C = w_I = w_P = 0.33$）。从图 10.14 中可以看到由于光强显著图中背景噪声的影响，融合后显著图中包含有大量的背景噪声，导致进一步提取得到的区域中包含有大量的背景。相比较，在视觉适应机制的指导下，融合权重得到优化。图像目标提取对偏振特征的依赖度增加，从而抑制颜色及亮度显著图中的背景噪声。根据表 10.4 所示，符号√和×分别表示是否引入了视觉适应机制，基于视觉适应机制的水下图像目标分割精度（C_{good}=0.911 4，C_{false}=0.007 2）显著优于非视觉适应机制指导下的水下图像目标分割精度（C_{good}=0.877 0，C_{false}=0.091 9）。

表 10.4　　　　水下图像目标分割结果比较

视觉适应机制	C_{good}	C_{false}
√	0.911 4	0.007 2
×	0.877 0	0.091 9

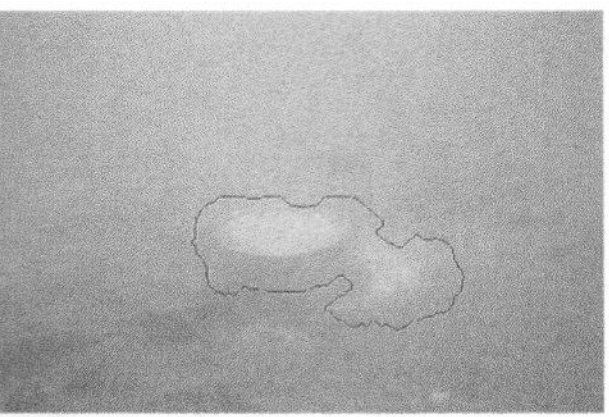

(a) 无视觉适应机制

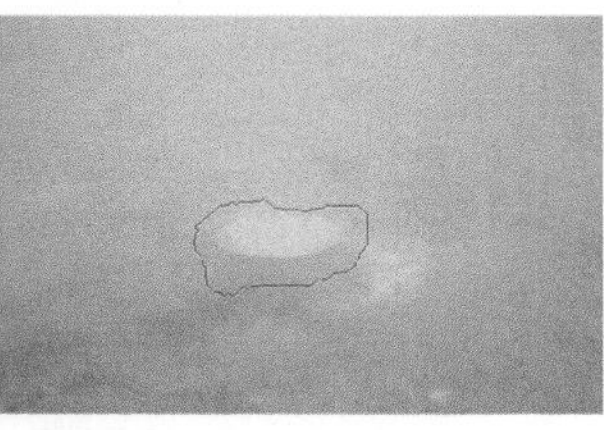

(b) 视觉适应机制

图 10.14　水下图像目标分割结果

（2）同基于图像预处理水下图像目标分割方法比较

将本节算法同基于图像恢复的水下图像目标分割算法相比较。图像恢复后结果如图 10.15（a）所示。同原始水下图像相比，恢复后图像的对比度显著拉伸，但是背景噪声有所加强且非目标物的干扰较强。

(a) 水下图像恢复　　(b) 色彩显著图

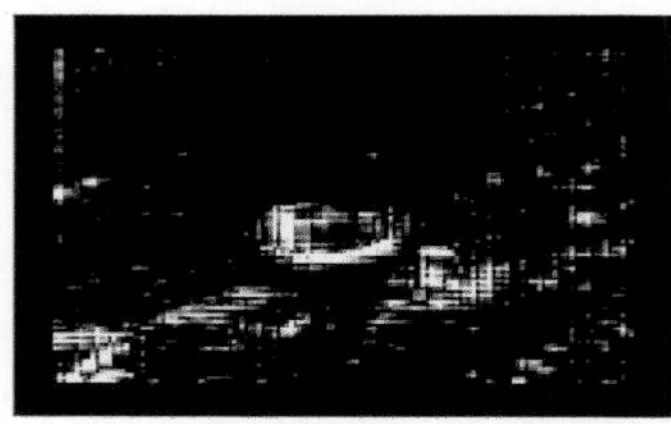
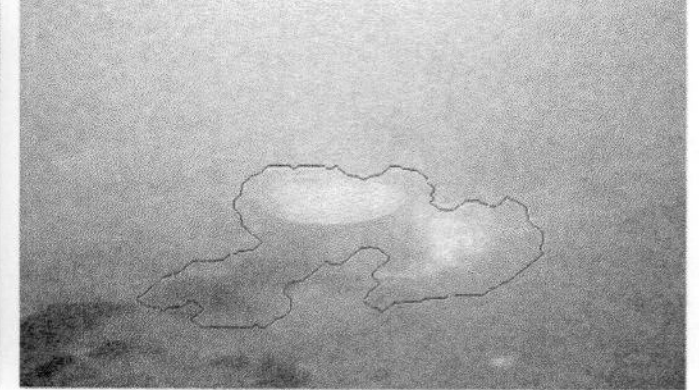

(c) 亮度显著图　　(d) 分割结果

图 10.15　水下图像恢复及目标分割结果（附彩图）

表 10.5　水下图像目标分割结果比较

方法	C_{good}	C_{false}	运算时间/s
视觉适应机制	0.911 4	0.007 2	1.32
图像恢复	0.915 8	0.196 8	2.87

由于图像恢复过程会破坏偏振信息，因此仅对恢复结果中色彩及亮度特征进行处理，所获得的色彩及亮度显著图如图 10.15（b）和图 10.15（c）所示。在显著图中背景噪声对真实图像目标区域产生了较为严重的影响，并没有有效地提高兴趣目标同背景间的对比度，采用均匀权重（$w_1 = w_2 = w_3 = 0.33$）进行多特征融合后的水下图像目标分割结果及精度如图 10.14（d）和表 10.5 所示。可以看到基于图像恢复的水下图像目标分割结果中包含有大量的背景区域，提取精度较低。根据评价指标，分别得 C_{good}=0.915 8、C_{false}=0.196 8。在计算复杂度比较中，由于图像恢复过程需要逐一对像素进行反卷积运算，导致大量计算资源的消耗。在一定的实验平台下（PC，Dual-Core 2.7 GHz，2 GB 内存），对 640×480 的图像，其运算时间需要 1.55 s，加之后端的图像目标分割计算，总体运算时间达到 2.87 s。相比较，由于不需要繁琐的图像恢复计算，本算法所需时间为 1.32 s，进一步证明了本算法在计算复杂度上的优越性，并且这种优势随着图像尺寸的增加而越发明显。此外，本实验也证明了偏振特征在水下图像目标分割时的有效性和性能优势。

参考文献

[1] MUHAMMAD A, et al. An active contour for underwater target tracking and navigation[C]//International Conference on Man-Machine Systems. 2006: 12-18.

[2] ZHOU W, SHEIKH H R, BOVIK A C. No-reference perceptual quality assessment of JPEG compressed images[C]//Image Processing, Proceedings of 2002 International Conference. 2002: 477-480.

[3] CHRISTIAN B, RONALD P. A fully automated method to detect and segment a manufactured object in an underwater color image[J]. EURASIP Journal on Advances in Signal Processing, 2010, 2010: 1-7.

[4] SCHIFF H, GERVASIO A. Functional morphology of the squilla retina[J]. Pubbl Staz. zool. Napoli. 1969, 37: 610-629.

[5] CHEROSKE A G, CRONIN T W. Variation in stomatopod<I>(Gonodactylus Smithii)</I> color signal design associated with organismal condition and depth[J]. Brain, Behavior and Evolution, 2005, 66(2): 99-113.

[6] IACINO L, STEFANO G D, SCHIFF H. A neural model for localizing targets in space accomplished by the eye of a mantis shrimp[J]. Biological Cybernetics, 1990, 63(5): 383-391.

[7] SCHIFF H, DORE B, BOIDO M. Morphology of adaptation and morphogenesis in stomatopod Eyes[J]. Italian Journal of Zoology, 2007, 74(2): 123-134.

[8] BISHOP C M. Pattern recognition and machine learning[M]. Springer New York, 2006.

[9] ITTI L, KOCH C. Computational modeling of visual attention[J]. Nature Reviews Neuroscience, 2001, 2(3): 194-203.

[10] ITTI L, KOCH C, NIEBUR E. A model of saliency-based visual attention for rapid scene analysis[J]. Pattern Analysis and Machine Intelligence, IEEE Transactions, 1998, 20(11): 1254-1259.

[11] HOJJATOLESLAMI S A, KITTLER J. Region growing: a new approach[J]. Image Processing, IEEE Transactions, 1998, 7(7): 1079-1084.